Somos Hijos de la Guerra

La Selección Artificial del Hombre

© *Marzo de 2012*
2ª Edición
GUIARCA

ISBN 978-84-615-7633-3

"El árbol del conocimiento del bien y el mal es el árbol de la sabiduría, del cual comieron tu primer padre y tu primera madre y aprendieron la sabiduría y sus ojos se abrieron y comprendieron que estaban desnudos y fueron expulsados del jardín del Edén".

En el libro de Enoc

Indice

1. Prólogo

Ya en 1928, Sigmund Freud [1] escribió que, en el transcurso del tiempo, la humanidad tuvo que soportar tres grandes atentados de manos de la Ciencia contra su ingenuo amor propio: el descubrimiento de que nuestro mundo no es el centro de las esferas celestes, sino un punto en un vasto universo; el descubrimiento de que a menudo nuestra mente consciente no controla nuestra forma de actuar; y el descubrimiento de que no se nos creó de forma especial, sino que descendemos de los animales.

Efectivamente, hemos pasado del Geocentrismo, donde el hombre se consideraba a sí mismo el centro del Universo, a otras teorías como la del Big Bang. Y a veces, nuestro inconsciente, como la otra escena desconocida de la conciencia, nos puede jugar malas pasadas.

El tercer y último desengaño es el apuntado por Charles Darwin, coautor de la teoría de la Selección Natural de las especies: Hombre y animal se nos presentan cada día menos diferentes. Mientras más profundizamos y avanzamos en nuestros conocimientos, más tendemos a minimizar la importancia del ser humano en la Naturaleza, más vulnerables y desnudos nos vemos. La similitud entre el genoma humano y el del chimpancé es del 98'5%, aproximadamente (otros estiman menos). Desde este punto de vista, las diferencias entre humanos y animales no son más importantes de las que puedan existir entre el resto de las especies entre sí.

Por eso, aparte de algunas diferencias físicas que no merecen la pena resaltar, por obvias, habría que preguntarse, ¿qué es lo que verdaderamente distingue al ser humano del resto de los seres vivos? ¿Qué es lo que ha motivado que exista ese pequeño porcentaje de diferencia genética que ha hecho evolucionar al hombre de una forma tan diferente a la del resto de los animales?

Esta es una pregunta repetida en la Antropología Filosófica, que intenta buscar la esencia del hombre, es decir, lo que es específicamente humano.

Por otra parte, la Psicología Evolucionista propone que la psicología y la conducta del primate (incluido el hombre) pueden ser entendidas conociendo su historia evolutiva, que su mente está compuesta de muchos mecanismos funcionales llamados adaptaciones psicológicas o mecanismos psicológicos evolucionados que se han desarrollado mediante Selección Natural por ser útiles para la supervivencia y reproducción del organismo. La Psicología Evolucionista intenta explicar características mentales de la especie humana (tales como la memoria, la percepción, el idioma, y fundamentalmente las emociones) como adaptaciones naturales para la supervivencia y procreación. Se refiere al pasado para explicar el comportamiento presente del ser humano ya que éste es generado por mecanismos de procesamientos de información que existen porque resolvieron problemas adaptativos en los entornos ambientales ancestrales en los que evolucionó la humanidad; entendiendo como adaptación biológica una estructura anatómica, un proceso fisiológico o un rasgo del comportamiento de un organismo que ha evolucionado durante un período de tiempo mediante Selección Natural de manera tal que incrementa sus expectativas a largo plazo para reproducirse con éxito.

Para llegar a resultados, en este estudio aplicamos los métodos de la ingeniería inversa a la Psicología Evolucionista. Partiendo del conocimiento del ser humano actual, como producto final de nuestra evolución, podemos determinar cómo estamos hechos, qué nos hace funcionar y cómo fuimos "fabricados". Al igual que la ingeniería inversa avanza en dirección opuesta a las tareas habituales de ingeniería, que consisten en utilizar datos técnicos para elaborar un producto determinado, la psicología inversa parte del conocimiento del ser humano actual para descubrir en él las características exclusivas que lo diferencian del resto de los animales y que son comunes en todos nosotros, a las que llamamos universales humanos, y a partir de ahí, tratar de deducir cómo hemos evolucionado, hasta llegar a "fabricarse" la mente humana, las funciones adaptativas y las presiones selectivas que nos han "forjado", basándose en el resto de disciplinas científicas que tanta luz han arrojado sobre nuestro origen.

La ingeniería inversa nace en el transcurso de la segunda guerra mundial, cuando los ejércitos enemigos se incautaban de insumos de guerra, como aviones u otra maquinaria de guerra, para mejorar las suyas mediante un exhaustivo análisis, ya que desconocían las funcionalidades y los procesos de fabricación de estas armas. Lo mismo, la Psicología Evolucionista inversa parte del conocimiento que nosotros tenemos de nosotros mismos, que se supone mucho más profundo y exacto que el que podamos tener de nuestros ancestros de hace 5 ó 6 Ma (millones de años, desde aquí), y a partir de ello, trazar una línea evolutiva en dirección a nuestros orígenes que concuerde cronológica y sustancialmente con todos los descubrimientos que sobre nuestra evolución han sido aceptados por el mundo científico.

Si imaginamos todos los hallazgos científicos sobre el origen del hombre, la Psicología Evolucionista inversa coloca al hombre en la actualidad despojado de todo lo que no sea exclusivamente humano, y a partir de ahí, se deduce todos los pasos evolutivos que se han debido dar, analizando las adaptaciones y las presiones selectivas que han originado esa excepcional evolución. Es como despiezar al ser humano, obviando las conductas, aptitudes y componentes animales, dejando solo las características típicamente humanas, para tratar de averiguar las presiones selectivas que actuaron sobre ellas, que las preservaron hasta nuestros días.

Para ello haremos un especial uso de lo que en Biología se llama convergencia, que es el fenómeno evolutivo por el que organismos diferentes alejados filogenéticamente tienden, bajo presiones ambientales equivalentes, a desarrollar características análogas. Por ejemplo, un delfín (mamífero) y un tiburón (escualo) han evolucionado de forma parecida. Otro principio universal que aplicaremos en todo momento es el uniformismo o también llamado actualismo, que en filosofía de la ciencia es el principio según el cual los procesos naturales que actuaron en el pasado son los mismos que actúan en el presente. Concretamente en Biología, el actualismo consiste en aplicar relaciones observadas en la biosfera actual a las especies fósiles, pero si tales relaciones han existido siempre.

2. ¿Qué nos hace humanos?

Descubriendo lo humano

El primer carácter específico humano que se nos sugiere es la inteligencia, y ya aquí nos encontramos con el primer escollo, el de saber qué es. Según Howard Gardner, creador de la Teoría de las inteligencias múltiples, la inteligencia es la capacidad para resolver problemas o elaborar productos que puedan ser valorados en una determinada cultura. Y propuso hasta diez tipos de inteligencia, igual de importantes [2].

Los racionalistas antropológicos (corriente esencialista o dualista de la Antropología Filosófica) afirman que la razón pertenece en exclusividad al hombre, y que, por tanto, entraña la posibilidad de una separación radical entre el hombre y el animal.

Pero la razón nace de la inteligencia, y ésta no es una cualidad exclusivamente humana. En mayor o menor medida, todos los seres vivos la tienen, basada en las hormonas, la visceralidad, el sistema nervioso periférico o el central. Muchos animales tienen signos claros de inteligencia instintiva e incluso pueden lograr algunas etapas racionales primarias bajo entrenamiento. Algunos casos de animales domésticos que se antropizan pueden llegar a adquirir algunos rasgos de inteligencia racional, por encima de la instintiva, que denotan, cuando menos, la existencia de un pensamiento complejo parecido a la inteligencia humana.

Para que la adaptación al medio sea más rápida, son los propios individuos los que han de reprogramar sus comportamientos, aprendiendo del medio y reaccionando en consecuencia; esto es, con inteligencia, un resultado consecuente del ahorro energético que supone recordar sobre la base de una memoria, para luego aplicar resultados.

Todos hemos sido testigos o nos han referido actuaciones de animales, algunos domesticados, que nos han sorprendido en más de una ocasión. Como cuando un perro arrima una silla para subirse a una mesa, o cuando un pájaro coge pan del suelo y lo tira al agua para pescar con su pico los peces que se aproximan al pan, o cuando los monos en la India, tiran las semillas con cáscara delante de los vehículos detenidos en un semáforo para después recogerlos descascarillados y poder comérselas. Son comportamientos no heredados, ni enseñados en principio, que demuestran que la inteligencia no es un atributo exclusivo del ser humano.

Por ello, Gustaph Rodolf Sandini Kuck, uno de los filósofos más destacados del siglo XX, perteneciente a la corriente Naturalista de la Antropología Filosófica, planteó que no hay una diferencia esencial entre el hombre y el animal, sino solo diferencias de grado, de modo que la vida superior del hombre resulta ser una forma más desarrollada, perfeccionada o evolucionada de la serie animal. Las formas más altas de la vida humana (pensamiento, lenguaje, arte, etc.) no son más que las resultantes genéticas de procesos inherentes a las manifestaciones más elementales. Para él, la diferencia está en la cantidad: el ser humano es mucho más inteligente que cualquier otro animal [3]

El mayor número de pliegues y arrugas en el córtex y neocórtex que han surgido en nuestro proceso evolutivo han hecho que la capacidad cognoscitiva del hombre se multiplique enormemente, pero la cuestión es ¿por qué se desarrollaron éstos surcos que, a su vez, pudieron contener mayor cantidad de neuronas? Y ¿por qué no aparecieron en la evolución de otras especies, como los demás simios? Según la doctrina darwiniana, a ninguna otra especie le fue necesaria la inteligencia para sobrevivir, solo al hombre. Pero ¿por qué? En un momento dado de nuestra evolución hubo un cambio en nuestro entorno que nos hizo adaptarnos, desarrollando un cerebro superior, más grande y complejo. Pero, ¿por qué solo en el hombre y no en otras especies? ¿Es que ese cambio en el entorno solo nos afectó a nosotros? Aquí buscamos la causa, no la consecuencia, y la aparición de la inteligencia humana fue la respuesta a algo, y nosotros queremos saber qué fue ese "algo", el origen del cambio.

Como consecuencia de la aparición de la inteligencia, el hombre se ha ido alejando cada vez más de su aspecto animal. El hombre ha ido desarrollando el lenguaje, la escritura, la utilización de instrumentos, el arte, la ciencia, la adaptación de su entorno a su propia conveniencia, la estructura social, etc. Con la generalización de la cultura y la enseñanza de los conocimientos en los últimos decenios, el hombre ha llegado a la era espacial y a la de Internet. Pero todos estos adelantos, que a su vez han sido diferencias acumuladas con respecto al resto de animales, fueron también consecuencia de la aparición de la inteligencia humana.

Guerra vs violencia

Cualquier hipótesis de adaptación debe ser consecuente con el estado anterior de la especie en cuestión y con el cumplimiento mínimo de unas reglas evolutivas. Reglas que si bien se pueden considerar como universales, porque afectan a todos los organismos, se deben de aplicar sopesando todas las alternativas posibles de adaptación, para poder elegir la más coherente.

Si suponemos que la presión selectiva que nos ha hecho evolucionar tal como somos actualmente está íntimamente vinculada con algunas de esas características exclusivas que nos separan del reino animal —a sensus contrario, por el principio de convergencia, si existiera cualquier otra especie sobre la que haya actuado parecida presión selectiva, presentaría características análogas con nosotros— y si aplicamos el resto de reglas evolutivas —como la de precedencia, que establece que la función debe de aparecer antes que la adaptación o el carácter novedoso pertinente; y la regla de economicidad, de la parsimonia o, también llamada, principio de la navaja de Ockham, principio filosófico según el cual cuando dos teorías en igualdad de condiciones tienen las mismas consecuencias, debe preferirse la teoría más simple a la más compleja; y la regla de analogía o de convergencia, merced a la cual podemos descartar cualquier hipótesis que se aleje de fenómenos adaptativos observados en otras especies parecidas para la misma función– si de todos los universales humanos que cumplan más claramente con estas reglas elegimos una –la que verdaderamente haya supuesto una efectiva e intensa presión selectiva– nos quedaremos con la hipótesis de adaptación más razonable de todas: El Conflicto Territorial que ha derivado en las actuales guerras.

Efectivamente, la guerra es un fenómeno que solo existe en el ámbito humano y en todas o casi todas las culturas conocidas. Hace una selección de los más inteligentes, porque sucumben normalmente los menos capacitados mentalmente. Y afectó a nuestra evolución durante millones de años, ya que la guerra hunde sus raíces en las contiendas territoriales que proliferaban entre los animales más ancestrales.

La guerra es un fenómeno exclusivo del ser humano. En ninguna otra especie animal se puede encontrar un comportamiento parecido. Aunque es cierto que existen enfrentamientos territoriales y luchas por el apareamiento en todas las especies, casi siempre son incruentas y necesarias para la selección de los más aptos. También existen los depredadores que se alimentan de otros animales. Pero estos actos de supervivencia o procreación no se pueden comparar con las guerras territoriales que se han sucedido a lo largo de la historia y de la prehistoria del hombre. La guerra en el hombre significa la aniquilación del enemigo, y el enemigo lo es por ser simplemente diferente o desconocido. Como dijo Albert Einstein "nos destruimos solo por demostrar quien puede más". Ningún animal o especie, en el pasado o en el presente, se ha alineado y organizado sistemáticamente para acabar con sus congéneres, como ha ocurrido en el caso del ser humano.

La palabra "guerra" que proviene del término germánico "werra", con el significado de contienda, y su equivalente latino "bellum", en ningún momento lo debemos de confundir con el término "agresividad o violencia física". Aquí vamos a emplear el término guerra en un sentido estricto, merced al cual todo enfrentamiento se llama "guerra" cuando concurran las siguientes tres características: Primero, la utilización de armas, aunque fueran muy rudimentarias, como piedras y palos; segunda, el empleo de las artes de la guerra, (estrategia, táctica y logística militar), pero considerando que el simple acopio de estas armas rudimentarias para ir a guerrear demuestra el más incipiente inicio de esta actividad, la carrera militar, que ha llegado en nuestros días a sobrepasar el concepto de técnica o ciencia, para convertirse en todo un arte; y en tercer y último lugar, la guerra debe de estallar entre grupos de homínidos, que no entre individuos aislados, es por tanto, un comportamiento colectivo.

Por el contrario, la agresividad o violencia es endogrupo, y se presenta en todas o casi todas las especies de la Naturaleza, incluyendo los antropomorfos, y es un comportamiento más individual que colectivo, y en la mayor parte de los casos, es necesaria para la selección del más apto entre los animales. En la sociedad humana actual y, presumiblemente, en las civilizaciones más primitivas, la violencia es un comportamiento perseguido y castigado, por su inutilidad y perjuicios para los demás: El individuo agresivo y violento es vituperado y castigado, mientras que, por el contrario, el guerrero militar es vitoreado y agasajado por su valentía y entrega.

La guerra o la Contienda Territorial Ancestral (CTA a partir de aquí) es un comportamiento colectivo, aprobado y significado por todos los que forman parte del mismo bando, que supone el enfrentamiento organizado mediante la estrategia, la táctica y la logística militar de grupos humanos armados, con el propósito de controlar recursos naturales o humanos y que se puede producir por múltiples causas, aunque casi siempre por motivos defensivos o preventivos. La guerra o CTA es la forma de conflicto más grave entre clanes, tribus, pueblos, estados o civilizaciones.

La agresividad y la violencia individual normalmente es instintiva, impulsiva y visceral, mientras que, por el contrario, la guerra presupone una preparación, una organización y una estrategia previas que la sitúan entre las ramas científicas del saber, y precisa de unos conocimientos y experiencias que distan mucho de un simple y único acto de agresión. El general chino Sun Tzu en su célebre obra "El arte de la guerra", afirmó que la guerra había que ganarla antes de declararla o de que existiera en sí misma [4].

En comparación con el resto de animales, ambas, violencia individual y guerra, serían análogas a la agresión intraespecífica que se da entre individuos de una misma especie. Dentro de ella, la primera sería más comparable a la que Fisher [18] llama la agresión hiperestésica, "basada en exceso de impulso, y que en su forma más usual consiste en errores de identificación, tomando una cosa por otra parecida". Mientras que la guerra se aproximaría al concepto de agresión taxógena, que se daría entre individuos muy similares dentro de una misma especie y se produciría por la posesión de territorios, por la búsqueda de compañera sexual o ante la falta de fuentes de alimentación; el resultado final de este último tipo de agresión sería llevar a la evolución de la especie, al permitir sobrevivir a los más fuertes, según Fisher.

Destaquemos también que al tipo de guerra o conflicto al que hacemos referencia aquí es a la guerra primitiva o CTA, como la hemos llamado, en la que aún no existían ni la milicia profesional ni las levas forzosas, y en las que participaban individuos que defendían su subsistencia y la de los suyos, voluntariamente, sin más recompensa que la defensa del grupo, y que se libraban principalmente entre los clanes y tribus nómadas, sociedades no productivas, antes que apareciera la agricultura y la ganadería, es decir, de 5 ó 7 Ma hasta hace apenas unos 10 ka (miles de años, desde aquí), ya que tradicionalmente, a partir de este momento la CTA, pasa a llamarse guerra.

Estas guerras más modernas, entre pueblos de economía productiva, quizás no han tenido tanta repercusión en nuestra evolución filogenética, como más adelante veremos, aunque su existencia demuestra que en estadios más primitivos de nuestra evolución también existieron a un nivel menos evolucionado y complejo. Además, por la gran complejidad en cuanto a motivaciones y orígenes de los conflictos y guerras actuales o recientes, se escapan en gran medida de la simplicidad de los enfrentamientos de nuestros ancestros, más cercanos a los derroteros designados por la Naturaleza y más alejados de los intereses económicos y geopolíticos más "civilizados", que sirven de excusa a la mayor parte de las guerras modernas. Por tanto, aunque el término guerra abarque todas las acepciones, cuando aquí hablemos de guerra, nos referimos principalmente a los enfrentamientos territoriales y batallas entre clanes primitivos, o abreviadamente, CTA.

Si bien la guerra es un comportamiento exclusivo del hombre, en la Naturaleza se pueden ver fenómenos parecidos, como el protagonizado por los chimpancés, que patrullan periódicamente sus territorios de caza o de recolección en busca de intrusos, llegando a auténticas batallas campales con resultados fatales en algunos casos. Incluso se conocen casos de canibalismo. Se puede decir que emplean armas (lanzamientos de piedras) e incluso parece que no carecen de estrategias o tácticas de guerra muy rudimentarias. La única diferencia que podemos encontrar es la frecuencia de éstos enfrentamientos, ya que al no haber modificado sustancialmente el nicho ecológico desde su separación evolutiva con los homínidos, las CTAs entre chimpancés no han sido tan decisivas en su evolución filogenética.

El guerrero nace o se hace

Aún hoy es difícil demostrar que las conductas, las aptitudes o las habilidades puedan ser hereditarias. Más bien se puede considerar que se puede heredar un cerebro con una determinada estructura de redes neuronales o con una sinapsis estructurada de tal forma que predisponen o capacitan a la posesión de una habilidad o conducta. Ante un estímulo determinado el cerebro responde de la misma forma que lo hacían sus antecesores.

La Sociobiología, ramificación de biología y sociología, investiga las bases biológicas de las conductas sociales de los animales, como la cooperación, la agresión, la territorialidad, los sistemas sociales y la elección de pareja. Si la Selección Natural darwiniana acepta que existen pautas de comportamiento hereditarias que posibilitan que algunos organismos tengan grandes probabilidades de éxito reproductivo o de supervivencia de sus individuos, muchos biólogos aceptan hoy que estas pautas de comportamiento presentes en especies animales, podrían también estar presentes y jugar un papel central en las sociedades humanas, y es precisamente aquí donde se genera la controversia de que la teoría sociobiológica desarrollada para el mundo animal sea valida para el universo de la sociedad humana.

Los críticos afirman que la sociobiología aplicada a la humanidad es inválida en tanto en cuanto los atributos no estén expuestos a presiones selectivas, o que los alelos son tan variables que preestablecer genes ventajosos sería imposible. Para que una postura sociológica se sostenga en el caso humano, debe demostrarse el proceso evolutivo de la selección en tanto genes heredados. Los investigadores detrás de esta postura argumentan que creatividad, extroversión y agresividad humana son entre 45% y 75% características genéticas. La inteligencia sería 80% genética. Los métodos, que tienden a involucrar gemelos, han sido criticados en varios niveles y se han abandonado. Argumentan que el comportamiento criminal es adaptativo. Aunque estos estudios son muy controvertidos y están en investigación todavía.

La Sociobiología en su versión fuerte se basa en la idea que comportamientos animales (sociales e individuales) son hereditarios y se ven afectados por la Selección Natural. Asume por tanto que los comportamientos en sí evolucionan de la misma manera que las características físicas. Los animales se comportan de forma que les han valido para la supervivencia, lo cual se traduce en la formación de procesos sociales complejos que conducen a la adecuación evolutiva.

Sin embargo, no podemos olvidar que estamos tratando sociedades prehumanas, la evolución del animal al hombre. Si hoy se aceptan como válidos los argumentos de la sociobiología para los animales, también se deben de aceptar para los primeros homínidos sin características humanas aun, porque es una ciencia atemporal.

Los etólogos explican al hombre y sus comportamientos mediante la reducción a términos zoológicos y etológicos y explican la agresión humana en los mismos términos en que se da cuenta de la agresión animal. El Etologismo parte del supuesto que el hombre ha evolucionado como carnívoro y cazador, lo que determinó tanto algunas importantes características anatómicas como otras genuinamente psicológicas y sociales: tal es el caso de la agresión, la territorialidad, la desconfianza ante los extraños, etc.

Los defensores de esta teoría innatista o también llamada biológica mantienen que a lo largo de su proceso evolutivo el hombre se fue constituyendo en una especie agresiva y territorial, con una agresividad innata y por tanto universal.

Por el contrario, desde la postura ambientalista de la agresión no se niega la importancia de las potencialidades genéticas –que no predisposición– que el hombre pueda tener para la conducta agresiva, pero no se admite que se pueda explicar el comportamiento humano agresivo en términos biológicos, sino culturales, ambientales y de aprendizaje. Es el ambiente, las circunstancias sociales y culturales en las que se mueve el hombre, lo que origina la agresión humana. Cabe verla como encaminada a la satisfacción de una serie de necesidades radicadas en las condiciones materiales de vida (M. Harris). Puede tratarse del nacimiento, y consiguiente defensa, de la propiedad privada en el neolítico, con la domesticación de animales y plantas (Richard E. Leakey). Acaso su causa se encuentre en unas circunstancias ambientales hostiles, de extremada pobreza e infelicidad (los criminólogos J.M. Lucas y Berkowitz). Consecuencia de un mal aprendizaje (Skinner). Aprendida por imitación (Bandura). De hecho se citan a menudo a pueblos "pacíficos": Los bosquimanos del Kalahari, los esquimales, los pigmeos…, que destruyen el principio de universalidad de la agresividad humana. No existe, según ellos, mecanismo biológico alguno que determine la conducta agresiva, su explicación vendrá en las condiciones ambientales, sociales y culturales que nosotros mismos nos hemos dado, y, en consecuencia, somos los únicos responsables de ella.

Uno de los máximos exponentes de la teoría ambientalista, Richard E. Leakey en "La formación de la Humanidad" (1981) dice que la naturaleza del hombre es más compleja de lo que suele suponerse: no somos "monos asesinos" pero tampoco innatamente pacíficos. Para Leakey la Selección Natural nos ha equipado con una flexibilidad para el comportamiento que es completamente desconocida en el mundo de los animales. Somos seres muy sociables y, si no hubiera otros individuos con los que interactuar, no seríamos humanos. Durante varios millones de años, nuestros antepasados llevaron un tipo de vida, la caza y la recolección, que exigía un grado de cooperación no desarrollado por otros primates. Tan erróneo sería decir que los hombres son cooperativos de manera innata como decir que somos innatamente agresivos. De manera innata no somos nada dice Leakey. Los seres humanos son animales culturales, y cada uno de nosotros es consecuencia de su propio contexto cultural particular. Y termina Leakey profetizando que quienes creen que el hombre posee una agresividad innata están proporcionando una excusa conveniente para la violencia y la guerra organizada[5].

Como vemos ambas teorías adolecen de definiciones claras y precisas de lo que hay que entender por "agresión". La posición ambientalista utiliza el término "agresión" en un sentido muy restringido que sirve de apoyo a la tesis según la cual no es un comportamiento innato ni universal, y al contrario, la posición innatista utiliza el concepto de forma tan amplia y difusa que, en la práctica, casi cualquier comportamiento puede ser tildado de "agresivo". Las investigaciones etológicas demuestran que la conducta agresiva presenta una enorme distribución por todo el reino animal y no hay motivo para suponer a priori que el hombre tenga que ser la excepción a la regla, sobre todo cuando la agresión se encuentra, aunque en intensidad y formas variables, en las diversas culturas.

La guerra no es innata ni cultural

Pero la Psicología Evolucionista rechaza las dicotomías habituales de herencia contra ambiente: instinto o razonamiento, innato o aprendido, biológico o cultural. Todo aspecto del fenotipo de un organismo es el efecto conjunto de sus genes y su entorno porque los genes son los que permiten que el entorno influya sobre el desarrollo de los fenotipos y, precisamente, los genes son los elementos reguladores, que al ser expresados en un entorno determinado, organizan los elementos a su alrededor para formar un organismo, que puede ser distinto en ambientes distintos.

Ortega y Gasset dijo "yo soy yo y mi circunstancia" (Meditaciones del Quijote, 1914), y aquí se discute dónde radica la mayor parte de la predisposición agresiva del ser humano, si en el "yo" o si en mi "circunstancia". Sin entrar en estas controversias, los enfrentamientos territoriales, y más concretamente la guerra, como conducta heredada o adquirida, ha estado presente en la historia del hombre desde tiempos inmemoriales. Plauto ya decía, hace 2200 años: "Lupus est homo homini, non homo, quom qualis sit non novit", lobo es el hombre para el hombre, y "no-hombre", cuando desconoce quién es el otro.

Sin embargo, para nuestro trabajo no descartaremos las importantes aportaciones de ambas teorías que, aunque puedan parecer contradictorias, analizan la agresividad en el hombre desde dos puntos de vista. Por una parte veremos la agresividad humana dentro del grupo en el que el individuo se siente integrado, es decir, la violencia endogrupal, del individuo contra los miembros de su propia familia, sus compañeros, su comunidad, … Y por otro lado, dándole una especial relevancia, veremos la agresividad intergrupal, lo que en la actualidad se denomina guerra, y en tiempos pretéritos, CTA.

Las pruebas de antropofagia más antiguas de la historia aparecieron en el yacimiento de Atapuerca (Burgos, España), demostrándose que hace unos 1'3 Ma ya existía el canibalismo, y por tanto, también existían los conflictos intergrupales.

En la mayoría de los yacimientos de restos fósiles de homínidos hallados hasta ahora es imposible conocer la causa de la muerte, por la fragmentación y deterioro de los huesos encontrados, que casi siempre se encuentran desperdigados y mezclados con otros fósiles de animales. Pero cuando es posible, la arqueología nos enseña que nuestros ancestros peleaban y guerreaban desde tiempos prehistóricos.

Los fósiles hallados en la localidad A.L. 333 de Hadar, pertenecientes al Australopithecus afarensis de hace 3'2 Ma, al igual que el famoso Lucy, corresponden a por lo menos trece individuos de diferentes edades. Todos los autores suponen que pertenecían al mismo grupo o clan de homínidos y que todos murieron al mismo tiempo, y ante la imposibilidad de conocer la causa de la muerte, se achaca a una catástrofe natural del tipo de una riada. Pero las riadas desperdigan los cadáveres incluso a kilómetros de distancia. Si hoy en día nos encontráramos en un mismo lugar con trece esqueletos humanos, inmediatamente pensaríamos en una masacre perpetrada por un grupo rival, ¿por qué no en este caso también?, ¿Es que los afarensis no competían también por el territorio?

Desde las más antiguas civilizaciones históricas –Mesopotamia, Egipto, Próximo Oriente, Mundo Egeo– las guerras se hallan omnipresentes. En la historia del hombre no se conoce una época de paz, solo etapas de entreguerras. En 1960, un estadístico noruego puso a trabajar una computadora para contar el número de guerras habidas durante los 5.560 años de historia. El número fue 14.531, a una media de 2,6 por año. De las 185 generaciones transcurridas durante ese período, sólo 10 conocieron una paz ininterrumpida...

Durante mucho tiempo se ha imaginado a la Prehistoria como una edad de oro: el paraíso original. Muchos sociólogos han sostenido que la guerra es eminentemente cultural y, por tanto, su aparición ha sido relativamente reciente en nuestra evolución, apenas hace unos 10 ka. Hoy día, la arqueología, como veremos, nos permite que dudemos sobre esta placidez inicial. Al repasar el campo de los descubrimientos, se puede construir un cuadro con los elementos de violencia observados desde los tiempos de los cazadores-recolectores hasta el Neolítico: heridos por armas, ejecuciones, masacres, sacrificios.

En una conferencia sobre el origen evolutivo de la guerra celebrada en la University of Oregon en Eugene, en octubre de 2008, un grupo de prestigiosos estudiosos compuesto por antropólogos, arqueólogos, primatólogos, psicólogos y especialistas en ciencias políticas han concluido que la guerra no solo es tan antigua como la humanidad, sino que ha desempeñado un papel integral en nuestra evolución. Esta teoría ayuda a explicar la evolución íntima de aspectos del comportamiento bélico tales como la guerra de pandillas. Incluso, sugiere que algunas habilidades que hemos tenido que desarrollar para ser eficaces guerreros, como la cooperación, se han convertido en la moderna capacidad de trabajar en equipo en pro de un objetivo común.

Esta conferencia ha significado un punto de inflexión importante en el mundo científico. Allí dijo Mark Van Vugt, un psicólogo especializado en aspectos evolutivos, perteneciente a la Universidad de Kent, Reino Unido, que el "arte de la guerra" ya formaba parte del intelecto del ancestro común que compartimos con los chimpancés. "Ha sido una gran presión de selección sobre la especie humana", dice. De hecho, varios fósiles de los primeros seres humanos tienen heridas atribuibles a alguna batalla.

Para otro de los asistentes, Stephen LeBlanc, un arqueólogo de la Universidad de Harvard, perteneciente al Peabody Museum de Boston, los estudios sugieren que la guerra representa el 10% (o más) de todas las muertes ocurridas desde nuestros orígenes: "Eso es suficiente para llamar nuestra atención", dice.

La defensa del territorio en los primates

Los paleoantropólogos creen que el acontecimiento que provocó nuestra separación del resto de los antropoides (chimpancés, gorilas, orangutanes) se produjo cuando los bosques de África empezaron a clarearse y apareció la hierba de la sabana. Este largo proceso pudo comenzar hace unos 6 ó 7 Ma o incluso más, como consecuencia de un cambio climático a escala planetaria, que se vio agudizado en África debido a la apertura del Gran Rift del este, que generó una barrera climática que aceleró el avance de la sabana al este de la gran brecha, diferenciándose dos zonas con régimen climático y vegetación diferentes. Los frentes lluviosos del oeste descargaban las precipitaciones ante la influencia del gran relieve de la vertiente occidental del Rift. Al otro lado, la aridez reducía las áreas boscosas, limitándolas a manchas aisladas y distantes entre sí, inmersas en una sabana cada vez más extensa [10].

Desde que divergimos con la evolución de los chimpancés, éstos apenas han variado morfológicamente y tampoco han variado de forma significativa su nicho ecológico. Tanto los chimpancés salvajes actuales como nuestros ancestros comunes con ellos compartían la vida en los árboles, desplazándose de rama en rama y de árbol en árbol, recolectando vegetales y frutos principalmente. Los huesos fósiles de homínidos más antiguos, como Ardi o Lucy, son muy similares al de los chimpancés actuales y, por último, para apoyar nuestra homología, hay que decir que los chimpancés de África occidental y oriental son difíciles de distinguir entre sí, a pesar de aproximadamente un millón y medio de años de evolución separada.

Por ello, si los chimpancés son nuestros parientes más cercanos, resulta tentador analizar su comportamiento en la defensa del territorio para establecer analogías con nuestros ancestros, ya que teóricamente debían de ser muy parecidos. Para ello disponemos de un interesante trabajo llamado "Correlación de Conducta de Límites Territoriales en Chimpancés Salvajes", de John Mitani, profesor de Antropología de la Universidad de Michigan y David Watts, de la Universidad de Yale [6]. Según observaron en una comunidad de alrededor de 150 chimpancés en Ngogo, del Parque Nacional de Kibale y Uganda (África), los chimpancés forman patrullas para marcar su territorio, y cuantos más machos haya en el grupo, mayor es el número de rondas que realizan. Los investigadores mantienen la hipótesis de que hay cinco factores que pueden influir en la frecuencia de las patrullas de vigilancia: disponibilidad de comida, actividad de caza, presencia de hembras en celo, presión de intrusos y número de machos en el grupo. Para comenzar la vigilancia, un grupo de machos se levanta sin dar ningún tipo de advertencia o señal, forma una fila ordenada y se aleja silenciosamente. Si los patrulleros son más en número, iniciaran el ataque contra los posibles intrusos, explica Mitani, y si son menos numerosos, se retiraran sigilosamente al centro del territorio. La comunidad científica sabe, desde hace unos 25 años, que existen ataques fatales entre chimpancés y que incluso se dan casos de canibalismo, pero lo que se mostró en este trabajo son las razones para la frecuencia de las rondas y la agresión. Así se pudo saber que las patrullas de vigilancia ocupan alrededor de dos horas de un día de trabajo de doce horas, normalmente.

Posteriormente, en abril de 2010, estos mismos investigadores junto con Sylvia Amsler de la Universidad de Arkansas, publicaron otro estudio en la revista 'Current Biology' [91] titulado "La agresión letal intergrupal conduce a la expansión territorial entre los chimpancés salvajes". Los investigadores se centraron en la observación, durante diez años, de esa misma comunidad de chimpancés de Ngogo. Documentaron lo que podríamos llamar el estallido de una "guerra" entre comunidades de chimpancés. Vieron que los chimpancés forman patrullas con otros miembros de su especie para hacerse más fuertes, expandir su territorio a costa del de sus vecinos y reclutar nuevas hembras para su comunidad. Y para lograrlo, no dudan en matar a sus rivales. En total, presenciaron 18 ataques mortales y encontraron pruebas de otras tres muertes violentas, lo que representa un porcentaje de mortandad mucho más alto que el estimado para las contiendas entre poblaciones humanas o entre el resto de las comunidades de chimpancés que se han estudiado hasta hoy.

Durante el verano de 2009, los chimpancés de Ngogo comenzaron a "conquistar" las tierras en las que se produjeron dos terceras partes de los ataques. Habían logrado ampliar su territorio en un 22%. Los investigadores observaron que los nuevos inquilinos exploraban la nueva zona, ya libre de los chimpancés vecinos, socializaban y se alimentaban de las frutas que encontraban en su nuevo hogar recién conquistado, de forma parecida a como lo hacían en la zona central de su propio territorio.

Según sus autores, con este trabajo se aportaron evidencias que apoyan varias hipótesis. En primer lugar, que a mayor número de machos en el grupo, más posibilidades de ganar al grupo rival, ya que el porcentaje de machos era excepcionalmente alto en la comunidad de Ngogo.

En segundo lugar, que las agresiones no tienen nada que ver con la intervención humana, como algunos estudios previos habían sugerido. La célebre primatóloga Jane Goodall, la primera en observar ataques mortales, utilizó comida para ganarse la confianza de los animales, lo que hizo que algunos investigadores pensaran que alimentarles podría afectar su comportamiento. Sin embargo, el equipo de Mitani no los alimentó en ninguna extensión.

En tercer lugar, que el matar a sus congéneres vecinos es un comportamiento adaptativo, ya que, si bien confiesan no conocer cuál es el verdadero motivo de la agresión intergrupal —si es la usurpación de los alimentos o es para la incorporación de nuevas hembras al grupo— en cualquier caso, se produce una mejora en las expectativas de supervivencia y de procreación del grupo vencedor, a expensas del grupo vencido.

Y en cuarto y último lugar, sugieren que se muestra un comportamiento de cooperación, ya que un grupo de chimpancés se une para atacar a otro y como consecuencia de esta acción, obtienen más tierra y recursos que posteriormente son distribuidos entre los miembros del grupo, es decir, el factor selectivo provocado por la agresión intergrupal puede ser superior al coste de la cooperación entre los individuos dentro del grupo.

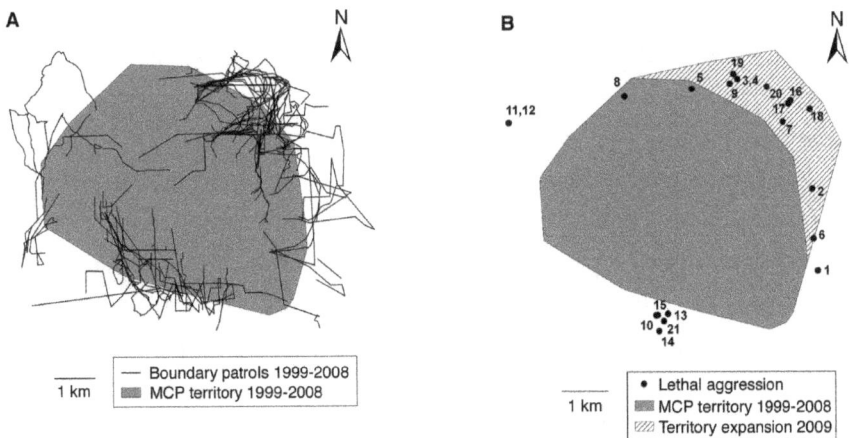

Current Biology

En la figura A: Se aprecia el polígono convexo mínimo (MCP) que representa el territorio de la comunidad Ngogo durante 1999-2008 y las 114 patrullas de límites fronterizos observadas en ese mismo periodo. En la figura B se representa la expansión territorial de 2009 como añadido al noroeste de la MCP, y los lugares de los ataques mortales.

Éstos enfrentamientos intergrupales, que son muy semejantes a las CTAs descritas para los homínidos, si bien existen, son y han debido de ser poco frecuentes, porque los chimpancés prácticamente no han variado de nicho ecológico desde su separación filogenética de nuestros ancestros. Al contrario que los homínidos, siempre han tendido a vivir en hábitat donde la alimentación es más fácil de encontrar, de manera que no es necesario separarse del grupo principal, evitando enfrentamientos. De tal forma que si las comunidades de chimpancés estudiadas son aprovisionadas artificialmente en alguna extensión, las posibilidades de muerte violenta por un enfrentamiento intergrupal es menor que si no son alimentados por los observadores, como ocurrió en la comunidad de Ngogo, y de ello, es fácil inferir, que si la cubierta vegetal va desapareciendo, como ocurrió entre los primeros homínidos, ante la falta de recursos renovables los enfrentamientos pueden ser tan frecuentes que lleguen a significar una presión selectiva mayor que la propia Selección Natural.

En este sentido, los estadounidenses Richard Wrangham y Dale Peterson, en su libro "Demonic Males" [7] concluyeron que el realizar incursiones mortales en el territorio de los vecinos para matar a enemigos vulnerables, "… sólo se conoce entre los chimpancés y los humanos". Estas incursiones son posibles porque los seres humanos y los chimpancés, a diferencia de la mayoría de los mamíferos sociales, a menudo se alejan del grupo principal. Los bonobos (Pan paniscus), no tan cercanos evolutivamente a los humanos como los chimpancés, tienen muy pocos casos de violencia intergrupal, por que tienden a vivir en hábitat donde la alimentación es más fácil de encontrar, de manera que no es necesario separarse.

Menos árboles, más contiendas territoriales

Las publiselvas ancestrales, como las actuales, debían de ser selvas tropicales con elevadas temperaturas medias y muy lluviosas. Se caracterizan por ser un ecosistema con una gran riqueza y variedad de especies y de gran interés porque su biodiversidad es fuente de muchos recursos y, aunque hoy ocupan menos del 7% de la superficie de las tierras emergidas, contienen más del 50% de las especies animales y vegetales del mundo. Una hectárea de pluviselva tropical puede contener más de 600 especies arbóreas. Como en las selvas actuales, serían comunes las especies epifitas (planta que crece sobre otro vegetal usándolo solamente como soporte, pero que no lo parásita). Por ello, el suelo de estas selvas es muy pobre en comparación con la riqueza de vida que soporta, ya que la mayor parte de los nutrientes se encuentran en los seres vivos y no en el suelo. Cuando este ecosistema es destruido su recuperación es muy difícil porque el suelo desnudo se hace costroso y duro, sufriendo un proceso de laterización.

En las publiselvas, la distribución desigual de los árboles frutales y el calendario irregular de su fructificación se traducen en una gran fluctuación de la cantidad de fruta disponible en cada territorio, que según Michael P. Ghiglieri [12], incide notablemente en la organización social del chimpancé salvaje actual. Éstos se desplazan en busca de alimentos en bandas restringidas y poco uniformes de 3'6 miembros de media, aunque algunas veces están formadas por más de 20. Mientras mayor es la copa del árbol, mayor la cantidad de alimento y mayor el número de primates que pueden comer durante más tiempo. Y pensamos que no debió de ser muy diferente el comportamiento alimentario de nuestros ancestros comunes.

La pérdida paulatina e inexorable de árboles se debió de producir de forma parecida a la alopecia androgénica en un varón: primero irían menguando las copas de los árboles y los frutos disponibles, a la vez que desaparecerían las especies arbustivas más vulnerables a la aridez, disminuyendo la densidad de árboles, después aparecerían múltiples "calvas" que progresivamente aumentarían en tamaño y cantidad, terminado por agregarse unas a otras. Y si comprendemos que el hábitat arbóreo puede albergar un mayor número de simios, por ser un espacio tridimensional, en contraposición al de sabana, que es lineal, podemos suponer que éste cambio debió de suponer una fuerte presión selectiva.

La progresiva deforestación y la escasez de árboles no solo provocó la disminución de los recursos, también hizo que el último ancestro común de chimpancés y humanos tuviera que aumentar su territorio de abastecimiento incrementando los desplazamientos, tanto en cantidad como en longitud, a la vez que veían su espacio vital disminuido. El primate arborícola se convierte en primate nómada. Y esto supone a su vez un hecho fundamental para nuestra posterior evolución: el aumento progresivo de los enfrentamientos entre grupos de homínidos.

Efectivamente, por un lado, la única forma de expandir el territorio propio es a expensas del territorio de los grupos colindantes, generando progresivamente un mayor número de conflictos por las lindes. Por otro lado, el aumento de desplazamientos también genera un incremento paralelo de los encuentros con otros grupos, que serían violentos en la mayoría de los casos, ya que todos competían por unos recursos cada vez más escasos, y todos debían de pasar por cuellos de botella geográficos en intervalos temporales parecidos, como cruzar ríos y atravesar montañas por sitios apropiados para ello. Esto es precisamente lo que ocurre en las migraciones de las especies salvajes actuales, que no debió de ser muy diferente ancestralmente porque la migración de los animales parece ser un fenómeno instintivo, donde intervienen mecanismos neurofisiológicos heredables y adquiridos por un largo proceso de Selección Natural.

Y por último, otro elemento dinámico que provocó, per se, el aumento de las CTAs sería la escasez progresiva de los recursos alimenticios y del espacio vital. El analista militar Stanislav Andreski sostiene que el elemento desencadenante de la mayoría de las guerras modernas es el hambre o, incluso, un simple descenso del nivel de vida habitual [13]. Por su parte, los antropólogos Carol y Melvin Ember pasaron seis años realizando estudios sobre los periodos previos al inicio de las guerras de los años ochenta en 186 sociedades preindustriales. Y llegaron a la misma conclusión, la causa más común de la guerra era el miedo a las privaciones. En 1993, los politólogos Thomas F. Homer-Dixon, Botwell y Rathjens dijeron, refiriéndose a los últimos conflictos mundiales, que existían relaciones causales significativas entre carencia de recursos renovables y violencia [14].

La clave debió de estar en el ritmo de pérdida de la masa arbórea. Aunque la mayoría de los registros físicos que documentan la evolución del paisaje en África se han perdido con el tiempo, algunos estudios sobre etapas relativamente recientes afirman que la transición del norte de África, de un Sahara verde a uno de los desiertos más grandes del mundo, ocurrió "lentamente" en vez de ser un cambio abrupto. Sin embargo, hasta ahora se pensaba justamente lo contrario, que existió un colapso rápido de la vegetación y un final repentino del periodo húmedo africano [11].

Para nosotros, el proceso de desaparición de las selvas y de los árboles debió de ser tan lento que permitió la adaptación morfológica y filogenética de los homínidos a su nuevo nicho ecológico, sin que se extinguiera la especie definitivamente, ya que si no fuera así, obviamente, no existiríamos. Y por otro lado debió de ser tan rápida que, al incrementar paralelamente la violencia territorial, se llegó al punto en que la posibilidad de muerte en una CTA, o de extinción de un grupo o estirpe por el genocidio de otro rival, superó a la posibilidad de muerte o extinción por causas naturales. Es a partir de este momento, en el que solo los grupos que vencían en la mayoría de los conflictos territoriales tenían más posibilidades de sobrevivir, cuando, se puede decir, comienza la verdadera evolución de la humanidad, porque a partir de ahí ya no son seleccionados caracteres naturales que lo hacen adaptarse mejor a su hábitat o nicho natural, como sucede con el resto de los animales, sino que se seleccionan preferentemente adaptaciones positivas para lograr la victoria en las CTAs, como son todas las que han diferenciado al hombre del resto de los animales.

A partir de aquí, la evolución de los homínidos pudo convertirse en un proceso por el cual cada vez eran más guerreros, más gregarios y más inteligentes, porque en cada CTA vencían y eran seleccionados los que guerrean mejor y eran más belicosos, los que formaban un grupo más numeroso y unido, y los que eran más listos para plantear estrategias de guerra, comunicárselas a sus compañeros e inventar armas más letales que les permitiera vencer y sobrevivir en cada CTA. Mientras que los que no heredaban de sus progenitores estas ventajas "humanizantes" para el combate, tarde o temprano eran derrotados en cualquier CTA y morían sin remedio, con toda su descendencia, o simplemente, huían sin posibilidades de subsistencia.

Esta es precisamente la teoría fuerte de este trabajo o, ante la falta de pruebas irrefutables, la hipótesis de partida, si se prefiere llamar así, con la que se puede encontrar una explicación sencilla a gran cantidad de fenómenos que hasta ahora permanecían inexplicados, como más adelante veremos.

En otras palabras, si consideramos que el ritmo constante de deforestación fue tal que propició un aumento proporcional de la violencia intergrupal, hasta llegar el momento en que, en un grupo o grupos de homínidos, la presión selectiva provocada por éstas CTAs llega a ser mayor que la presión natural, podemos llegar a la conclusión que la presión selectiva ejercida por éstas CTAs ha sido la que verdaderamente ha hecho emerger todas las características únicas y exclusivas que nos distancian del reino animal, porque son precisamente estos grupos triunfadores en las CTAs los que han excluido y sustituido a todos los demás, y son los que han expandido sus genes hasta nuestros días.

Si somos más, ataca, si no, retírate

La mayoría de los animales marcan su territorio con orina, olor corporal, feromonas, marcas físicas, bramidos, etc. Se trata de un comportamiento preservado por la evolución, que ha mostrado ser eficaz por que se ha extendido entre casi todas las especies. Las marcas disuaden a los intrusos, evitando enfrentamientos.

Muchas y muy variadas son las formas en la que se marcan los territorios en la Naturaleza, incluso dentro de las costumbres de cada especie y de cada individuo, las formas de marcación pueden variar, pero lo que es invariable es la finalidad de este comportamiento. Los animales pretenden disuadir a sus adversarios que compiten por el alimento, por las parejas sexuales o para la defensa de las crías. Cada vez que un animal se introduce en un territorio marcado por otro, sabe que en cualquier momento puede ser atacado y expulsado. Si se ha introducido accidentalmente, procurará alejarse lo más rápidamente posible. Es decir, las marcas territoriales evitan enfrentamientos.

Pero los primeros primates nómadas no tenían un territorio fácilmente delimitable que se pudiera marcar como propio. Los restos fósiles e incluso nuestra propia anatomía heredada corroboran esto: no tenemos ni hemos poseído la especialidad en los órganos ni las conductas propias que posibiliten la marcación de un territorio. Incluso se ha reducido la prevalencia en la función del olfato entre los primates, tan necesaria para la marcación. Además, sería imposible marcar manadas de animales salvajes o territorios de frutos de temporada, por su variabilidad en el tiempo y en el espacio. Aunque se pueda considerar que si se marcaban físicamente las cuevas, las fuentes y los lugares habituales que se ocupaban de forma temporal, como demuestra la conducta heredada de realizar pinturas rupestres, aparecidas en sitios dispersos, como en Altamira o en la Baja California, pero, en todo caso, estos lugares debían de abandonarse cuando comenzaban las migraciones de animales o los cambios estaciónales. Por tanto, en estos protohumanos no existía un mecanismo inhibidor de la lucha como es la marcación de los territorios.

John Maynard Smith [15] define la estrategia evolutivamente estable (EEE) como una política de comportamiento preprogramada que, si la mayoría de toda la población de individuos la adopta, no puede ser mejorada por una estrategia alternativa, cualquier individuo que se desvíe de la EEE será penalizado por la evolución. Una EEE típica es la defensa territorial que antes hemos comentado y que podría definirse así: "Si eres un residente, ataca; si eres un intruso, retírate" donde el residente es el primero que ha llegado y ocupado el territorio. Como se supone que los residentes tendrían una ventaja práctica sobre los intrusos, como pudo ser un mejor conocimiento del terreno, o que el intruso esté más cansado, o desconozca cuales son los beneficios si gana…, en cualquier caso la estrategia de la defensa territorial se hizo rápidamente mayoritaria entre todas las poblaciones, es decir, se convirtió en una EEE. Según Smith, si un individuo sigue esta EEE, suponiendo igual probabilidad de encontrarse con un intruso o con un residente, ganaría la mitad de sus batallas y perdería el resto, y lo que es más importante, como todas las disputas quedarían inmediatamente zanjadas por una convención arbitraria, nunca resultaría herido y nunca perdería el tiempo en una larga disputa sin beneficio. En cambio, si el individuo en cuestión adopta la estrategia de atacar siempre, solo ganará cuando el contrincante es un intruso, y si es un residente correrá un grave riesgo de resultar herido. Como promedio obtendrá un resultado peor que los individuos que aceptan la EEE. Por tanto, la evolución premia a los que siguen la EEE.

Aplicando esta teoría a nuestro caso en concreto, lo que pudo ocurrir es que nuestros ancestros, al cambiar de nicho ecológico, de arborícolas a nómadas, continuaron con la misma EEE, "si somos más numerosos, atacamos, si no, nos retiramos" que aun mantienen los chimpancés salvajes. Lo único que cambió fue la consideración subjetiva que cada grupo tenía de su propio territorio y la frecuencia de las CTAs. Tanto la expansión territorial como las migraciones periódicas provocaron que el territorio que cada grupo consideraba como propio tuviera que aumentar de tamaño paralelamente a la deforestación. Los clanes que periódicamente trashumaban se consideraban a sí mismos siempre residentes y los individuos que aplicaban esta convención de "si somos más numerosos, ataca, si no, retírate" eran la mayoría, era la norma establecida, la EEE, y las desviaciones de ella serían penalizadas, según Smith.

Existe otra estrategia, más agresiva aún, la de "ataca siempre", a la que Maynard Smith [16] llama estrategia paradójica, porque implica una tendencia inherente a la autodestrucción. Según dice, cuando prevalece una estrategia paradójica en cualquier población, los individuos luchan permanentemente para nunca ser sorprendidos. Aparte de los costes de tiempo y energía que la aplicación de esta EEE supone, se llega a la desaparición de la categoría de "intruso".

Nuestra EEE también supone la desaparición de la categoría de "intruso", porque cada clan se consideraría como legítimo propietario de los lugares de estancia temporal y de las fuentes de agua que conquistaron en años anteriores y tuvieron que abandonar. Los clanes que no se consideraban residentes, o lo que es lo mismo, aquellos grupos que no consideraban suyas las conquistas anteriores por que no tenían un sentido de la propiedad muy arraigado, eran penalizados por la evolución, de ahí que, en la actualidad, la propiedad privada sea un atributo tan marcado en nuestras vidas desde que nacemos. Y lo mismo ocurriría con los clanes poco numerosos o débiles que nunca atacaban o que cuando eran atacados se retiraban perdiéndolo todo, con lo que llegaría su declive y extinción sin remedio.

La caballerosidad del lobo

En el resto de animales, dentro de la que se ha llamado la forma taxógena de agresión intraespecífica —violencia entre los miembros de una misma especie en competencia por los recursos escasos— podemos distinguir la lucha ritual y la lucha abierta. La primera es un encuentro con reglas estrictas y la segunda sería una lucha a muerte. Pero el segundo caso es muy difícil de encontrar, prácticamente solo existe entre los humanos.

Para empezar, el comportamiento de los animales es, esencialmente, un intento de evitar la lucha intraespecífica. La mayoría de las "armas" que presentan los mamíferos serían instrumentos de agresión interespecífica (defensa o predación de animales de especies distintas) y no intraespecífica. Como indica Fisher [18] refiriéndose a la lucha ritual, "Las armas son potencialmente tan peligrosas que el combate se ritualiza convirtiéndose en despliegue, amenaza, sumisión o aplacamiento, de modo que los combates no suelen ser más que pruebas de fuerza seguidas de separación y rápida retirada del más débil". La lucha abierta sólo se daría en situaciones de falta de recursos del medio o en animales cautivos o heridos, e incluso en estas condiciones el más débil podría escapar y salvar la vida. Según Fischer, "los animales despliegan actitudes agresivas que pueden tener valor para la supervivencia, pero en condiciones naturales no luchan hasta la muerte con miembros de su propia especie; el conflicto es ritualizado, de modo que se hace poco daño."

La explicación más lógica de este fenómeno es que tanto en la lucha ritual como en la abierta se produce un conflicto entre los intereses del individuo y los de la especie. Si bien el individuo no quiere tener rivales y por eso ataca a sus congéneres, si esto se llevara al extremo, no quedarían individuos dentro de la especie. Por eso, la Selección Natural debe haber preservado formas de comportamiento no demasiado dañinas: los animales que las poseían deben haberse extinguido. Existe una inhibición muy grande en el vencedor animal, que le impide matar a su víctima.

En definitiva, tal como dice Cermignani [17] "la lucha lleva a la selección de los machos (o de las hembras) más corpulentos y hábiles, mientras que la ritualización parcial o total de la misma tiende a reducir el gasto de energía y/o a eliminar las posibilidades de muerte del vencido".

Siguiendo estas reglas, se ha observado que, en los demás primates no humanos, el dominio de un individuo sobre los demás se establece por medio de manifestaciones de agresividad controladas genéticamente y que poseen mecanismos innatos de control de la agresividad, como la inhibición de la ira ante la sumisión del contrario, que los hombres no poseemos. Es como la típica conducta del lobo derrotado que esconde el rabo, se agacha y ofrece su cuello para ser mordido ante el vencedor, lo que, paradójicamente, provoca el apaciguamiento inmediato del lobo victorioso. Al carecer de estos mecanismos instintivos de inhibición −mecanismos neuronales y hormonales involuntarios–, tenemos que controlar la agresividad por medio de mecanismos sociales y culturales. Es decir, al rebasar los controles instintivos, la capacidad humana de agresividad sólo puede ser activada y desactivada por mecanismos culturales, lo que presupone que, nuestros ancestros eran potencialmente más peligrosos, más salvajes, que nosotros actualmente, porque no poseían aún una cultura tan desarrollada que les apaciguara y les hiciera renunciar a la agresión.

Konrad Lorenz [24], padre de la Etología, ya manifestó que incluso, en la historia de nuestra propia especie, hay que esperar hasta la edad caballeresca del Medioevo para encontrar la gracia para el vencido. Sólo el caballero cristiano es, sobre las bases tradicionales y religiosas de su moral, tan caballeresco como pueda serlo, mirándolo objetivamente, el lobo. El guerrero homérico que quiere rendirse y pide gracia; arroja su yelmo y su escudo, cae de rodillas e inclina la cerviz, acciones que manifiestamente facilitarían a su contrario el darle muerte, pero que, en realidad, dificultan semejante acción. Todavía hoy, en los gestos habituales de cortesía se descubren indicios simbólicos de semejantes gestos de sumisión: reverencias, quitarse el sombrero, presentar las armas en las ceremonias militares. Por lo demás, los gestos de sumisión de los guerreros griegos no parecen haber sido de extraordinaria efectividad; los héroes de Homero no se dejaban influir y por lo menos a este respecto, su corazón no era tan fácil de enternecer como el de los lobos. El cantor nos relata numerosos casos en los cuales el que pedía merced era muerto sin piedad. También la leyenda heroica germánica abunda en casos donde fallan los gestos de sumisión.

Por eso los grupos que nos han legado sus genes fueron los que triunfaban en las CTAs y, de ellos, los que no poseían estos mecanismos innatos de control de la agresividad, puesto que nosotros tampoco los poseemos. Al ser tan agresivos, eliminaban al grupo rival, y con ello se aseguraban apoderarse de todas las fuentes de alimentación del territorio enemigo.

La explicación más simple es que por la progresiva deforestación, ante la gran fluctuación de la cantidad de alimento disponible en cada territorio, la falta de recursos en el medio y la intervención del azar para encontrar árboles en fruto, si quedaban supervivientes derrotados en una CTA, se perdían los recursos cada vez más escasos que éstos pudieran encontrar y consumir en el futuro, y se corría un riesgo extra por la posibilidad de la venganza. Y si se tomaban rehenes, el clan asumiría un lastre al trashumar, al no disponer de la logística necesaria para mantener presos itinerantes, como grilletes, jaulas o cuerdas. Por ello, el tomar presos y el dejar supervivientes serían dos comportamientos que la evolución se debió de encargar de erradicar, eliminando los mecanismos innatos de control de la agresividad. Y ello, sin que esta conducta entre en conflicto con el principio de perpetuación de la especie, porque se trata de selección de unos grupos que pueden constituir cada uno de ellos un linaje evolutivo separado, y no se trata de selección de individuos, como sucede con la mayor parte de los animales.

Los vencedores en estas primeras CTAs debían de ser los más guerreros. Los clanes pacíficos se extinguirían o se refugiarían sin posibilidades de expansión. Evolutivamente, con el transcurso de los siglos y milenios, se produciría una selección de los más agresivos y guerreros de entre los más violentos y belicosos, una incremento de la violencia de tal magnitud que se llegaría a la exterminación física del clan rival y de toda su descendencia. Este proceso debió de ser relativamente rápido en términos de evolución, ya que la línea genética menos violenta era cortada de raíz, no debían existir supervivientes para proseguir con ese linaje no guerrero.

Pensamos que esta debió de ser una de las primeras adaptaciones no naturales acaecidas en la evolución del ser humano, porque con ella se produce un fenómeno esencial en la forma de evolucionar el genoma humano, cual es la exclusión y sustitución de poblaciones en el nicho ecológico.

El arte de la guerra y la teoría de la mente

Para ganar las batallas se necesita un buen general, un individuo o varios que dirijan a sus compañeros hacia la victoria.

Estrategia militar es el arte de dirigir las operaciones militares para conseguir la victoria. Etimológicamente, el término viene del griego "strategos". La estrategia militar se ocupa del planeamiento y dirección de las campañas bélicas, así como del movimiento y disposición estratégica de las fuerzas armadas, con el objetivo de vencer al enemigo.

También es una de las tres partes del arte de la guerra y en las contiendas convencionales tiene por objeto conducir las tropas en el teatro de las operaciones hasta llevarlas al campo de batalla, al paso que la táctica conduce y guía las operaciones de los ejércitos o de una parte de ellos cuando llega el choque, para la correcta ejecución de los planes militares y las maniobras de las fuerzas de combate en la batalla. El tercer componente sería la logística militar, destinada a mantener el ejército y asegurar su disponibilidad y capacidad combativa.

La táctica establece sus combinaciones sobre datos exactos y a la vista de las posiciones del enemigo, mientras que en la estrategia las combinaciones se establecen sobre datos hipotéticos, lejos del enemigo y en medio de una incertidumbre completa, poseyendo a menudo noticias de dudosa veracidad y con frecuencia contradictorias sobre las posiciones y las fuerzas del enemigo. Misión difícil, por tanto, es la que impone la ciencia militar al general que manda un ejército, para que según escribió el archiduque Carlos, imagine con el pensamiento el teatro de la guerra, atraviese virtualmente las líneas de su adversario, descubra las partes débiles de su enemigo o de sus puntos de apoyo, le prive de sus comunicaciones y de sus recursos, desarme su voluntad y aniquile de frecuente hasta sus últimos medios en una sola batalla, que debe de saber prevenir según las reglas de la estrategia y librar según las reglas de la táctica.

El profesor de Psicobiología Martín-Loeches [70], define la teoría de la mente, "como la capacidad de representarse mentalmente los estados mentales propios y de los otros, estados mentales que incluyen las intenciones, las creencias, los deseos y el conocimiento", esta información se convierte en imprescindible a la hora de prevenir y contrarrestar cualquier movimiento del enemigo, y establecer una buena estrategia de combate.

Las actividades de la inteligencia militar, en todos los ejércitos del mundo, se centran en obtener información del enemigo actual o potencial, imprescindible para planear adecuadamente las eventuales operaciones y estrategias, siendo esta información quizás una de las armas más poderosas. Aquellos homínidos que poseían innatamente esta arma, la teoría de la mente, podían intuir con mayor precisión los movimientos del enemigo antes de que actuara, y vencían con mayor probabilidad en las CTAs en las que participaban, al planear las estrategias más efectivas y contraatacar por sorpresa allí donde el enemigo era más vulnerable.

Y aún más, el ser humano no puede considerarse como un ser hiper-racional. A pesar de la inteligencia superior que poseemos, no resolvemos los problemas basándonos enteramente en la lógica, sopesando cuidadosamente los pros, los contras, las ganancias y las pérdidas de cada decisión, porque en el mundo real carecemos de la información necesaria para calcular éstos parámetros. Según los psicólogos Keith Oatley y Philip Johnson-Laird [71], la gran mayoría de las veces las decisiones hay que tomarlas basándose en una información objetivamente incierta de la realidad y a veces hasta contradictoria, con gran cantidad de posibles soluciones o decisiones en conflicto, igualmente válidas a priori, y en situaciones en que las decisiones hay que tomarlas con rapidez. Las emociones que nos provocan cada una de las posibles alternativas de comportamiento no son información objetiva, pero sí subjetiva, y sobre la base de esta información completamos la que nos falta. Precisamente esta es la base para poder plantear las estrategias militares más acertadas, donde las informaciones sobre el enemigo casi siempre son inciertas e imprecisas, a la vez que nos posibilita tomar decisiones inmediatas que nos pueden salvar la vida o procurar la victoria en cualquier CTA.

La Selección Artificial explica la teoría de la mente como un instrumento necesario para prevenir la actuación del enemigo y, sobre todo, factor determinante para tomar estrategias vencedoras, decisiones rápidas y con información incierta.

Si definimos la inteligencia humana como un estado cognitivo elevado que consiste en múltiples procesos mentales orquestados por nuestras zonas psicocognitivas y neuronales −actividad sináptica− y que nos permiten realizar un análisis e interpretación de nuestro entorno en forma abstracta, de imaginar y crear elementos nuevos, además de copiar y adaptar elementos preexistentes para su propio proceso homeostático, y si definimos al individuo talentoso como el que tiene capacidad de focalizarse en un aspecto del entorno, demostrando un conjunto de habilidades/competencias superior, podemos decir que el buen estratega militar es una persona talentosa especializada en el planeamiento de la batalla. Y si además es capaz de focalizar su inteligencia en el ámbito militar, discierne, descubre, interpreta, sintetiza, sistematiza o crea nuevas correlaciones e interrelaciones en dicho ámbito, llegando a ampliar las fronteras del conocimiento, se le define como un estratega genial.

Líderes brillantes como Alejandro Magno, Aníbal, Kublai Kan, Hernán Cortés, Napoleon, George Washington, T.E. Lawrence, John R.E. Chard, Paul von Lettow Vorbeck, Erwin Rommel, Douglas MacArthur, Dwight D. Eisenhower y David Hackworth, consiguieron que sus hombres y sus recursos alcanzasen la victoria, a veces en situaciones muy difíciles.

El general que no logra analizar o interpretar y reaccionar correctamente ante los elementos de su entorno, puede ser considerado como menos apto para planear la batalla, y por lo tanto candidato a su muerte y a la extinción de su grupo.

Es la competencia más pura y dura que puede existir. Por ella nuestra evolución ha sido una carrera sin límite hacia el máximo nivel de inteligencia posible durante millones de años. Cada mutación genética que surgía en nuestra evolución biológica tendente a incrementar nuestro coeficiente de inteligencia, nos ayudaba a intuir las acciones del enemigo y nos permitía optar por las mejores estrategias militares y tomar decisiones rápidas en combate. Las ventajas que surgían de estas mutaciones, por muy pequeñas que fueran, eran aprovechadas por el grupo mutado para imponerse a los demás en el campo de batalla. Los que poseían estas adaptaciones, eliminaban y excluían al resto de grupos, aunque éstos hubiesen podido portar otras adaptaciones positivas en otros ámbitos, para en último término, ocupar los puestos vacantes que los derrotados dejaban en su nicho ecológico.

La inteligencia social y las estrategias de guerra debieron evolucionar paralelamente, hacia cada vez más complejidad. En cada batalla, incluso en los ancestrales enfrentamientos entre clanes rivales, la estrategia más acertada era la que vencía, y ésta era promovida por el bando más inteligente, de tal forma que la competencia por la victoria era también la competencia por demostrar quien era más inteligente.

3. El contrato sexual y el arte

Los modelos sociales

Según el paleontólogo Roger Lewin [22], existen tres formas en las que los primates modernos pueden ser utilizados como modelos de las vidas sociales de las especies extintas.

El primero y más antiguo, el modelo de primate específico, que identifica una especie extinta con una viviente que parezca coincidir de forma importante en características básicas. Como el propuesto babuino de sabana –género Papio– que, aunque lejano genéticamente de los homínidos, viven en bandas de unos 200 individuos, constituidas por hembras a menudo emparentadas entre sí, sus crías y machos no emparentados, que practican la poligamia.

El segundo modelo se centra más en la filogénia, y busca rasgos comunes conductuales entre los simios africanos más cercanos filogenéticamente y los homínidos. Se ha propuesto al chimpancé, nuestro "primo" más cercano, pero hay que tener en cuenta lo que el antropólogo americano Richard Potts denomina trampa del presente: "El problema de situar los homínidos primitivos en un continuo chimpancé-humano es que evita la consideración de adaptaciones únicas en el continuo". Por ejemplo, según Potts la dentición del tipo de los primitivos homínidos australopitecos –con grandes molares de coronas provistas de gruesas protuberancias, dispuestas en robustas mandíbulas– no coincide ni con los actuales chimpancés ni con los humanos, por lo que Potts concluye que en lo relativo a la anatomía dental, los australopitecos no encajan en el continuo propuesto. Pudo ser que tanto los chimpancés como los humanos divergimos evolutivamente de un ancestro común con una estructura dentaria distinta a ambas especies.

Quizás la más moderna y prometedora sea el tercer modelo, que parte de la ecología conductual para la reconstrucción de organización social. Para Robert Foley, de la Universidad de Cambridge, haciendo una aséptica aplicación del principio del actualismo, nuestros ancestros, es decir, los australopitecos y parántropos, tendrían territorios más amplios que los chimpancés, ya que los bosques estarían más aclarados y las fuentes de aprovisionamiento estarían más dispersas y serían menos copiosas, por lo que tendrían que mantener las alianzas entre machos emparentados, tanto para la defensa de los recursos frente a otras coaliciones de machos, como frente a los depredadores, más peligrosos al disminuir la cubierta vegetal. Dentro de estos grandes territorios se formarían unidades sociales menores, ya que la dispersión de recursos no permitiría que los miembros estuvieran siempre juntos, sino buscando alimentos en pequeños grupos. Así, el sistema social sería de fusión, con reunión de gran parte del grupo en torno a una copiosa fuente de alimento, para hacer grandes desplazamientos por terreno abierto, y de fisión con división del grupo en unidades menores para alimentarse durante el día [8]. Para Juan Luís Arsuaga, la fisión la protagonizaría cada macho con sus hembras y crías comunes, como unidades familiares comparables a las de los actuales papiones hamadrias y geladas, y ocasionalmente se reunirían con otras pequeñas unidades familiares emparentadas formando grandes grupos, para alimentarse, viajar o dormir [9].

Actualmente existen diversos tipos de sociedades humanas, dependiendo de la cultura que tratemos. Así, en la civilización occidental encontramos la monogamia y la poligamia seriada, en otras la poliginia o una mezcla de todo. Y mientras más nos retrotraemos en el tiempo, más incertidumbre encontramos con respecto a la forma de definir éstas relaciones, por mucho que podamos intuir que siempre se tiende a la complejidad social.

Sin embargo, si solo pretendemos comprobar la eficacia en la representación de la realidad de estos modelos, tendríamos que compararlos, no ya con las diversas y complejas civilizaciones contemporáneas, sino más bien con las culturas no productoras de alimentos, más simples, de las que todas las sociedades actuales derivan, y a las que estos modelos pretenden representar. Aunque hay que advertir del riesgo en la utilización de los cazadores modernos como referentes para interpretar el pasado, ya que son poblaciones que residen en eco-sistemas marginales, que no son los del pasado, y están insertos en un sistema de relación constante con poblaciones productoras, de los que obtienen recursos alimenticios y materiales, que condicionan y deter-minan de manera significativa sus formas de vida. Igualmente, todos ellos tienen una tecnología avanzada, en su mayor parte sólo encua-drable en un período cultural adscrito a la edad del Hierro, que les aleja de ser poblaciones remanentes de una edad de la Piedra. Pero si bien los cazadores modernos no se consideran sociedades prístinas que muestren un modo de vida que pertenece al pasado, a falta de un mejor referente, la comparación es la mejor que podemos encontrar.

Y lo que parece claro es que, en las diferentes sociedades humanas cazadoras y recolectoras no desaparecidas, no es corriente la poliga-mia. Según Arsuaga [20], la poligamia, o más concretamente la poli-ginia, (un hombre con varias mujeres), "solo es concebible en socieda-des sedentarias, con una economía de producción del alimento, sean pastoriles o agrícolas. Y ese tipo de economía sólo existe desde hace unos diez mil años, cuando empieza el Neolítico. Entre los pueblos que han conservado una economía de caza y de recolección hasta nuestros días no se han conocido sociedades que se acomoden al pa-trón de ninguna de las especies de primates, sean las de los gorilas, papiones o chimpancés, sino que más bien mostraban el tipo de orga-nización que reconocemos como específicamente humano".

Por tanto, hasta la propuesta de Foley parece incompleta, al no plantear soluciones de continuidad entre el modelo animal y el huma-no. Si ecológicamente los primeros homínidos formaban sociedades patrilocales de machos emparentados, en grupos de fisión-fusión, ¿cómo es posible que hoy no tengamos un modelo siquiera parecido? ¿Cuál es el eslabón perdido desde el punto de vista social?

Éramos animales polígamos

Lo que parece indudable es que las relaciones que llamamos específicamente humanas no existieron siempre. En Biología, la diferencia entre machos y hembras, en especial en el tamaño del cuerpo, conocida como dimorfismo sexual en cuanto a tamaño corporal, demuestra un grado paralelo de poligamia. Los machos de los primates han de competir a menudo con otros machos para acceder a las hembras reproductoras, y cuanto mayor sea su cuerpo más probable será su éxito. Por eso es probable que, cuando exista competencia entre machos por ser una sociedad polígama, el tamaño de los machos haya aumentado por Selección Natural. Otros factores que pueden resultar de importancia en tales encuentros, los caninos, por ejemplo, son también a menudo más pronunciados en los machos.

Investigadores de la Universidad de Duke han descubierto un antepasado muy antiguo de los monos, de los simios y de los humanos, que vivió en el norte de África hace nada menos que 29 Ma, y pudieron comprobar que la diferencia en el tamaño de ambos sexos era muy grande, casi el doble. Todo ello ha podido averiguarse gracias al estudio de un cráneo de la especie Aegyptopithecus zeuxis, el segundo que aparece de este extinto animal y el más completo, que fue encontrado en el año 2004 en la depresión de Fayum, una región en el centro de Egipto. En los caninos también presentaba un gran dimorfismo sexual [21].

También los fósiles de nuestros ancestros, que no de los chimpancés, nos dicen algo al respecto. Los australopitecos machos eran mucho mayores en tamaño que sus hembras, un 20-40 más altos y un 30-40 más pesados, según Rogen Lewin [22]. El dimorfismo sexual en los primeros australopitecos, expresado en tamaño, aproximadamente sería el siguiente:

	PESO (kg)		TALLA (m)	
PRIMATES	MACHO	HEMBRA	MACHO	HEMBRA
A. anamensis	58	47		
A. afarensis	45	29	1'51	1'05
A. africanus	41	30	1'38	1'15
A. garhi			1'40	
Pan troglodytes	54	40		
Homo sapiens	65	54	1'75	1'61

Por ello, la mayoría de los autores sostienen que este dimorfismo sexual en los australopitecos demostraría que eran polígamos, que luchaban entre ellos por las hembras, con un sistema social más parecido al de los papiones hamadrias y los geladas (cada macho con varias hembras), como propone Foley.

Pero esto no es tan simple como parece. Según han demostrado Michael Plavcan y Carel van Schaik [23], entre los primates actuales el dimorfismo sexual en la longitud de la corona del canino es aún mejor indicador que el peso corporal para medir el grado de competencia entre los machos por las hembras, y como vemos en el dibujo siguiente, la reducción de los caninos es un hecho en la evolución de nuestros ancestros.

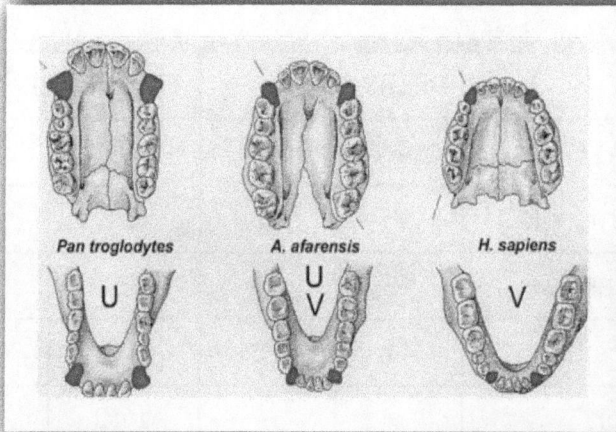

Para soslayar este inconveniente, los defensores de esta teoría sostienen que el motivo de la reducción de los caninos en los australopitecos pudo ser la sustitución de su uso en la competencia sexual por alguna otra adaptación natural o, siendo un poco más atrevidos, se podría decir que los caninos habrían sido sustituidos por el uso de unas armas más contundentes, como adaptación extracorpórea, es decir, los machos, para competir por las hembras, ya no se amenazarían y morderían con la exhibición y uso de grandes caninos, sino que blandirían y se golpearían con armas sin elaborar, como palos o huesos largos, e incluso se lanzarían piedras. Citando a Juan Luís Arsuaga en su discurso de ingreso en la Real Academia de Doctores de España el 14 de febrero de 2007, Publicado en Revista de Occidente, N° 310: 47-73, marzo de 2007: "Como los colmillos de los australopitecos se habían reducido ya (eso es seguro) hay que pensar que se amenazarían y golpearían con palos y piedras. Incluso es posible que una mano y un brazo bien coordinados evolucionaran, al menos en parte, para golpear y arrojar piedras con puntería, o sea, para combatir."

Pero la teoría poligámica de los australopitecos deja algunos interrogantes incontestados, como:

1ª)¿Cuál es la causa de tan dramático cambio de instrumentos, de grandes caninos a mortíferas armas o a cualquier otra adaptación natural, para seguir cumpliendo la misma función de competencia sexual?¿Cuál es el motivo de la excepción al principio de la convergencia evolutiva? ¿Por qué el aumento del tamaño de los caninos en los australopitecos, como adaptación a la poligamia, deja de tener razón de ser, para ser sustituido por la utilización de las armas? ¿Por qué el uso de armas no se ha dado como adaptación a la poligamia en otras especies? ¿Por qué se sustituye en nuestra evolución un instrumento disuasorio y, en la mayoría de los casos, incruento, y muy eficaz para su función por su amplia implantación, como es la exhibición de unos grandes colmillos, por el uso de unos instrumentos extracorpóreos, las armas, que en la mayoría de los casos son mortíferas o, en cualquier caso, mucho más lesivas y que atenta contra el principio de perpetuación de la especie?

2°) Tampoco la tesis poligámica puede explicar razonadamente por qué hoy no somos polígamos, al contrario que la mayoría de los mamíferos, ni en qué momento ni por qué nuestros ancestros abandonaron la poligamia de los australopitecos. ¿Cuál fue la presión selectiva que hizo emerger nuestro actual tipo de relación? Y lo que es más grave, habría que revisar si los australopitecos se encuadran dentro de la misma línea evolutiva humana, ya que el considerar que soportaron distintas presiones selectivas que las del resto de los homínidos, implicaría que aquellos ocuparon un nicho ecológico distinto, y por tanto, sin convergencia evolutiva.

Para Helen Fisher [25], antropóloga sexual, la monogamia es antinatural por su rareza. En algunas especies de aves, como las ocas o los cisnes, la pareja debe permanecer avecinada para seguir cuidando crías que tardan mucho en independizarse. Pero en los mamíferos, el 97% no siguen juntos; la especie humana es parte del otro escaso 3% que debe cohabitar, según dice, por razones paternales. Incluso para ésta y otros autores, como Semir Seki o Sue Carter [19], hay genes relacionados con la tendencia a la monogamia en algunas especies animales, entre las que se encuentra el ser humano, de tal forma que, aparte de factores externos (sociales, culturales, religiosos y legales) existen otros, innatos e inherentes al propio individuo, como son los niveles de dopamina, oxitocina o vasopresina, controlados genéticamente y que sustentan la monogamia.

3º) En la naturaleza, toda competencia sexual provoca un dimorfismo entre machos y hembras paralelo, de tal forma que el macho evoluciona a ser más corpulento, o más fuerte, o a tener los caninos más grandes, o a tener un plumaje más vistoso o un canto más melodioso, como en el caso de las aves, mientras que la hembra no experimenta la misma evolución. Por ello, el uso de armas, como adaptación extracorpórea para la competencia sexual entre machos, debería haber provocado un dimorfismo entre hombres y mujeres, de tal forma que ellas hoy día, a diferencia de ellos, no dispondrían de una morfología que las capacitara para el manejo de las armas, como pueda ser una mano y un brazo bien coordinados, sino que tendrían las manos parecidas a las de un antropomorfo. Actualmente y en tiempos pretéritos, como se documenta en el registro fósil, la mujer está y ha estado tan capacitada para el uso de armas como el hombre.

Por otra parte, un defensor destacado de la monogamia ancestral de los australopitecos fue Owen Lovejoy [26], que parte del dato –discutible– de que el intervalo entre nacimientos es menor en nuestra especie –y se refiere a poblaciones de cazadores y recolectores– que entre los grandes monos. De este modo, acortando el espacio entre partos, habría aumentado la fecundidad de nuestra especie. Ello es posible, argumenta, porque los hombres aprovisionan a las mujeres –cada uno a su pareja– y las crías que tiene con ellas. De este modo, las madres pueden permanecer en el campamento y tener hijos más seguidos, ya que no tienen que alimentarlos ellas solas –como hacen los grandes monos– Lovejoy imagina una sociedad ancestral –entre los australopitecos– formada por familias, no muy diferente de la nuestra.

El contrato sexual: fidelidad por paz

Michael P. Ghiglieri [14] sostiene, como la mayoría de los investigadores, que la ventaja evolutiva de la monogamia entre los homínidos fue "invertir en la descendencia mucho más de lo que lo hicieron sus antepasados simios. Junto a una mayor cantidad de alimentos para sus hijos, cada mujer casada se benefició de disponer de un macho dedicado a proteger a sus hijos de otros machos infanticidas."

Sin embargo, no se ha podido demostrar que exista relación entre monogamia e inversión paterno-filial. De hecho, los machos de los micos nocturnos (Aotus) no cuidan de su descendencia, a pesar de ser primates monógamos, mientras que los machos de los tamarindos o titís león (Leontopithecus), primates platirrinos del Nuevo Mundo, transportan a sus crías, lo que supone una gran inversión parental, a pesar de que forman grupos de varias hembras y varios machos. Y tampoco se puede decir que en nuestras actuales sociedades poliginias, el cuidado de los hijos por parte de sus padres sea menor que en las sociedades monógamas, ya que esto depende más del ambiente y la cultura propia de cada grupo.

Glenn Hausfater y Sarah B. Hrdy [27] comprobaron que el infanticidio por parte de los machos ha sido documentado en varias docenas de especies como estrategia reproductiva y, por tanto, como conducta adaptativa, ya que, al matar a los lactantes, los machos usurpadores aproximan el destete y anticipan el periodo de celo y la receptividad sexual de las madres y, por tanto, tienen más éxito reproductivo que los anteriores machos dominantes cuyos hijos han sido asesinados y que los machos que no practican el infanticidio, ya que éstos deben de esperar a que las hembras desteten a sus crías y entonces, puedan entrar en celo.

También se puede intuir que la monogamia, como conducta adaptativa, es una forma de lucha contra esos machos infanticidas, y así se cree que sucede con los micos nocturnos. Pero extrapolar esta conducta a los homínidos, como sugiere Ghiglieri, aparte de no mostrar ninguna prueba de ello, es incongruente con la inexistencia de periodo de celo en nuestra especie: si no hay celo, no hay necesidad de infanticidios ni, por tanto, de monogamia. Además no existen vestigios conductuales ni genéticos de ello, ya que en ninguna cultura humana hemos conocido un solo caso de infanticidio para ganarse los favores sexuales de las madres, y si se ha dado alguno, es en el orden patológico, nunca en el adaptativo. Y no se puede olvidar que tanto el infanticidio como la monogamia son la excepción, y que la defensa de la progenie se circunscribe, en la mayoría de los animales, a la defensa del territorio.

La mayoría de los mamíferos exhiben su disponibilidad sexual (celo) durante el estro, que es el período de aceptación sexual, que se suele circunscribir a una parte del ciclo reproductivo, con algunas excepciones, como la del bonobo —Bonobo Pan paniscus—, que practica el sexo libre en cualquier momento, como mecanismo para evitar la violencia. Salvando esta excepción, en la mayoría de las especies, los machos compiten y luchan entre sí para acceder preferentemente a las hembras elegidas y/o apropiarse de los mejores territorios. Por su parte, las hembras hacen público su estro excitando sexualmente a los machos, como la hembra del chimpancé, que cuando entra en celo, la piel en torno a su zona genital aparece hinchada y de color rosado. Es entonces cuando la hembra se ve acosada por el macho.

Esta es una adaptación que se ha mostrado eficaz por su generalización. En las distintas especies, la existencia de las épocas de celo asegura que los machos, más indefensos y desvalidos que en cualquier otro momento, puedan demostrar que son los más aptos para perpetuar sus genes, reduciendo éstas duras etapas del ciclo reproductivo al periodo más apropiado y seguro para ello. Y a las hembras les garantiza, por un lado, concebir a su descendencia con una cadencia mínima que permita la subsistencia de toda su prole y, por otro, que sean fecundadas por los machos más fuertes y sanos de toda la manada. Favorecido todo ello por la Selección Natural.

Sin embargo, la humana no es un tipo de relación que se haya hecho mayoritaria en ninguna otra especie que evolucionó paralela a la nuestra, lo que puede demostrar su ineficacia para la Selección Natural. No existe una selección del más fuerte como la que se realiza en la época de celo de cualquier especie. Las oportunidades de engendrar son iguales para todos los machos. Y ni siquiera se ha demostrado que procure un aumento de la descendencia. El éxito reproductivo de los hombres es mayor en las sociedades polígamas occidentales, como, por ejemplo, los mormones que se casan en poliginia tienen una media de 15 hijos, y los mormones monógamos una media de 6'6 hijos por término medio.

Por eso, la cuestión sigue siendo ¿por qué la evolución castigó a los homínidos polígamos? ¿Por qué se extinguieron a pesar de ser mayoritarios?

Aquí sugerimos que la verdadera revolución en la evolución de la sexualidad humana no ha sido la tendencia hacia la monogamia, ni siquiera la desaparición de la poligamia, ya que éstos son fenómenos discutibles y controvertidos. Ni siquiera el surgimiento de una fidelidad conyugal que ha procurado el advenimiento de la familia como piedra angular de cualquier sociedad, porque la infidelidad sigue siendo corriente como en el resto de los animales. Más bien, lo verdaderamente prodigioso y raro ha sido la aparición de una serie de profundas modificaciones biológicas, conductuales y culturales que, mediante la organización en parejas, han erradicado de nuestro fenotipo cualquier atisbo de competencia violenta entre los hombres por el acceso a las mujeres. Hoy se puede decir que la agresión o violencia física intraespecífica entre los varones, como método de competencia sexual, no existe, y evolutivamente ha desaparecido de todas las sociedades humanas, dando paso a lo que la famosa antropóloga sexual Helen E. Fisher llamó el "contrato sexual" [28] y que hoy llamaríamos matrimonio, como unión entre hombre y mujer concertada mediante determinados ritos o formalidades legales, y que es universal, que existe y ha existido en todas las culturas que se conocen.

Para nosotros, los grupos menos unidos e integrados fueron exterminados conforme las CTAs se generalizaban entre nuestros ancestros. Y entre éstos grupos más desunidos, hay que incluir a los que practicaban la poligamia, en los que las luchas internas entre los machos para copular, hacía que éstos mantuvieran en todo momento una rivalidad interna que los debilitaba en los combates contra otros grupos más cohesionados. Por el contrario, aquellos clanes en los que la fidelidad sexual entre las parejas era norma general, las disputas entre los varones por las mujeres destacaban por su ausencia, convirtiendo al grupo en más unido y fuerte frente a otros en las CTAs y, por tanto, con más posibilidades de vencer.

Sexo por paz

Pero nosotros no fuimos los únicos en usar el sexo para conseguir la paz del grupo. Richard Wrangham y Dale Peterson [7] enfatizan el uso del sexo por parte del bonobo como mecanismo para evitar la violencia. "Tanto el chimpancé común como el bonobo evolucionaron del mismo ancestro que dio lugar a los humanos, y sin embargo, el bonobo es de las especies más pacíficas y no agresivas de mamíferos que hoy día viven en la tierra. Han desarrollado vías para reducir la violencia que permean toda su sociedad". Las relaciones sexuales representan un papel preponderante en las sociedades de bonobos, ya que son usadas como saludo, como método de resolución de conflictos, como medio de reconciliación tras los mismos, y como forma de pago mediante favores tanto de machos como de hembras a cambio de comida. Los bonobos son los únicos primates –aparte de los humanos– que han sido observados realizando todas las actividades sexuales siguientes: sexo genital cara a cara (principalmente hembra con hembra, seguido en frecuencia por el coito hembra-macho y las frotaciones macho-macho), besos con lengua y sexo oral.

El nicho ecológico que ocuparon los bonobos hizo que los individuos más agresivos y violentos tuvieran menos oportunidades de sobrevivir y procrear, por lo que la Selección Natural elegía a los más promiscuos, que no competían violentamente por las hembras. Parecido a lo que ocurrió con los homínidos: las CTAs seleccionaban a los grupos más unidos, menos competitivos sexualmente. En lugar de la promiscuidad, contrariamente, en nuestro caso, fue la fidelidad conyugal la elección para procurar la unidad del grupo, una "virtud" que en modo alguno favorece la diversidad genética por ser muy endogámica, y por tanto, contraria a la Selección Natural. Aquí se vuelve a mostrar que la Selección Natural ha ejercido menos presión selectiva que la Artificial sobre nuestra evolución, ya que los grupos más endo-gámicos, los que ponían más barreras a la hibridación genética, eran normalmente los vencedores en todos las CTAs, por la unidad que demostraban.

Quizás, al principio, proliferaría la poligamia entre los ascendientes de los primeros homínidos, como régimen familiar predominante, como herencia de la especie Aegyptopithecus zeuxis y por el principio de actualismo. Pero después, como la fisión de las unidades familiares debía de ser cada vez más frecuente, los encuentros con otros grupos aumentarían en igual proporción que las CTAs, donde los clanes con grandes caninos y, por tanto, con disputas internas por las hembras, serían los perdedores, y se irían reemplazando por los grupos más unidos y con menos conflictos internos. Y es que la poligamia conlleva enfrentamientos entre machos, desunión y recelos internos en el grupo, que conducen a la derrota del grupo en último extremo frente a los clanes más vertebrados. En los grupos victoriosos la exhibición y uso de unos grandes caninos dejaría de ser una adaptación sexual, para pasar a soportar la misma presión selectiva natural en ambos sexos.

Además, el otro dimorfismo sexual, en cuanto a masa corporal, ya no tenía la presión selectiva de los enfrentamientos entre machos en un mismo clan en disputa por los harenes de hembras, si no que se convirtió en una exaptación (nueva adaptación) a la nueva era de violencia general entre grupos. Los australopitecos evolucionarían a tener una relación grupal parecida a la nuestra, de familias monógamas unidas por fuertes vínculos, donde la relación entre los machos debía de tender a ser de cooperación y compañerismo para aumentar la fuerza defensiva frente al aumento de la violencia intergrupal. La función adaptativa del dimorfismo sexual corporal pasó a ser la defensa del grupo frente a los ataques de otros clanes. Si la monogamia, por la teoría de la convergencia, tiende a la reducción de los caninos en los machos, no ocurre lo mismo con el dimorfismo sexual en cuanto a masa corporal, ya que en las CTAs es el macho el que se especializa en la defensa del grupo, y precisamente por eso, porque ya dispone del tamaño y fuerza necesarios para el enfrentamiento cuerpo a cuerpo, heredado de un periodo anterior de poligamia, con lo que ya no es necesario ningún periodo adaptativo para la CTA.

Con el advenimiento de los Homos, que suceden a los australopitecos, la inteligencia también desplaza a la fuerza bruta en las CTAs, como también más adelante veremos, con lo que entre éstos también se reduce el dimorfismo sexual corporal hasta llegar al hombre anatómicamente moderno.

Por un lado, las hembras se especializarían, al igual que actualmente, en la crianza de los hijos, y por otro lado, los machos, en la defensa del grupo. El clan con unos machos más grandes y fuertes sobrevivía, los clanes con los machos más débiles y pequeños sucumbían en cualquier CTA, no transmitían sus genes. Es lógico que si se parte de una adaptación a la competencia sexual como fue la mayor corpulencia, ésta se aproveche en otra nueva y necesaria adaptación, los combates territoriales.

El etólogo alemán Eibl-Eibesfeldt [29] realizó un estudio global, muy detallado, donde con gran claridad mostró que los chicos mayores de todo el mundo juegan a juegos de persecuciones y enfrentamientos, hacen experimentos y normalmente se pelean, a pesar de ser castigados por su agresividad mucho más a menudo que las chicas. En cambio, las chicas se interesan por juegos más tranquilos, incluso solitarios. Los niños y las niñas imitan los comportamientos que consideran adecuados para su propio sexo, independientemente del sexo del actor.

Y es que la necesidad que tenemos de adoptar un género adecuado es tan apremiante que se impone incluso cuando no existen roles de género que copiar. El experimento del kibutz israelí pretendía crear roles monogenéricos a base de educar a los niños y a las niñas en comunidad y sin distinciones, como expuso Spiro, de la Universidad de Harvard. Sin embargo, el kibutz tampoco consiguió erradicar los estereotipos asociados a los roles, ni siquiera durante los juegos, y las niñas crecieron concentrándose en el modelo de papeles femeninos y en el modelo maternal. Los niños se empeñan en aprender a desempeñar el papel de guerreros y las niñas de madre. Los grupos en los que no existía esta predisposición se extinguieron en cualquier CTA, por estar menos preparados para la guerra.

Lo único que hacemos es considerar dos funciones distintas, una, la defensa del grupo, y otra, la de competencia sexual, que por principio, es lógico que posean distintos instrumentos, corpóreos o extracorpóreos, para realizarse. Y también es lógico que en ninguna otra especie se haya desarrollado por ser una presión selectiva, las CTAs, única y exclusiva del ser humano.

Eran y son dos tipos distintos de contiendas: una es el combate jerárquico ritual entre machos, individual, que se desarrolla a la vista del grupo, porque todos deben saber quién será el próximo jefe y donde ambos contendientes conocen de sobra sus capacidades físicas, precisamente por ser compañeros, aunque rivales. Se usan armas apropiadas para las distancias cortas, sin fines letales, como grandes colmillos y corpulencia física, y por selección natural produce un dimorfismo sexual en el desarrollo evolutivo de la especie.

El otro es la CTA, colectiva, entre grupos rivales, que compiten por el territorio, que se desarrolla a distancia, en la que se emplea el lanzamiento de piedras y que no produce dimorfismo sexual.

Se ha observado que los chimpancés actuales tienden a defender su territorio de los intrusos con el lanzamiento de piedras u otros objetos arrojadizos, mientras que las disputas internas las suelen zanjar con encontronazos y el uso o exhibición de los caninos. Por el principio de convergencia evolutiva podemos suponer que nuestros ancestros comunes con los chimpancés también usaran los mismos instrumentos.

La mujer, hacedora de la paz

Como señala el antropólogo Donald Symons: "No hay nada en la sexualidad masculina, en la medida en que contrasta con la sexualidad femenina, que apunte hacia una adaptación a la monogamia" [30]

Efectivamente, para conseguir la paz entre los machos del grupo, creemos que la mayor inversión en cambios evolutivos la tuvieron que soportar nuestras ancestras, y no es baladí.

En primer lugar, para satisfacer a los machos, tuvieron que estar disponibles sexualmente en cualquier momento, no solo durante el celo. Entre las mujeres, como entre los bonobos y por la misma presión selectiva, la aceptación sexual es independiente del ciclo reproductivo. Según Fisher [28] "La actividad sexual de una hembra humana no se limita a la mitad de su ciclo mensual. Sus genitales no se congestionan por la ovulación. Ningún olor penetrante proclama que está disponible. Ningún impulso intensificado la empuja a copular en ese momento preciso. La mujer puede hacer el amor cuando está menstruando y suele incitar al coito durante el embarazo. En teoría, puede hacer el amor todos los días y todas las noches, todos los meses y todos los años de su vida adulta. Es, a este respecto, única entre todas las hembras de la tierra. Las mujeres han perdido el período de celo."

"Aunque de hecho, persisten rastros de estro, que algunas mujeres inteligentes utilizan para controlar la natalidad. Poco antes de la ovulación, aparece en las paredes y el exterior de la vagina, previamente seca, una mucosidad incolora, resbaladiza y suave. Luego, después de la ovulación, se vuelve turbia y pegajosa unos días hasta desaparecer del todo hasta el mes siguiente."

"Y en la ovulación, el cuello del útero, el tejido muscular que separa la vagina del útero, se vuelve también suave y resbaladizo. Se abre y se dilata y luego, inmediatamente después de la ovulación, se achica, se endurece, se seca y la abertura se cierra durante otro mes. Hay mujeres que notan calambres durante la ovulación en el momento en que el óvulo cae del ovario para iniciar el recorrido hacia el útero. Algunas mujeres sangran un poco entonces. Otras descubren que se les pone el pelo muy grasiento, que tienen los pechos más sensibles, o notan que tienen más energía de la habitual. La temperatura corporal aumenta casi en un grado completo, en la ovulación, y se mantiene normal o por encima hasta la menstruación siguiente. Y tiene también una carga eléctrica mayor."

"Así pues, si una mujer observa la mucosidad de la vagina o del cuello del útero a diario, si percibe los calambres de la ovulación o se toma la temperatura todas las mañanas antes de levantarse, sabrá cuándo está ovulando. De lo contrario, no lo sabrá. Ningún período de celo (con el olor, la hinchazón y la conducta consiguientes) proclama la fertilidad. El resultado es una ovulación silenciosa."

En segundo lugar, para incitar a los hombres, tuvieron que sentir el mismo placer sexual o mayor incluso que ellos. Según Fisher, "… sus órganos sexuales producen un placer sexual intenso. Más incluso que el que obtiene el varón en el coito, pues la naturaleza la ha provisto de clítoris, un haz de nervios destinado exclusivamente al placer sexual. El roce más leve de esa glándula supersensible produce excitación. Además hay cuatro o cinco densas concentraciones venosas y nerviosas que se agrupan en los músculos de sus órganos sexuales y, durante el coito, estos centros sensibles diferencian claramente su comportamiento sexual del de su compañero."

"Cuando la mujer se excita sexualmente, la sangre fluye a los capilares de los genitales y de toda la zona pélvica. Los haces nerviosos comienzan a dilatarse. Los músculos que rodean el clítoris, la abertura vaginal y el ano empiezan a hincharse al afluir más sangre a todos ellos. Se llama a esta presión 'dolor vaginal'. Poco después, las bolsas esponjosas que rodean la abertura vaginal se dilatan hasta alcanzar el triple de su tamaño original; los labios interiores duplican su tamaño y los músculos de toda la zona genital quedan congestionados por la presión de la sangre."

"Y entonces, súbitamente, los tejidos distendidos reaccionan, la presión de la sangre y flujo es excesiva. Los tejidos se contraen al fin para eliminarla, para liberarla. Palpita primero la pared del útero, después, enseguida, el músculo del tercio exterior de la vagina, el esfínter del recto y los tejidos que rodean la abertura vaginal y el clítoris. Cada cuatro quintos de segundo, más o menos, una nueva contracción empuja otra vez la sangre de la zona pélvica al sistema general. Estas contracciones rítmicas son lo que se llama orgasmo."

Aunque es muy semejante al orgasmo masculino, cuando éste termina, al contrario que su compañero, "los genitales no han expulsado aún toda la sangre y, si sabe y quiere, puede volver a sentir otro orgasmo, y otro y otro. En realidad, cuantos más orgasmos siente una mujer, pueden llegar a ser más y más intensos. Este fenómeno se conoce como 'satisfacción-en-insatisfacción' y diferencia con absoluta claridad la fisiología sexual de la hembra humana de la de su compañero masculino"

Para Fisher no es que el orgasmo femenino sea un placer exclusivamente humano. Pero a diferencia de las hembras humanas que pueden sentir orgasmos siempre que lo deseen, las hembras de los primates superiores, aunque tienen clítoris y algunas parecen capaces de una intensa excitación sexual, se ven limitadas por su ciclo mensual y sólo durante la época de celo pueden tener orgasmos –si efectivamente los tienen–. Durante el coito, es muy raro observar placer en la hembra del chimpancé, en la mayoría de las ocasiones, son actos muy rápidos donde la hembra no interrumpe siquiera sus tareas, como comer o acicalarse.

La tercera consecuencia tuvo que ser perversa. Las mujeres, después del puerperio o cuarentena, pueden reanudar su vida sexual, y pueden volver a concebir a los pocos meses después del parto. Por eso es corriente que se encuentre con dos hijos en periodo de lactancia a los que no puede alimentar por falta de leche, o con una progenie tan numerosa que no puede sustentar, y por eso deben de abortar o matar a los hijos menores, siendo también corrientes los niños expósitos. Joseph Birdsell cree en escalas de infanticidio de 15-50% del número total de nacimientos en tiempos prehistóricos [32] Williamson calcula menores proporciones, de 15-20% [33]. Y ambos creen que altos índices de infanticidio persistieron hasta el desarrollo de la agricultura.

Nuestra sexualidad es extraña

Sin embargo, el hombre aportó mucho menos que la mujer a la paz del clan. Según Mark Flinn [60], antropólogo de la Universidad de Missouri en Columbia, el aumento de testosterona de un hombre en presencia de una mujer es menor si ella está en relación con un amigo. Este efecto debe reducir la competencia dentro del grupo, dice Flinn: "Realmente somos diferentes que los chimpancés en la cantidad relativa de respeto para las relaciones de acoplamiento de otros machos".

Otra aportación filogenética a la pacificación del grupo pudo ser la hipertrofia del pene humano. Con respecto al resto de primates el hombre tiene un pene enorme. Por ejemplo, los imponentes gorilas y orangutanes, algunos de más de 250 kg de peso, tienen un pene que en plena erección no es más grande que un pulgar. Esta hipertrofia en el varón ha podido evolucionar por selección sexual, ya que las hembras protohumanas privilegiaron a los machos de pene relativamente grande al proporcionarles más placer durante el coito.

Todos estos fenómenos adaptativos que han conferido un sistema de relaciones sociales y sexuales únicas en la Naturaleza, y exclusivas del Homo sapiens, pueden considerarse como fisiológicamente extraños.

Efectivamente, en primer lugar, el orgasmo femenino no es necesario para procrear. Según Fisher, "solo el hombre necesita las contracciones orgásmicas para impulsar el esperma al interior de la vagina de la mujer. En el caso de ésta, el óvulo se desprende naturalmente del ovario y cae al útero una vez por mes, en la ovulación. De hecho, el orgasmo femenino puede ir en menoscabo de la concepción, pues las pulsaciones son descendentes a partir del útero y tienden por ello a expulsar el semen del canal vaginal en vez de facilitar su ascensión." Varios estudios en los años 1990s sugirieron justamente lo contrario: el orgasmo femenino tiene un efecto de succión o de retención del esperma que podría confirmar su sentido adaptativo. Pero esta tesis dista mucho de ser incontrovertible por ser difícilmente falsable y muy compleja: si el orgasmo femenino favoreciera la reproducción, por convergencia evolutiva, hubiera emergido en cualquier otra especie, y no sería un fenómeno exclusivo de las mujeres. Las mujeres anorgásmicas no perece que sean menos fértiles. Además, se tendría que enervar el principio adaptativo general que cumple el tracto reproductivo femenino en cualquier especie, cual es su función selectiva de espermatozoides. Por otro lado no cumpliría con el principio de la parsimonia al existir otras adaptaciones más simples, como el aumentar la vida media de los espermatozoides en el vagina. En la actualidad, la capacidad de fecundación del semen humano alojado en la vagina es de apenas tres días, periodo corto propio de especies monógamas en las que no existe competencia espermática con otros machos.

En segundo lugar, el alto porcentaje de embarazos inviables que genera este sistema monógamo lo convierte en más ineficaz que el general polígamo, del cual deriva.

En tercer lugar, es un sistema endogámico, ineficaz para seleccionar al más apto de los varones, porque las oportunidades de procrear son iguales para todos. Todos los individuos, ya sean relativamente menos fuertes, menos sociales o menos inteligentes, tienen las mismas oportunidades de encontrar pareja sexual y tener descendencia que los más aptos del grupo, porque tendemos a buscar pareja entre los de nuestra misma escala psico-social.

Y en cuarto lugar, la mera existencia de la homosexualidad humana es, para el científico, un rompecabezas evolutivo. Si bien en muchas especies se observan conductas "bisexuales" o ambiguas sexualmente, como en nuestros "primos" los bonobos, en las que proliferan los contactos eróticos entre individuos del mismo sexo, estas relaciones homosexuales no están limitados a un subgrupo o "casta" dentro de la población general, como sucede en Homo sapiens, y en modo alguno menoscaban la capacidad sexual reproductiva de la especie porque, o bien no son costosas biológicamente o pueden poseer otros efectos adaptativos, como la pacificación del grupo. Sin embargo, la homosexualidad humana, ya sea considerada como un fenómeno eminentemente cultural (si la comparamos con el celibato clerical como hace el zoólogo catalán Alonso de Medina) [120], o un fenómeno biológico (como se demuestra en algunos estudios más modernos) [47], si que parece que incumple el principio darwiniano de perpetuación de la especie, porque los individuos que orientan su libido *exclusivamente* hacia los congéneres del mismo sexo no dejan descendencia. Por eso creemos que la homosexualidad humana únicamente puede entenderse en un contexto de selección de grupos, como veremos en el capitulo 6, siendo comparable exclusivamente al fenómeno de la existencia de las castas estériles entre los animales eusociales, como las castas de obreras entre las hormigas o las hembras secundarias entre las ratas topo (Heterocephalus glaber). Y la función adaptativa que ha perpetuado a las "castas" homosexuales humanas bien pudiera ser la institucionalización de la homosexualidad transitoria entre los instructores y aprendices guerreros. Ya los soldados de la antigua Grecia se hacían acompañar de escuderos adolescentes a los que, a cambio de servicios sexuales, instruían militarmente. La relación homosexual no se consideraba ni virilizante ni feminizante en sí misma, sino un mero servicio que el novato prestaba al veterano en sustitución del sexo con mujeres, como también sucede, más recientemente, entre los guerreros sudaneses azande [121]. El resultado de la instauración de este tipo de homosexualidad era la formación de soldados con mayor pericia militar y ejércitos con menos conflictos sexuales y, por tanto, más unidos y poderosos, que con mayor probabilidad conseguían la victoria en cada batalla y expandían sus "genes y/o conductas homosexuales".

Por ello, cualquier otra teoría que defienda algún tipo de selección natural para explicar este universal humano, debe de enervar su rareza, y explicar qué tipo de fuerza natural pudo ejercer tal presión sobre nuestra evolución para extinguir a todos los grupos que abrazaban una forma de unión sexual, la poligamia, que demostró ser un éxito adaptativo durante muchos millones de años para los primates y para la mayoría de los restantes mamíferos en general, y en qué momento y por qué se convirtió en un fracaso adaptativo en nuestra evolución.

El dimorfismo sexual de las aves del paraíso

El modelo de sexualidad humana procura la preferencia por una sola persona, en el sentido que, si bien puede partir de un deseo sexual general y difuso, en último término se centra en la atracción sexual por un individuo en concreto. Es parecido a lo que en Biología se denomina selección intersexual o epigámica, por la que se favorecen determinados atributos de los machos para atraer a las hembras, y viceversa. La elección de la pareja sexual se basaría en saber discriminar esos atributos de los hombres y de las mujeres que los hacen más atractivos para sus respectivas parejas sexuales.

Al igual que las monógamas aves del paraíso, que seleccionan a sus parejas si tienen mecanismos de cortejo apropiados o si existe una atracción entre ellas, los humanos formamos pareja si nos encontramos mutuamente atractivos, bellos. Estas especies monógamas hacia las que hemos convergido, han llegado al extremo del dimorfismo sexual, con la adopción de cantos melodiosos, plumas muy vistosas y cortejos muy ritualizados, llegando incluso a adquirir, de forma mayoritaria, mutaciones deletéreas para la supervivencia y la procreación de las especies, como las colas de los pavos reales machos, que representa una verdadera desventaja para la huida ante una situación de peligro o la simple supervivencia.

Nosotros no hemos llegado a tales extremos de dimorfismo sexual entre hombre y mujer, quizás por el relativamente escaso periodo de adaptación a la monogamia, teniendo en cuenta su reciente aparición en nuestra evolución, o quizás porque la necesaria adaptación se ha realizado, a diferencia del resto de animales, en el ámbito cultural y epigenético, en la que cada sociedad ha establecido sus rituales exclusivos de cortejo y ha consensuado sus estereotipos de belleza propios, tanto femenino como masculino, sustituyéndose la selección sexual por la cultural. Como ejemplo de ello tenemos las distintas formas de cortejo y de ritos de casamiento, y los diversos modelos de patrones femeninos (y masculinos) de belleza que existen en las distintas culturas.

El atractivo facial y físico puede ser una adaptación para la opción de compañero porque la simetría y la ausencia de defectos señalan los aspectos importantes de calidad de compañero, como la salud. Desde el punto de vista etológico, la percepción de la belleza en el sexo opuesto puede ser un mecanismo de aislamiento reproductor que, por convergencia evolutiva, ha surgido en la evolución humana, por el hecho de mutar de polígamos a monógamos.

Las relaciones sexuales de la mayoría de los animales es la poligamia, que consiste en la competencia intrasexual entre los machos para la selección del más fuerte, del más apto. Casi nunca las hembras eligen, deben de aparearse con el macho vencedor. Por ello, el resto de las especies no han necesitado percibir la belleza. Por el contrario, cuando socialmente no se imponen, los hombres y mujeres si que eligen a sus parejas, y para ello es fundamental percibir las diferencias.

Por ello, otra de las divergencias en la filogénesis del hombre y del chimpancé es la apreciación de la belleza. Está generalmente admitido entre todos los investigadores que los chimpancés, y el resto de los mamíferos en general, son incapaces de distinguir la belleza, y mucho menos conmoverse o percibir lo bello como algo sublime.

Gracias a esta capacidad existe el arte. La distinción entre lo bello y lo feo, lo repulsivo y lo sublime, lo que produce placer estético de lo que no lo produce, es fundamental para apreciar una obra de arte.

Según se desprende de un artículo aparecido en febrero de 2009 en la revista PNAS [84], encabezado por el investigador Camilo José CelaConde, de la Universidad de las Islas Baleares, y el biólogo de la evolución Francisco Ayala, de la Universidad de California, Irvine (en EEUU) se documentó un estudio en el que recurrieron a la magnetoencefalografía para ver la actividad del cerebro en 20 adultos de ambos sexos cuando se les mostraba imágenes bellas.

La mayor actividad neuronal se produjo en el lóbulo parietal, una región del cerebro que ha evolucionado mucho desde que las estirpes del chimpancé y el humano se separaron. Este detalle hace suponer a los investigadores que la capacidad humana para apreciar la belleza y el arte ("uno de los rasgos más característicos del ser humano y la única habilidad que nos diferencia de los animales") también data de esa etapa posterior del desarrollo. También descubrieron que el cerebro masculino sólo mostraba actividad en su hemisferio derecho, mientras que la reacción femenina se repartía bilateralmente, implicando a las dos mitades de su cerebro. "Sospechamos que tiene que ver con una presión selectiva a lo largo de la evolución por los diferentes roles que tuvieron nuestros ancestros homínidos cuando eran cazadores y recolectores", explica CelaConde.

Pero hay que entender que la percepción de la belleza no implica selección de individuos. Si un homínido es incapaz de apreciar la belleza en el animal que caza o en una fruta que está recolectando, no tiene por que morir o extinguirse en detrimento de los que sí la perciben. Si fuera así, ocurriría lo mismo en todas las especies, y todas, no solo la humana, apreciarían lo bello.

Esta mayor bilateralidad en el uso del cerebro por parte de la mujer al percibir imágenes bellas, también se ha probado que existe en las tareas verbales, y además, también existe un cierto dimorfismo sexual en cuanto al tamaño del cerebro (el varón lo tiene más grande) y en cuanto al grosor de las fibras nerviosas del cuerpo calloso que comunican ambos hemisferios cerebrales (la mujer lo tiene más grueso). Ademas, investigadores del Instituto Karolinska en Estocolmo (Suecia) descubrieron en 2008 [47] que algunos atributos físicos del cerebro homosexual se asemejan a los descubiertos en el sexo opuesto. Los escáneres de tomografías de emisión de positrones (TEP) tomados por los investigadores a 90 cerebros humanos mostraron que en la conectividad de la amígdala, que es importante para el aprendizaje emocional, las lesbianas se asemejan a los hombres heterosexuales, y que los hombres homosexuales se asemejan a las mujeres heterosexuales, y que el cerebro de hombres heterosexuales y mujeres homosexuales son ligeramente asimétricos (el hemisferio derecho es más grande que el izquierdo) al contrario que el cerebro de los hombres homosexuales y las mujeres heterosexuales, que son más simétricos. Estas diferencias físicas en el cerebro deben de ser también la causa, entre otras, de la orientación sexual de cada persona, de que a los hombres heterosexuales y a las mujeres homosexuales les gusten las mujeres bellas, y a las mujeres heterosexuales y a los hombres homosexuales les atraigan los hombres bellos.

Este dimorfismo sexual también mostraría que la percepción de la belleza en el sexo opuesto y, por extensión, la percepción de la belleza en general y el arte, son adaptaciones sexuales que han surgido en nuestra filogénesis para adaptarnos al nicho ecológico de los animales monógamos por contrato sexual porque, normalmente, la selección sexual es el único tipo de selección natural que puede provocar dimorfismo sexual. Y el origen de este dimorfismo cerebral bien pudiera ser los diferentes estereotipos de belleza de la mujer y del hombre, que nunca han sido los mismos: como es obvio, los hombres aprecian la belleza de las mujeres, y al contrario, las mujeres prefieren el estereotipo de belleza masculina.

El arte como epifenómeno sexual

Como dice Umberto Eco la historia de la estética debe incluirse dentro de la historia de la belleza, realidad más amplia en la que caben no sólo las obras realizadas por la mano del hombre sino también cualquier objeto que haya sido percibido o sentido como bello, incluso la propia figura humana [105].

Al cerebro humano llega, a través de los cinco sentidos, la imagen de la posible pareja sexual. La vista es el sentido primordial porque recoge el atractivo físico y facial. El olfato es un sentido muy sensible y poderoso, ya que es el único que viaja directamente a la corteza cerebral, por ello es el sentido más rápido de todos. Éste determinará, según el olor, considerar a alguien agradable o repulsivo; un resultado positivo será fundamental en el proceso de atracción. La audición, el tacto y el gusto, aunque normalmente entran en una segunda oleada de sensaciones, no dejan de tener gran importancia.

Esta imagen captada es comparada, dentro de nuestro cerebro, con la imagen idílica e ideal que cada uno tenemos del sexo opuesto. Una mezcla de buenas impresiones a los sentidos puede generar atracción sexual. Aunque los gustos y preferencias sexuales de cada persona suelen ser muy variados en relación a otros individuos, existe un mínimo común, que llamamos canon de belleza, que representa el conjunto de aquellas características que los individuos de una sociedad consideran convencionalmente como bonito, atractivo o deseable, en una persona, y también en los objetos. Es históricamente variable y no es común a las diferentes culturas. La fijación en cada individuo de este canon de belleza, cultural por naturaleza, es la diferencia más notoria con el resto de los animales, ya que en éstos son los mecanismos neuronales y genéticos los únicos que funcionan en la atracción sexual.

Como hemos dicho, el canon de belleza es una realidad variable diacrónicamente. Como ejemplo tenemos las representaciones de las más de cien estatuillas de venus del Paleolítico Superior halladas hasta ahora, en las que se representan los cánones de la belleza femenina como obesas, con el abdomen, la vulva, las nalgas y las mamas extremadamente grandes. Las facciones de la cara y otros detalles no se destacan. Algunas parecen representar mujeres embarazadas, y es muy probable que esas imágenes fueran esculpidas para propiciar la fertilidad de la tribu y, en último extremo, la preservación de la especie y de la vida. Se trata sin duda de un canon estético —como todos, ideales— que representa y relaciona la tierra madre y productora con la mujer madre y protectora.

La Venus de Willendorf, de 20 ó 22 ka de antigüedad, como representación de belleza y fecundidad.

Los cánones o patrones de belleza han sido variables y pasajeros, respondiendo casi siempre a motivos sociales y económicos. Siempre ha habido motivos ocultos detrás de cada prototipo de belleza: si se quiere incrementar el índice de la natalidad el ideal de belleza se forma con caderas anchas y pechos grandes; si se quiere ostentar la condición de clase social dominante se muestra la gordura en tiempos de hambruna o crisis; si se quiere mostrar cuidado de la imagen, selección de alimentos, exaltación de la juventud y tiempo libre para cuidarse físicamente, se muestra un cuerpo delgado, fibroso y joven, casi infantil, como hoy en día; si se quiere mostrar dinamismo, fortaleza física, aventuras y exploraciones varias se presenta un cuerpo más musculoso y una tez más curtida.

En nuestra cultura occidental los ideales estéticos masculinos han seguido unos pocos patrones, de modo que el hombre ideal de la Antigüedad grecolatina, el del Renacimiento y el contemporáneo son similares, y tienden a coadyuvar al ideal del hombre como musculoso y aguerrido. Sin embargo, el ideal de belleza femenino es muy distinto. Sincrónicamente, como ejemplos curiosos, diremos que en algunos pueblos de Birmania la belleza se mide por los aros que se consigan colocar en el cuello de las mujeres, que puede alcanzar incluso 25 cm., hasta deformarlo por completo (les llaman las mujeres jirafa), de modo que si llegasen a quitárselo se les romperían los huesos del cuello. La mujer Tuareg es valorada según el número máximo de "michelines" que consiga acumular en el vientre. Las etíopes deforman sus labios con discos de arcilla. Las Txucarramae se afeitan la cabeza. Otras se liman los dientes; en otras tribus se estiran las orejas con peso; en algunos lugares de China, a base de romperles los huesos de los pies a las pequeñas y vendarlos fuertemente, impedían su crecimiento normal. El canon, visto así, parece un catálogo de torturas, de las que no está exenta nuestra cultura occidental, con la perforación de las orejas para colocar pendientes, los tatuajes, los "piercings", el hambre en las dietas, incluso los tacones, que producen daños en la espalda.

Este proceso evolutivo en los ideales estéticos sexuales se asemeja a las fases históricas por las que ha evolucionado el arte, donde las tendencias o estilos artísticos han representado la cara más visible de cada cultura. Desde el realismo de las figuras de las cuevas de Altamira, de hace más de 12 ka, al arte abstracto del romanticismo o expresionismo, hasta el arte figurativo del Renacimiento, muy variables han sido los estilos artísticos, tanto o más que los cambios de los estereotipos sexuales. Cada una de estas tendencias artísticas se ha caracterizado por la fijación de unas formas artísticas y estéticas claramente definitorias, que han marcado los estilos o movimientos artísticos propios de cada periodo, lugar o grupo de artistas, al igual que el arquetipo sexual ha mostrado el objetivo a alcanzar para ser físicamente atractivo. Cada movimiento o estilo es un fenómeno de expresión artística que manifiesta las características culturales propias de la época y del lugar en el que surge, de forma análoga a como el canon de belleza sexual se acomoda a las necesidades socioeconómicas. Y en fin, estilos artísticos y cánones de belleza representan el objetivo último para conseguir la excelencia de la belleza, en una obra de arte o en una persona, y en un lugar y en un tiempo concretos.

Por otra parte, Ramachandran y William Hirstein [34], de la Universidad de California, exponen una idea básica: el arte produce placer.

Las obras de arte pueden ser percibidas por uno, por varios o por los cinco sentidos. Así tenemos pinturas, sinfonías, platos gastronómicos, obras literarias, etc., que nos causan placer por ser arte. También, sentir al ser amado, por todos los sentidos, nos causa placer. Una de las principales características del deleite sexual es que se percibe por cada uno de los cinco sentidos. Contemplar a nuestro ser amado nos causa placer, pero también olerlo, saborearlo o acariciarlo, o que te acaricie. Mantener una conversación con él o con ella nos reconforta y nos ahuyenta la soledad, tanto o más como leer un bello libro o una poesía.

A falta de más estudios científicos sobre ello, es probable que, si aplicamos el principio de economicidad o parsimonia, los mecanismos sexuales y neuronales que activan el deleite contemplativo sexual y nos ayudan a elegir pareja sean los mismos que nos hacen sentir placer, en cualquier otro ámbito de nuestras vidas, al apreciar la belleza y el arte.

Además, no es hasta las primeras etapas de la adolescencia, a partir de los 10 ó 13 años, con la pubertad, cuando somos capaces de sentir atracción sexual o de percibir el arte. Es en esta etapa, exclusiva de nuestra especie, cuando aparece, aparte de los importantes cambios físicos y hormonales, un interés por el atractivo físico del otro y por resaltar el propio atractivo, y afloran por primera vez las conductas tendentes a obtener placer, ya sea en relación con el otro o a través de la autoestimulación. Por el contrario, el niño pequeño aún no ha descubierto ni su propia sexualidad ni la del otro, y no distingue la belleza porque lo bello no le causa placer.

Podemos resumir que entre ambos fenómenos, arte y atracción sexual humana, existen seis semejanzas importantes, a saber, y por orden inverso al citado: su emergencia paralela en el desarrollo ontogénico, los procesos neuronales de captación del placer estético-sexual son similares, también coinciden en las formas de evolución histórica, la implantación cultural de patrones de belleza tanto sexuales como artísticos son similares, el semejante dimorfismo sexual que muestran en su génesis, y ademas, ambos fenómenos son exclusivos del ser humano.

Tales afinidades solo pueden deberse a que uno deriva del otro, o que ambos, a su vez, son epifenómenos que han surgido por selección natural de otro fenómeno principal. Para discernir sobre ello tendremos que aplicar el principio de precedencia evolutiva: las primeras muestras artísticas que aparecen en el registro fósil datan de tan solo unos 75 ka, en la cueva de Blombos, Sudáfrica, mientras que nuestra excepcional forma de atracción sexual, como fenómeno neuroanatómico que ha provocado dimorfismo sexual, debió de emerger, cuando menos, con la aparición de nuestra especie, el Homo sapiens, hace unos 200 ka, aunque es probable que surgiera mucho antes.

Así pues, podíamos considerar la expresión de lo bello, el arte, como un epifenómeno que surgió al evolucionar la humanidad desde el tipo de selección intrasexual al de selección intersexual o epigámica, al mutar desde animales polígamos a vincularnos por contrato sexual, y todo ello, como adaptación positiva para alcanzar la paz interna del grupo y, por ende, la victoria en las CTAs.

Por selección sexual percibimos la belleza en el sexo opuesto, lo que nos causa placer y nos atrae hacia la persona elegida. Aquellas poblaciones ancestrales que no disponían de estos mecanismos neuronales y culturales que permiten discriminar la belleza en el hombre o en la mujer, no podían estructurar una sociedad basada en el contrato de fidelidad sexual como nos caracteriza, y no podían mostrarse tan unidos e integrados en cada batalla en las que participaban, sucumbiendo con mayor probabilidad. Por el contrario, los grupos que si conseguían apreciar el atractivo sexual de sus parejas, conseguían luchar unidos y sin competencia por motivos sexuales, manteniendo ejércitos más poderosos. Sin los mecanismos neuronales que nos producen estos efectos, quizás no podríamos percibir la belleza en cualquier otro ámbito de nuestras vidas, como en una obra de arte o en una puesta de sol.

4. El mono lanzador de piedras

El mejor lanzador de piedras de la Tierra

Aparte de la involución del tamaño de los caninos, hay otras características exclusivamente humanas que marcan la diferencia y el grado de avance evolutivo de nuestros ancestros, como son la locomoción bípeda y la mano acortada. En cualquier fósil de homínido, la medición del grado de desarrollo de éstas características son uno de los parámetros más fiables para conocer su posición en el árbol filogenético humano.

Como veremos, con la generalización de los enfrentamientos territoriales surgidos de la deforestación de las pluviselvas ancestrales, se podría explicar la función adaptativa de éstas primeras características humanas. Los vencedores en las CTAs serían los clanes que disponían de machos más fornidos, que además arrojaban las piedras con más fuerza y puntería y asestaban los más certeros golpes con los objetos contundentes que encontraban o fabricaban. Y como hemos dicho antes, solamente los grupos más monógamos y, por tanto, más unidos, son los que sobrevivían y vencían en estas contiendas intergrupales.

Por otro lado, la función de defensa del territorio, el lanzamiento de piedras, no cambió, siguió igual que la que utilizan los chimpancés salvajes que aún hoy no se han extinguido y que siguen ocupando el mismo nicho ecológico que nuestros ancestros comunes con ellos. Lo único que varió es la frecuencia de estos enfrentamientos al disminuir la cantidad de árboles y frutos.

La adaptación evolutiva original de la mano de éstos primates fue la braquiación (desplazarse con ayuda de los brazos de rama en rama, mediante impulsos pendulares), que como en los chimpancés, obligaba a tener dedos más largos (excepto el pulgar, que era proporcionalmente más corto) Pero ahora se debían de usar como armas de precisión y, como sugiere Arsuaga, los dedos cortos son más efectivos que los largos para estos nuevos menesteres.

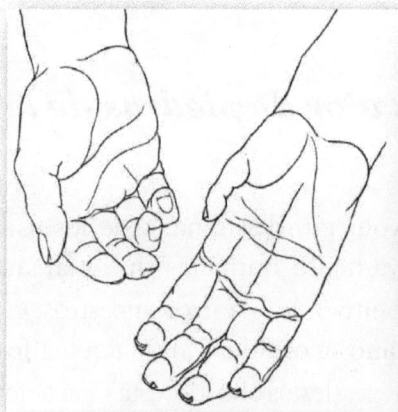

Estas imágenes hablan por si solas. Arriba los pulgares del chimpancé son reducidos. Esto les permite columpiarse en forma eficiente de una a otra rama, asiéndolas con la mano. Técnicamente, los antropomorfos en general braquian más eficazmente que el ser humano.

Sin embargo, el pulgar humano es proporcionalmente grande con respecto al de los otros primates, y la oposición del pulgar con respecto a los otros dedos, de la que depende la habilidad manual, también es superior en los humanos. Con ello se consigue la prensión de tipo pinza fina o pinza superior de Gesell, que utiliza las yemas del índice y pulgar (dígito - digital). Es una pinza de precisión que nos permite coger un lapicero y escribir, abrocharnos un botón o manejar un iPhone, que constituye la expresión de la maduración de la prensión como característica humana, y que aparece en el desarrollo ontogénico humano a los 9 meses de vida, más o menos.

Como vemos más abajo, la mano humana es mucho más apropiada para agarrar y arrojar objetos con precisión. Los chimpancés no pueden manejar objetos muy pequeños, ni controlar los movimientos de su mano con tanta precisión como las personas. Y el mayor desarrollo de los fibras nerviosas en la inervación de la mano, tanto de las que recogen la sensibilidad de los receptores (fibras sensitivas) como de las que envían impulsos motores a los músculos (fibras motoras), no solo nos hacen tener más puntería que cualquier otro primate, sino que también podemos presumir de ser los tiradores a larga distancia con más destreza de la Tierra.

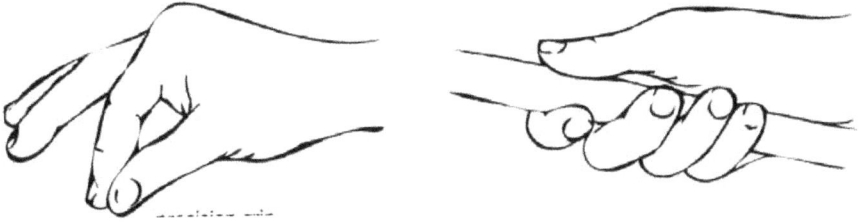

Pinza de precisión y presión de agarre en los humanos. Es el máximo refinamiento en la manipulación manual existente en la Naturaleza. Modificado de Aiello y Dean de 1990.

A su vez, la función adaptativa de los caninos como arma sexual desaparece con el advenimiento de la monogamia, de ahí que no exista dimorfismo sexual en cuanto a la dentadura ni en nuestros ancestros ni en el hombre moderno: las funciones de los dientes eran las mismas tanto para el macho como para la hembra.

Por otra parte, el grupo de los simios tenemos los ojos frontalizados, es decir, ambos en la parte anterior de la cara. Como resultado, a nuestro cerebro llegan dos imágenes muy similares desde cada ojo. Aunque parezca que esta situación es desventajosa, ya que limita el campo total de visión, que es mayor en animales que tienen los ojos a los lados de la cara, esta característica es la base de nuestra vista estereoscópica, en tres dimensiones, que nos permite estimar distancias con gran precisión.

Debido al quiasma óptico, en el que parte de las fibras de cada nervio óptico van a parar al hemisferio cerebral del lado contrario, a cada hemisferio cerebral le llegan a la vez imágenes de cada ojo. Como las imágenes procedentes de cada ojo son más o menos diferentes según lo lejano que esté el objeto visualizado (se llama disparidad y a mayor lejanía, más diferencia), nuestro cerebro procesa las diferencias entre ambas imágenes y las interpreta de forma que percibimos la sensación de profundidad, lejanía o cercanía de los objetos que nos rodean. Este proceso se denomina estereopsis. Habilidad ésta que resulta fundamental para poder saltar de una rama a otra, pero también, para lanzar objetos con precisión, fundamental en las contiendas territoriales, por lo que la selección evolutiva del humano se ha encargado, no solo de mantener esta característica, sino de perfeccionarla.

En la estereopsis intervienen diversos mecanismos. Cuando observamos objetos muy lejanos, los ejes ópticos de nuestros ojos son paralelos. Cuando observamos un objeto cercano, nuestros ojos giran para que los ejes ópticos estén alineados sobre él, es decir, convergen. A su vez se produce la acomodación o enfoque para ver nítidamente el objeto. Este proceso conjunto se llama fusión. La agudeza estereoscópica es la capacidad de discernir, mediante la estereopsis, detalles situados en planos diferentes y a una distancia mínima.

Hay una distancia límite a partir de la cual no somos capaces de apreciar la separación de planos, y que varía de unas personas a otras. Así, la distancia límite a la que dejamos de percibir la sensación estereoscópica puede variar desde unos 60 metros hasta cientos de metros. Curiosamente, la distancia aproximada a la que podemos lanzar un objeto con nuestras propias manos. En el resto de los simios no humanos, esta distancia debe de ser mucho menor, de unos metros tan solo, ya que no necesitan más porque la distancia de rama a rama de los árboles es más corta, aunque esto está pendiente de comprobar.

Un factor que interviene directamente en esta capacidad es la separación interocular. A mayor separación entre los ojos, mayor es la distancia a la que apreciamos el efecto de relieve. Esto se aplica por ejemplo en los prismáticos, en los que, mediante prismas, se consigue una separación interocular efectiva mayor que la normal, con lo que se consigue apreciar en relieve objetos distantes que en condiciones normales no seríamos capaces de separar del entorno. También se aplica en la fotografía aérea, en la que se obtienen pares estereoscópicos con separaciones de cientos de metros y en los que es posible apreciar claramente el relieve del terreno. El efecto obtenido con una separación interocular mayor que la habitual es el de que los objetos parecen más pequeños de lo normal (liliputismo), y la técnica se denomina hiperestereoscopia, y en la visión humana depende de la distancia interpupilar, que es de unos 65 mm, de media, pero puede variar desde los 45 a los 75 mm. En general, en todos los primates que braquían es proporcionalmente menor, ya que no necesitan calcular más allá de la distancia entre rama y rama de un árbol.

El mantenimiento y potencialidad de esta ventaja evolutiva fue fundamental para otear a larga distancia a los enemigos, previniendo su ataque, además de precisar los lanzamientos de objetos en la distancia. De tal forma que los homínidos que no contaban con esta agudeza visual eran sorprendidos y aniquilados más fácilmente.

El bipedismo crea demasiados problemas

Con el bipedismo ocurrió algo semejante. Ya caminaban erguidos los antecesores de los australopitecos, y éstos heredaron esta característica e incluso la potenciaron por ser una postura más efectiva para la CTA.

Por el fémur de un homínido hallado en Kenia en el año 2000, perteneciente a una especie bautizada como "Orrorin tugenensis", que vivió hace unos 6 Ma, sabemos que se desplazaba usando solo sus dos pies, o por lo menos, esa es la conclusión a la que llegaron sus descubridores, la paleoantropóloga francesa Brigitte Senut y el inglés Martin Pickford, y, posteriormente, en el año 2003, después de tres años de su descubrimiento, el paleoantropólogo Brian Richmond, de la Universidad de George Washington, y su colega William Junkers, que tras un concienzudo análisis no dejaron lugar a dudas: la estructura ósea de "Orrorin" le permitía caminar erguido.

La morfología de los Orrorin era notablemente similar a la de los actuales chimpancés, pero con esa importante diferencia: la longitud y forma del húmero y del fémur, así como la disposición de la articulación con la pelvis, evidencian que estos homínidos estaban capacitados para la bipedestación. También era muy similar a la rama de los australopitecos, que surgieron 2 Ma después.

Otra característica morfológica muy interesante es su dentadura: con caninos pequeños y molares bastante grandes, se deduce que estos primates tenían una dieta principalmente herbívora y frugívora, aunque es muy probable que fueran omnívoros y obtuvieran sus proteínas alimentándose también de insectos.

El género Orrorin es, posiblemente, uno de los eslabones que ha derivado en el ser humano actual (Homo sapiens), y se considera también posible que sea descendiente directo del Sahelanthropus tchadiensis y ancestro directo del Ardipithecus [35].

Está generalmente admitido que los ancestros del hombre comenzaron a caminar solo sobre dos piernas cuando aún tenían una vida arbórea, como hacen hoy otros simios y, sobre todo, los orangutanes de las selvas de Sumatra. Susannah Thorpe y sus colegas de la Universidad de Birmingham pudieron constatar, tras un año en el bosque tropical observando a los orangutanes, y el análisis de casi 3.000 de sus movimientos, que individuos de esta especie, que pasa casi toda la vida en los árboles, subían erguidos hacia las copas de los árboles y, usando los brazos para balancearse, pasaban por ramas de la periferia que eran estables. Para sentirse más seguros, andaban sobre sus dos piernas. Incluso se asían a las ramas con los largos dedos de sus pies para afianzarse. Era así como accedían a los frutos más jugosos e inaccesibles. Este bipedismo arbóreo, según lo llamaban éstos investigadores en la revista Science [83], habría sido común a los antepasados de todos los simios y les habría dado una ventaja porque distribuían mejor su centro de gravedad y tenían los brazos libres. "Aunque el orangután puede haber logrado esta adaptación después de su separación de otros grandes simios, estudios recientes muestran que su bipedismo es más similar al de los humanos que al de chimpancés o gorilas, por lo que es un modelo importante para reconstruir la evolución temprana del bipedismo", sugirieron.

Es decir, para ellos, al final de la Era Miocena (hace entre 24 y 5 Ma) el clima en África sufrió sequías esporádicas que hicieron el bosque desigual, por lo que comenzó a haber brechas en las alturas que no se podían cruzar. Fue entonces cuando los antepasados de chimpancés y gorilas bajaron al suelo para ir de un árbol a otro y desarrollaron su andar cuadrúpedo con los nudillos de las manos. Por su parte, los ancestros humanos dejaron las alturas, pero habrían conservado el bipedismo para moverse por el suelo y los árboles más pequeños. Para José María Bermúdez de Castro, paleoantropólogo en Atapuerca, se trata de una preadaptación más que triunfó cuando desapareció el bosque, aunque su colega Manuel Domínguez Rodrigo discrepa con este trabajo porque según él, el bipedismo "es una forma de locomoción marginal en los orangutanes".

Pero lo que si es evidente es que la gran cantidad de modificaciones anatómicas que condujeron del cuadrupedismo al bipedismo requirió una fuerte presión selectiva.

Se ha discutido mucho sobre la ineficacia de la marcha bípeda comparada con la cuadrúpeda. También se ha criticado que ningún otro animal de los que se adaptaron a la sabana al final del Mioceno desarrolló una marcha bípeda. La locomoción bípeda limitó el tamaño máximo de la pelvis y el canal del parto, complicando enormemente el dar a luz, y haciendo posiblemente necesaria la asistencia de ayuda, sobre todo en los casos en que la cría nacía con la cara hacia atrás, como la mayoría de los partos humanos actuales, según estudios realizados por Karen R. Rosenberg y Wenda R. Trevathan. [36]

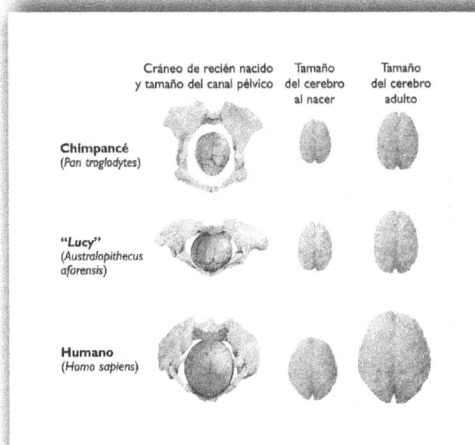

En este gráfico se comparan los cerebros y pelvis de chimpancés, del Australopithecus Lucy y de un humano moderno.

Efectivamente, el precio que hubo que pagar a cambio del bipedismo fue demasiado alto porque esta postura tan peculiar no trae más que problemas:

1°) No es apto para escapar de alguna situación peligrosa corriendo, somos débiles y lentos.

2°) Supone enormes tensiones en la estructura esquelética y en especial en la columna vertebral. La debilidad de la espalda causa grandes dolores al soportar mucha tensión para mantener una postura erguida relajada.

3°) Las crías humanas son muy vulnerables, tardan dos años en defenderse en el acto de caminar.

4°) Existe una mayor propensión a las lesiones accidentales. La articulación de la rodilla y del tobillo son muy frágiles y todo el peso del cuerpo se concentra en uno y otro pie al desplazarse. Para el bípedo quedarse cojo es mucho más invalidante que para el cuadrúpedo.

En contra, las únicas ventajas de la marcha bípeda encontradas por los paleontólogos han sido para su adaptación a la vida de la sabana:

Permite otear el horizonte por encima de la vegetación herbácea en busca de árboles o depredadores.

Permite transportar cosas (como comida, palos, piedras o crías) con las manos, liberadas de la función locomotora.

Es más lenta que la marcha cuadrúpeda, pero es menos costosa energéticamente, lo que debería ser interesante para recorrer largas distancias en la sabana, o en un hábitat más pobre en recursos que la selva.

Expone menos superficie al sol y permite aprovechar la brisa, lo que ayuda a no recalentar el cuerpo y ahorrar agua, cosa útil en un hábitat con escasez del líquido elemento, como indicaba Peter Wheeler.

Pero la Naturaleza, durante más de 2700 Ma de existencia de vida en el planeta, ha podido procurar adaptaciones positivas que han servido para que las especies aumenten su esperanza de vida y de procreación sin necesidad de aminorar o recortar otras ventajas adaptativas, que puedan compensar o anular los supuestos beneficios obtenidos. Con unas reglas simples de convergencia, todas las especies se adaptan filogenéticamente a su nicho ecológico. Estas reglas se caracterizan por que rigen para todas la especies y en todos los ecosistemas, se han universalizado porque son las mejores adaptaciones que la selección natural ha podido encontrar para cada problema. Por ejemplo, conocemos la regla de Allen, por la que las extremidades de los organismos —miembros, colas, y orejas— tienden a ser más largas en climas calientes que en climas fríos, actuando como órganos de radiación de calor. O la regla de Bergmann, que postula que el cuerpo de un animal de sangre caliente tiende a reducir su superficie corporal en relación al peso en climas más fríos —polos, en latitudes mayores— que en climas más calientes —ecuador—, para conservar mejor las calorías. O la de Gloger, que demuestra que el color del cuerpo de un animal de sangre caliente —mamífero, ave— es más pálido en climas más secos que en climas más húmedos.

Con estas reglas ecológicas térmicas tan simples y contrastadas, la adaptación de nuestros ancestros a la sabana debió de ser hacia un cuerpo más esbelto, con miembros más alargados, mayor superficie corporal y piel más oscura, como el resto de las especies que se adaptaron a la sabana durante el mismo tiempo.

Con el transporte de las crías sucede algo parecido. Los chimpancés salvajes tienen perfectamente resuelto el problema, con una simple adaptación de sus crías, que nacen con el reflejo innato de asirse fuertemente con las manos y las patas traseras a los pelos del vientre materno, de tal forma que la madre del chimpancé puede saltar de rama en rama, trepar y caminar a cuatro patas con su cría a cuestas sin ningún menoscabo de su movilidad ni de su seguridad. Incluso a los bebés humanos les queda un vestigio de esta misma adaptación con el reflejo de prensión palmar o de agarre. En los bebés humanos, al estimular los dedos en su parte palmar, los cuatro dedos —significativamente queda excluido el pulgar– se cierran en torno al objeto que ha producido el estímulo. Este reflejo aumenta en el primer mes y luego disminuye gradualmente, siendo remplazado en la 42 a 62 semana por la prensión voluntaria, que es menos invariable y se caracteriza por la participación del pulgar. Esta tendencia evolutiva puede ser interpretada como una indicación de un mayor control cortical y de una inhibición del reflejo controlado subcorticalmente, en especial dado que el reflejo prensil puede ser reactivado como consecuencia de una lesión en el área premotriz de la corteza cerebral.

Ardi, bípeda y arborícola

Otros fósiles nos demuestran que la bipedestación surgió mucho antes que la vida en la sabana. En una edición especial de la revista Science [37], en octubre de 2009, por primera vez un equipo internacional de científicos ha descrito minuciosamente a Ardipithecus ramidus, una especie homínida que vivió hace 4'4 Ma en lo que es Etiopía. Este paquete de investigación ofrece la primera descripción comprehensiva y revisada en forma colegiada de los fósiles de Ardipithecus, los cuales incluyen el esqueleto parcial de una hembra, llamada Ardi. Ardipithecus es más de un millón de años más antiguo que Lucy, el esqueleto parcial femenino de Australopithecus afarensis. A través de un análisis del cráneo, dientes, pelvis, manos, pies y otros huesos, los investigadores han determinado que Ardipithecus tenía una mezcla de rasgos "primitivos" compartidos con sus predecesores, los primates del Mioceno, y rasgos "derivados", que comparte exclusivamente con homínidos posteriores.

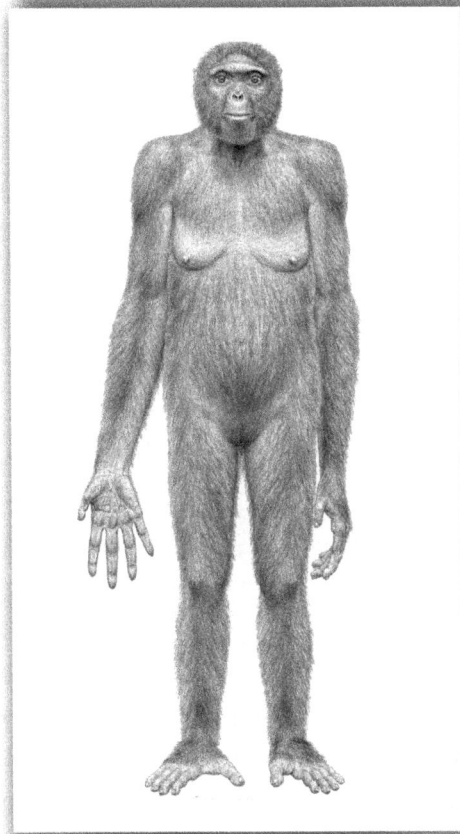

Esta es una representación artística de A. Ramidus, realizada por J.H. Matternes.

Una de las evidencias cruciales que muestran que el homínido habitaba en una zona boscosa, es el resultado del análisis de los isótopos de carbono en el suelo y en los dientes del Ardipithecus y de otros animales que vivieron aproximadamente en el mismo momento y lugar.

La cantidad de átomos de carbono en la atmósfera es variable, y durante la fotosíntesis los árboles, al igual que las hierbas tropicales, absorben distintas proporciones de carbono-12, el isótopo de carbono más común, y de carbono-13, el cual es raro. Estos isótopos pasan al suelo y a los cuerpos de los animales que comen de las plantas que allí crecen, haciendo posible reconstruir con precisión las proporciones de hierbas y árboles en el terreno y en las dietas de los animales que vivieron allí.

El antropólogo Stanley Ambrose de la Universidad de Illinois analizó las proporciones de isótopos de carbono estables en el terreno donde se encontraron los huesos de 36 individuos Ardipithecus. También analizó los dientes de cinco Ardipithecus y 172 dientes de dos docenas de especies de mamíferos encontrados en la misma capa de tierra antigua.

La proporción de isótopos de carbono en el suelo indica que en la época del Ardipithecus el terreno variaba desde bosques en la parte Oeste de la zona de estudio hasta sabanas boscosas en el este. Ninguno de los especímenes de Ardipithecus fue encontrado en la parte Este.

Los análisis de los isótopos de los dientes encontrados en el lugar dieron una imagen más completa del hábitat de los animales que vivieron y perecieron allí. En el oeste, los investigadores han descubierto muchos fósiles de Ardipithecus asociados con muchos animales del bosque y la selva. Pero entonces hay una brusca interrupción; los ardipithecus y la mayoría de los monos arborícolas desaparecen, y los animales herbívoros se hacen más abundantes.

Las proporciones de isótopos de carbono en los dientes del Ardipithecus también dicen que era una criatura de los bosques. La dieta del Ardipithecus encaja mucho más con los alimentos del lado de los bosques y la selva. Se aprecia en sus dientes una cantidad de carbono del ecosistema de sabana ligeramente superior que la presente en los dientes de los chimpancés, pero mucho menor que la presente en los de sus descendientes completamente bípedos y habitantes de la sabana, los australopitecinos. Esta evidencia, y los estudios anatómicos que indican que el Ardipithecus podía caminar erguido pero también se aferraba a las ramas de los árboles con sus pies, sugiere que este arcaico homínido dio sus primeros pasos sobre dos piernas en la selva, mucho antes de que se aventurase a gran distancia dentro de la sabana abierta.

Por ello, después de éstos descubrimientos, descartada ya la adaptación a la sabana como origen del bipedismo, algunos investigadores aún defienden una única ventaja adaptativa natural de caminar erguidos, cual es la necesidad de alcanzar, desde el suelo de la sabana, los frutos de los árboles pequeños.

Pero hay que tener en cuenta que se trata de seres perfectamente adaptados a trepar por los árboles, y la adaptación no es la de alzarse sobre dos piernas, sino la de caminar erguido, que es muy distinto. Ningún cambio evolutivo sería necesario porque la función, alcanzar frutos a media altura, queda perfectamente cubierta con las adaptaciones, ya consumadas, de trepar por los árboles, aunque sean pequeños, o levantarse sobre dos pies. Alzarse mediante el empuje de la aceleración no exige ningún prerrequisito anatómico; tan solo contar con la fuerza muscular suficiente. Mientras que el caminar erguido sobre dos piernas obliga a que la vertical del centro de gravedad del cuerpo caiga dentro de la plataforma de apoyo de las plantas de los pies. Y las modificaciones anatómicas obligadas por esa postura bípeda humana han sido muy notables en el esqueleto y la musculatura. La columna vertebral es casi del todo recta, y la vertical del centro de gravedad del cuerpo, que coincide en la práctica con ella, pasa por las articulaciones de las extremidades posteriores. El foramen magnum se ha desplazado hacia la parte inferior de la cabeza, y se han alargado los huesos de las extremidades inferiores y se han acortado los de las superiores. Se ha cambiado la forma de la cadera y la estructura del pie y los músculos flexores y extensores. Las modificaciones alcanzan también a la forma de las articulaciones y a su movilidad. Demasiada inversión evolutiva para cubrir una función que cualquier otra especie no ha necesitado.

Además, esta hipótesis de adaptación "arbustiva", aparte de violar los principios de economicidad y de analogía como hemos dicho, también quebrantaría el principio de precedencia, porque tanto Orrorin como Ardipithecus aún vivían en un entorno de selva, y no de sabana arbustiva.

Desde el Orrorin hasta el Homo hábilis —que aún poseía dedos curvos en pies y manos, lo que indica que aún utilizaban los árboles— pasando por el Ardipithecus ramidus y todos los australopitecos, han transcurrido más de 4 Ma, en los que, simultáneamente, la bipedación y la vida arbórea se han desarrollado en los homínidos como una adaptación a un nicho ecológico único y exclusivo.

Por otra parte, el tipo de especie arbustiva a la que, según esta teoría, nos especializamos, debía de ser de tal porte que sus frutos estuvieran al alcance de un homínido erguido, y por tanto, asequible a la voracidad de todos los herbívoros de tamaño semejante o superior. Debían de tener una separación entre tallos que hiciera evolutivamente rentable a su recolector caminar erguido, sin cambiar de postura, y por tanto, no podrían ser epifitas (unas junto a otras), como la mayoría de las plantas selváticas, ni tan separadas como los baobabs o las acacias. Debían de ser muy resistentes a la aridez y al suelo costroso dejado por la retirada de las publiselvas africanas. Debían de ser muy abundantes, perennes y evolutivamente muy exitosas para que los homínidos necesitaran tan costosas adaptaciones anatómicas en orden a especializarse en su consumo, como ha ocurrido con el oso panda gigante —Ailuropoda melanoleuca— y su especialidad en la ingesta del bambú (un 99% de su dieta), que ha adquirido un dedo pulgar especializado en su procesamiento.

Pero ni parece que los homínidos hayamos estado nunca especializados en ninguna fruta de un arbusto concreto, ni parece que exista un espécimen arbóreo tan extraño en ninguna sabana arbustiva conocida. Y además, desde que el primatólogo estadounidense Kevin Hunt propusiera por primera vez esta hipótesis en 1994, ningún paleobotánico ni ningún investigador ha descubierto el más mínimo rastro de este singular arbusto en el registro fósil.

Las verdaderas ventajas de la bipedestación

Y con ello, quedan desmontadas todas las ventajas de adaptación de la vida en la sabana como origen de nuestra postura erguida. En palabras de E. N. Arnold: "Queda descartada cualquier hipótesis de adaptación si aparece el carácter novedoso antes que el pertinente régimen selectivo".

Y es que la evolución del bipedismo, y del resto de universales humanos en general, siempre se ha interpretado siguiendo un esquema darwinista ortodoxo, en el cual se concibe que éste parte de un proceso simple que gradualmente se desarrolla hacia formas complejas. Pero, como ya dijo Dominguez Rodrigo, este paradigma se encuentra en crisis. En los últimos años, estudios como el de Ardi y recientes descubrimientos, han aportado evidencia de que la evolución humana ni es gradual ni sigue el esquemático concepto de simple-complejo según se ha expresado hasta la fecha. Aquí pretendemos dar luz sobre la existencia de un nuevo marco referencial sobre nuestro particular proceso evolutivo, que es capaz de concebir que lo complejo ya puede estar presente desde el principio, y que puede ir siguiendo pautas adaptativas y no teleológicas.

Se suponía que la bipedestación era una adaptación a la sabana, pero los animales no están adaptados a los ambientes, como la sabana, el bosque o el mar, sino a los nichos ecológicos. En ecología, un nicho es un término que describe la posición relacional de una especie o población en un ecosistema o el espacio concreto que ocupa en el ecosistema. En otras palabras, cuando hablamos de nicho ecológico, nos referimos al "trabajo" o a la función que desempeña cierto individuo dentro de una comunidad. Por ejemplo, el nicho ecológico de las ardillas es el de los animales que habitan en los árboles y se alimentan de frutos secos. Siguiendo con el razonamiento, en la sabana actual coexisten muchas especies y ninguna es bípeda, solo la humana. La pregunta correcta debe ser a qué clase de nicho ecológico pertenecían los primeros homínidos para que se convirtieran en bípedos. Es decir, los inconvenientes y ventajas enumerados son generales, y por tanto, son válidos para todas las especies de animales que en esa época se adaptaron a la sabana. Por convergencia evolutiva cualquier animal se hubiera mutado a bípedo, como hicieron nuestros ancestros, si de verdad las ventajas fueran de mayor peso que los inconvenientes en este singular modo de desplazarse. Sin embargo, el bipedismo es otra de las características únicas y exclusivas de los homínidos, y por tanto, su origen se podría explicar si la presión selectiva que lo hizo emerger solo actuó sobre los homínidos, y sobre ninguna otra especie. Como hemos supuesto que la presión selectiva ejercida por la CTA fue más intensa sólo entre los homínidos, podemos inferir que el verdadero nicho ecológico ocupado por nuestros ancestros fue el de primates arborícolas que competían por el territorio en CTAs .

Por ello, sugerimos que las verdaderas ventajas aportadas por la postura bípeda bien pudieron ser:

1ª) Libera las manos posibilitando la utilización de armas de guerra. La posibilidad de sorprender y asestar primero, o la de reiterar el golpe, es mayor con un palo o una piedra que con un mordisco, ya que no se requiere el contacto físico.

2ª) En los desplazamientos permite llevar las armas en posición de combate, previniendo un ataque sorpresa.

3ª) La bípeda es la postura más efectiva para lanzar proyectiles, ya que la mayor altura desde la que son lanzados posibilita llegar más lejos, la fuerza de lanzamiento del objeto es mayor porque el camino de impulsión es más largo y, a su vez, permite mayor precisión en el tiro porque el ángulo de visión es mejor y más amplio.

4ª) Permite asestar golpes con más contundencia con armas como martillos, hachas, palos o garrotes, ya que se aprovecha la fuerza de la gravedad al dejar caer los objetos desde mayor altura.

5ª) Es más versátil que la postura cuadrúpeda, ya que el individuo bípedo puede reptar, desplazarse agachado, esconderse detrás de árboles, rocas, etc., posturas que posibilitan el camuflaje cuando se requiere un ataque por sorpresa o cuando pretende esconderse del enemigo.

6ª) Con las dos manos liberadas se puede acarrear mayor cantidad de piedras de las que puede desplazar cualquier primate cuadrúpedo. Y a mayor arsenal de objetos arrojadizos, colocados en los lugares más estratégicos, mayores posibilidades de vencer en una batalla.

7°) En los enfrentamientos cara a cara y a corta distancia, junto con la piloerección, impone más al contrario porque el bípedo aparenta más corpulencia, al mostrar más altura y epidermis al enemigo. Al simular ser más grande y fuerte, atemoriza más al contrincante.

Para ilustrar la tercera ventaja, la de la efectividad del lanzamiento, quizás la más controvertida, analizaremos la fórmula obtenida para medir la distancia de lanzamiento (M) de un objeto en la siguiente figura, que estará formada por la suma de la distancia de liberación (Ma), que indica la posición real del objeto en el instante de la liberación y de la longitud de vuelo del objeto (Mp) que a su vez depende de los siguientes parámetros:

V0 = velocidad de despegue; H0 = altura de despegue; A0 = ángulo de despegue; g = aceleración de la gravedad; K = resistencia aerodinámica.

Estos parámetros se relacionan entre sí según la siguiente fórmula, despreciando la resistencia aerodinámica:

$$M_p = \frac{V_0^2 \cos(A_0)}{g} \left[\operatorname{sen}(A_0) + \sqrt{\operatorname{sen}^2(A_0) + \frac{2H_0 g}{V_0^2}} \right]$$

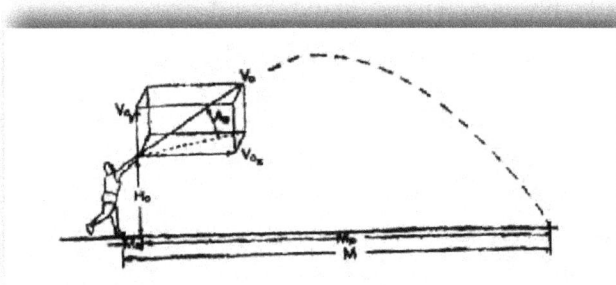

En esta fórmula, los parámetros biomecánicos más importantes que influyen en la fuerza y la distancia del lanzamiento son:

V0: La velocidad de despegue está en función de la velocidad que adquiere el cuerpo del lanzador y de la distancia del camino de impulsión. Siempre será más eficaz la postura erguida ya que permite alargar considerablemente el camino de impulsión y permite desplazarse más rápidamente en la dirección del lanzamiento, lo que aumenta la velocidad del cuerpo del individuo. A su vez, permite desplazar el peso a través de una trayectoria más eficaz, siguiendo una línea ascendente, lo cual facilita la aceleración. También permite utilizar un número mayor de grupos musculares, como los de la cadera, el torso, los hombros y las piernas. Mientras que en la cuadrúpeda, el camino de impulsión está limitado por la distancia del hombro al suelo, la trayectoria de impulsión será oblicua –en un ángulo menor de 30°– será más corta –la distancia del hombro agachado al suelo– y solo posibilita el uso de los músculos del brazo y del hombro.

Ho: obviamente, la altura de lanzamiento siempre será mayor cuando el individuo lanza erguido en lugar de agachado, y esta diferencia será igual a la distancia desde la cadera a la mano alzada.

Ao: El ángulo de despegue teórico más efectivo es de 45°. El ángulo práctico para un lanzamiento máximo es de 39° a 40°. Desde la postura bípeda siempre es más fácil alcanzar este ángulo porque no se tiene la limitación de la distancia al suelo que existe en la postura cuadrúpeda.

Mp: La distancia desde el pie de apoyo al eje de la vertical en el instante de la liberación será mayor también en la postura erguida porque cuenta con el suplemento aportado por la longitud del cuerpo del lanzador en el momento de inclinarse.

Si damos los valores más corrientes a la fórmula anterior, podemos ver que para lograr la máxima distancia lo más importante es la velocidad inicial, y en menor medida influyen el ángulo y la altura del lanzamiento:

LANZA-MIENTO	Ho (m)	Vo (m/s)	Ao (°)	Distancia Mp (m)
1: REAL	2'09	13'21	35'9	19'39
2: + 5% H	2'19	13'21	35'9	19'52
3: + 5% Vo	2'09	13'87	35'9	**21'17**
4: + 5% Ao	2'09	13'21	37'69	19'59

La gran cantidad de modificaciones morfológicas que se requirieron para convertir un cuadrúpedo en bípedo necesitó, no solamente de un largo período de evolución, sino también de una presión selectiva constante y gradual. Y precisamente, todas estas ventajas tienen la característica de ser más efectivas gradualmente, en el sentido de que mientras más erguida es la postura, más eficaz es el lanzamiento o más contundentes son los garrotazos asestados, con lo que, un grupo de homínidos más erguidos, en igualdad del resto de condiciones, vencía a otro grupo de individuos menos erguidos, por muy poca que fuera la diferencia.

Mary Marzke [98], profesora de Antropología en la Universidad Estatal de Arizona, sostiene que dentro del sistema anatómico locomotor del homínido, la transformación de la musculatura del tronco a partir de la postura erecta, el bipedismo y la traslación del centro de gravedad del cuerpo, se constituyó en parte del propio entorno corporal para otra parte del sistema anatómicomotor: la capacidad braquial de arrojar objetos a distancia. Con ello establece una relación necesaria directa entre ambas adaptaciones, la bipedestación, como sistema de locomoción principal, y la función de arrojar piedras, como subyacente de la anterior.

Pero las prioridades en las adaptaciones vienen dadas por la eficacia con las que ejecutan las funciones para las que fueron creadas. Si la bipedestación es una postura que da problemas, que ninguna otra especie la ha adoptado por su ineficacia y que la única ventaja que se le ha podido encontrar ha sido la de alcanzar los arbustos pequeños, parece claro que el habernos convertido en los lanzadores de objetos más eficaces del planeta debería de ser la función principal, toda vez que a los que poseían estas habilidades les supuso poder acceder a los recursos renovables cada vez más escasos, una ventaja adaptativa mucho mayor que la de poder alcanzar los pequeños árboles.

Santino, el tirador de piedras

La fuerte y constante presión selectiva de las CTAs nos han convertido en los lanzadores más eficientes de todas las especies existentes en el planeta, y el camino recorrido lo podemos vislumbrar si comparamos esta habilidad con la de los chimpancés, de cuya evolución nos separamos hace más de 5 Ma.

Santino recoge las piedras, las selecciona y las pule con calma. Luego, las arroja contra los visitantes del zoo de Furuvik, en Gävle (Suecia). Esto no hubiera sido noticia si Santino no fuera un chimpancé macho, de unos 30 años de edad. Santino se convirtió en el macho dominante a los 16 años, cuando murió el anterior patriarca, quedando como el único macho. En junio de 1997 empezó a ser habitual lo que uno de los cuidadores del zoo describe como "tormentas de granizo", con lanzamientos de diez o más rocas, o sea, que lleva más de diez años apedreando regularmente al personal.

Santino no sólo recoge y almacena en diferentes montículos los futuros proyectiles, sino que a veces les da forma discoidal, arrancando fragmentos del pavimento de hormigón. Para los científicos de la Universidad de Lund, en el sur de Suecia, ésta es una de las primeras pruebas de que un animal distinto del hombre puede hacer planes para el futuro de manera espontánea. "Estas observaciones demuestran de forma convincente que nuestros hermanos los monos consideran el futuro de modo complejo y tienen una conciencia altamente desarrollada", afirma Mathias Osvath, autor principal de un estudio publicado en marzo de 2009 en la revista Current Biology [85].

Osvath explica que muchos machos dominantes lanzan piedras cuando se sienten vigilados, porque creen que se está invadiendo su territorio. El caso de Santino es distinto porque recoge los proyectiles con antelación, lo que denota una planificación y una premeditación.

Aquí vemos el display del chimpancé macho al encarar a los "intrusos", acompañado de pelo erizado (piloerección) y en este caso con locomoción bípeda y piedra en su mano izquierda.

Pero aparte de estas capacidades, lo que destacamos aquí es que, a pesar de arrojar las piedras sobre un grupo numeroso de visitantes, a escasos metros de distancia, en diez años no ha logrado acertar ni una. Su técnica de lanzamiento "bajo brazo" deja mucho que desear. Sin duda, hasta un niño de pocos años hubiera demostrado más puntería. El perfeccionamiento en la técnica de lanzamiento, la coordinación del brazo, la sensibilidad de una mano más acortada, la postura erguida, la aguda visión estereoscópica, son atributos que nos separan de Santino y de nuestro ancestro común con él porque, en nuestra evolución, estas adaptaciones nos han salvado la vida en las CTAs.

Con todo, podemos decir que el bipedismo triunfó en nuestra evolución por ser una postura más guerrera, más apropiada para el combate entre grupos que la postura cuadrúpeda. El primate bípedo que usaba sus manos para lanzar y golpear con piedras era el vencedor frente a aquellos otros menos especializados en esa EEE, porque tenían una postura menos erguida, tenían peor visión estereoscópica o los dedos de la mano menos sensibles y más largos. Y por eso hoy no andamos a cuatro patas, como el resto de los animales. Ninguna otra especie ha evolucionado al bipedismo porque la CTA no ha ejercido una presión tan decisiva en su evolución como lo ha hecho en la de los homínidos.

Es difícil descubrir restos fósiles y evidencias de todo ello, no solamente por los millones de años transcurridos, sino porque la tecnología empleada en nuestros albores sería nula o casi inexistente. Probablemente solo se usaran objetos orgánicos como palos o largos huesos y piedras sin elaborar, que no suelen dejar huella en el registro arqueológico.

Sin embargo, contamos con la certeza de que los herederos de éstos primeros primates bípedos si fabricaron armas líticas más elaboradas, como las encontradas en África, perteneciente a la industria Olduvayense, con más de 2'6 Ma de antigüedad.

Son muy sencillas, que requieren un pequeño gasto energético para su elaboración, por lo que se supone serían fabricadas según sus necesidades y abandonadas después de su uso. Se trata de piedras, normalmente cantos rodados, sílex o similares, que eran tallados con la obtención del filo por uno de sus lados. Estos trabajos requieren cierto grado de elaboración y aprendizaje que, cuando menos, presupone la existencia de un paso evolutivo previo, como es el uso y manejo de la piedra viva, sin elaborar.

Las industrias más antiguas han sido datadas en el arroyo de Kada Gona, Etiopía, en 2'63 Ma, como mínimo, pero antes de ella seguro que existió otra forma de utilización de esos instrumentos, aunque de una forma más rudimentaria aún, es decir, sin elaboración de ningún tipo. Usaron piedras, palos y huesos, y después, los más aptos fueron capaces de transformarlos para que funcionaran más eficientemente. Si la industria Olduvayense duró un millón de años hasta que apareció la industria Achelense, más evolucionada, no sería descartable imaginar que el periodo de pre-industria, anterior al Olduvayense, pudo durar un periodo de años parecido. En este sentido, varios autores como Piperno y Panger, plantean que en un futuro debería de aparecer una fase más primitiva con esquemas operativos más simples, un Preolduvayense claro y real, ya que, la transformación de objetos líticos, debió tener una fase evolutiva pretécnica muy larga en el comportamiento manipulador de los primates prehumanos, para explicar la aparente complejidad de los primeros sistemas técnicos de transformación. Numerosos autores apuntan la necesidad de investigar en zonas boscosas de África central, en el mismo entorno ocupado por los chimpancés, para aprender sobre las primeras fases de manipulación humana y prehumana. Esta es una propuesta hipotética y metodológica, que aún no tiene una base empírica clara, quizás por el hecho de que los restos fósiles se conservan mucho peor en entornos selváticos y los instrumentos líticos apenas serían distinguibles por su escasa o nula manipulación.

Una mano especializada en el lanzamiento

David M. Alba, Salvador Moyà Solà y Meike Köhler que constituyen el grupo de paleoprimatología del Instituto de Paleontología M. Crusafont de Sabadell, en un artículo aparecido en Journal of Human Evolution [86], concluyeron que el primer registro fósil encontrado de la mano de un Australopiteco afarensis (la especie del famoso esqueleto de "Lucy"), en lo concerniente a las proporciones globales de su mano, se situaba más cerca de los humanos que de los simios antropomorfos. En lo concerniente al tamaño relativo del pulgar, Australopiteco afarensis también se aproximaba bastante a los humanos con un pulgar muy alargado, en comparación con los simios antropomorfos. Con ello descartaron que las proporciones de la mano humana fueran una adaptación para la fabricación de instrumentos líticos, sencillamente porque Australopiteco afarensis vivió un millón de años antes de aparecer la primera industria lítica, y como señala George Lauder, para aceptar una hipótesis de adaptación en el registro fósil se requiere, como mínimo, que exista una concordancia histórica entre el origen de la estructura (acortamiento de la mano) y el inicio de una presión selectiva que favorezca la función en cuestión (elaboración de instrumentos). Con ello, la liberación de los requerimientos locomotores en el bipedismo facilita la aparición de unas proporciones manuales de tipo humano como resultado de presiones de selección relacionadas con la manipulación, pero desligadas de la fabricación de instrumentos.

Estos mismos investigadores, junto con Sergio Almécija de la Universitat Autónoma de Barcelona, en Mayo de 2010 publicaron un artículo en la revista PlosOne [106], en el que buscaban el origen de la pinza de precisión en los primeros homínidos.

Para el estudio –morfométrico y morfofuncional mediante análisis bivariantes y multivariantes– analizaron restos de Orrorin, Australopithecus, Paranthropus, Homo y simios antropomorfos, con el fin de comparar sus afinidades morfológicas. Sorprendentemente, los resultados indicaban que la morfología del pulgar de Orrorin, a pesar de su cronología de 6 Ma, es más similar a la de los humanos anatómicamente modernos, que la de los australopitecos, que surgieron 2 Ma después.

La morfología de la falange distal de los humanos (Pollical Distal Phalange), refleja la calidad de las tareas de precisión fina que realizamos con los dedos, que antes llamamos la pinza de precisión superior de A. Gessel. La presencia de los rasgos que definen este tipo de precisión (PDP), se ha comparado entre humanos modernos y restos fósiles de homínidos. Aunque la aparición de esta "pinza" se ha vinculado tradicionalmente con la elaboración de herramientas de piedra, los autores plantean una hipótesis alternativa, una aparición anterior relacionada con la liberación de los manos resultado del bipedismo, dado que esos rasgos ya están presentes en los australopitecos y los Orrorin, que eran bípedos y aún no fabricaban herramientas líticas.

Recapitulando tenemos que el bipedismo favorece la liberación de las manos para dedicarlas a la manipulación de objetos. Objetos que no pueden estar relacionados con la caza, puesto que estos primates tenían una dieta principalmente herbívora y frugívora; y que tampoco podían estar relacionadas con la lucha por el apareamiento entre machos dentro del grupo, porque la adaptación a esta presión selectiva fue, por el principio de convergencia evolutiva, al igual que en la mayoría de las especies, el dimorfismo sexual en la masa corporal y en los caninos, y en ninguna especie de homínido se ha conocido dimorfismo sexual en cuanto al tamaño de los dedos de la mano ni en el **PDP**; ni relacionados tampoco con la posibilidad de facilitar la ingestión de algún tipo de alimento que requiera una manipulación especial, porque no existen evidencias de ello en los registros fósiles, y actualmente los papiones, que requieren una cierta capacidad de manipulación de pequeños objetos, como semillas, tienen las características manos antropomorfas, no humanas; ni siquiera se requería unas manos típicamente humanas para la defensa de los depredadores, porque no se conoce ningún depredador arbóreo, aparte de los propios primates; y tampoco, como hemos visto, esta manipulación estaba relacionada con la fabricación o modificación de objetos líticos. Por exclusión, solo nos queda la manipulación de objetos puesta de manifiesto por Arsuaga: golpear y arrojar con puntería, indispensable en las CTAs. Es decir, la presión selectiva ejercida por la CTA fue mucho más fuerte que la ejercida por la función locomotora, la alimentación o cualquier otro tipo de Selección Natural.

Bien se puede decir que éstos primeros homínidos bípedos pudieran carecer de la capacidad necesaria para fabricar armas, usarlas y, además, plantear estrategias de guerrilla. Pero no podemos olvidar que estudiamos un proceso evolutivo donde el punto de partida sería el más básico y rudimentario, como, por ejemplo, escoger y acaparar piedras del tamaño adecuado para ser lanzadas, como hacía Santino, o como saber usar la estrategia de esconderse cuando se aproximaba el enemigo para no ser descubierto, hechos que en principio no requieren de mucha capacidad cognitiva y que, sin embargo, se pueden considerar como el primer paso de un proceso que nos llevará, por selección, a otras capacidades muy superiores para la guerra.

A mayor abundamiento, no podemos dudar de su capacidad intelectual para el manejo y fabricación de armas, si observamos que un grupo de chimpancés del sudeste de Senegal utiliza regularmente lanzas fabricadas por ellos mismos para cazar animales nocturnos, concretamente gálagos –Galagidae–, como pusieron de manifiesto Jill Pruetz y Paco Bertolani, de la Iowa State University, en un estudio publicado en la revista 'Current Biology' [38].

Los chimpancés eligen una rama, le sacan las hojas y las ramillas, la recortan a cierto tamaño y luego mastican las puntas hasta determinado lugar. Posteriormente, utilizan esa rama para punzar donde se supone que están durmiendo los gálagos. Hay que anotar que los múltiples pasos dados por los chimpancés para fabricar las herramientas para alcanzar a su presa requieren un tipo de previsión y complejidad intelectual que bien pudieron poseer nuestros ancestros arbóreos, ya que morfológicamente eran muy similares.

Aunque los biólogos se empeñen en analizar por separado la evolución de cada carácter, no debe olvidarse que los organismos presentan un alto nivel de integración. Merced a ello, una misma estructura anatómica desempeña a menudo más de una función, como la mano, que permite la locomoción y la manipulación, por lo que presiones selectivas de distinta índole pueden actuar simultáneamente sobre ella y, a su vez, una función puede ser desempeñada conjuntamente por más de una estructura anatómica, como los enfrentamientos territoriales, que debieron de requerir de una evolución paralela y sincronizada hacia el bipedismo, hacia el acortamiento de los dedos de las manos y hacia la mayor agudeza visual, amén de la involución –o mejor dicho nueva adaptación– del tamaño de los caninos, ya que sin el bipedismo, no se hubiesen liberalizado las manos para especializarse en lanzar y golpear, y sin ambos fenómenos no se hubiese eliminado la presión selectiva del aumento de los caninos. Por todo ello, hay que suponer que todos estos caracteres evolucionaron a la vez, como así se desprende de los registros fósiles. Junto a la capacidad craneal, la magnitud de éstos atributos son estimados para valorar el grado de evolución de los restos fósiles de homínidos.

5. Más gregario: la cultura

El canibalismo cultural existió

En 1996, cerca de la ciudad de Bouri, en la Depresión de Afar, en Etiopía, aparecieron, entre los restos de Australopitethecus garhi varios huesos que presentan evidencias de descuartizamiento y fracturación para su consumo. Si bien sus descubridores, Asfaw y White [110], no encontraron los utensilios líticos junto a sus restos, si expresaron su opinión respecto al uso de instrumentos por parte de A. garhi. Estamos hablando de los restos de una especie, A. garhi, datados por técnicas radiométricas en 2'5 Ma, y con una capacidad encefálica aproximada de 450 cc.

Los Homo Antecesor, último antepasado común de nuestra especie y los neandertales, también eran caníbales, como viene a demostrar las señales de antropofagia en los huesos hallados en Atapuerca. Eudald Carbonell, codirector de Atapuerca, sostiene que los 'canibalizados' "eran individuos que no procedían de la Sierra de Atapuerca, sino que habían llegado a la zona para instalarse en las cuevas o fuentes". Casi todos los cuerpos encontrados pertenecen a niños, lo que hace preguntarse a los expertos qué ocurrió con los adultos que presumiblemente viajaban con ellos.

En el yacimiento más antiguo de Atapuerca, el de la Gran Dolina, los huesos de homínidos aparecen mezclados con cerca de 300 instrumentos líticos del Modo 1 y otros restos de animales prehistóricos cazados, como ciervos, bisontes o rinocerontes. Los fósiles han sido datados por métodos paleomagnéticos, bioestratigráficos y mediante resonancia de electroespín en unos 800 ka. Los fragmentos de huesos humanos recuperados pertenecen a seis individuos (dos niños, dos adolescentes y dos jóvenes), donde se pueden apreciar inconfundibles marcas de corte producidas por útiles líticos, incluyendo marcas de despellejamiento y la extracción de carne, así como el rompimiento del cráneo y de los huesos largos para obtener los sesos y el tuétano, que es precisamente el mismo patrón de procesamiento que se observa en los huesos de animales que aparecen junto a ellos. Con todo ello, podemos concluir que se trataba de un exocanibalismo gastronómico, es decir, se canibalizaban personas externas al grupo, con fines alimentarios.

Los nuevos hallazgos llevan a pensar que practicaron el canibalismo seguramente durante cientos de años. Un estudio publicado en Agosto de 2010 en la revista «Current Anthropology» [94], firmado por varios miembros del Instituto Catalán de Paleoecología Humana y Evolución Social (IPHES), revela que el Homo antecessor practicó el canibalismo gastronómico de forma habitual hace unos 800 ka en Atapuerca. Si durante las campañas arqueológicas del 1994 al 1996 se hallaron restos humanos en el nivel TD6 de Gran Dolina en Atapuerca, de lo que más tarde pudo definirse como una nueva especie de Homo antecessor, con claras evidencias de canibalismo gastronómico, los nuevos fósiles obtenidos a partir del verano de 2003 en diversos subniveles del mismo yacimiento, pero de la misma antigüedad, constatan que el canibalismo fue una práctica habitual y reiterada y, por tanto, lo definen como un "canibalismo cultural", el más antiguo conocido hasta el momento. Ante la repetición de este fenómeno, estos investigadores lo consideran como una adaptación al entorno, como una forma más eficiente de competir por los recursos del entorno.

A unos doscientos metros de ahí, en la Sima del Elefante de la Sierra de Atapuerca, en junio de 2009, la joven paleontóloga Gala Gómez Merino halló un fragmento de húmero perteneciente a un homínido de hace 1'3 Ma, donde se muestran las marcas típicas de descarnación realizadas con utensilios de piedra, cuando se trata de sacar la médula del interior de los huesos. Es la prueba más antigua de canibalismo humano hallada hasta ahora. "Está claro que alguien trataba de sacar la médula del hueso, muy apreciada en la alimentación, y que se trataba de una humanidad muy primitiva, 400 ka más antigua que el 'Homo antecessor' de la cercana Gran Dolina", explica José María Bermúdez de Castro, codirector en las excavaciones de Atapuerca.

La cueva del Aragó (Taltaüill, Pirineos Orientales, Francia) representa un conjunto que abarca todo el Pleistoceno medio con presencia de niveles extraordinariamente ricos, como el suelo G, en el que destacan numerosos restos humanos, producto del canibalismo, en medio de un registro diverso de macromamíferos y herramientas líticas. Concretamente, en el famoso cráneo de Tautavel, datado en unos 450 ka, existen pruebas evidentes de que fue fracturado para extraerle el cerebro.

En el 2006, una investigación sobre restos neandertales hallados en el yacimiento asturiano de El Sidrón, que datan de hace 43 ka, desvelan signos de canibalismo, según explicó el director del estudio, Antonio Rosas, del equipo de científicos del Departamento de Paleontología del Museo Nacional de Ciencias Naturales (CSIC) en Madrid, cuya investigación se publicó en la revista PNAS [40]. Se analizaron los restos óseos y dentales que se han ido extrayendo de la Cueva de El Sidrón desde el año 2000 correspondientes a ocho ejemplares de neandertal (un niño, un joven, dos adolescentes y cuatro adultos) detectándose signos en "algunos huesos, no en todos" que desvelan prácticas de canibalismo, con marcas de cortes con cuchillos de sílex, aunque "no todos los individuos hayan sido descarnados o tratados de la misma manera", ya que "en otros yacimientos hay una pauta, es como un proceso, y siempre se hace de la misma manera, con marcas en los mismos sitios", explicó. Añadió que "esta práctica estaría mucho más extendida entre los neandertales de lo que se pensaba".

Huesos neandertales en Krapina, Vindija (Croacia), en Ardèche, en Moula-Guercy (Francia) y en Zafarralla (Málaga) también revelan prácticas caníbales. Y hay paleoantropólogos que creen que Australopithecus africanus y Homo erectus también recurrían a esas prácticas.

La antropofagia durante el Neolítico

Por otra parte, el canibalismo era una actividad sistemática y ritual durante el Neolítico, prácticamente en toda Europa y en el México prehispánico, según el director del Laboratorio de Antropología Física de la Universidad de Granada, Miguel Botella, quien efectuó una investigación sobre ello en colaboración con expertos de la Universidad Autónoma de México y el Instituto de Antropología mexicano [39].

Desde finales del 3000 al 2500 antes de Cristo, el canibalismo era común en toda la cuenca mediterránea europea y en Finlandia, y la carne de los fallecidos se comía tras hervirla unas tres o cuatro horas, "tal vez para asimilar sus características", dijo Botella.

Los huesos estudiados, con marcas de cuchillos y de dientes humanos y procedentes de hombres, mujeres y niños, aparecieron mezclados con restos de los animales que conformaban su dieta, lo que constata el canibalismo en el Neolítico, en un periodo del que apenas se han encontrado sepulturas. Sólo en Granada se han encontrado once lugares donde esta práctica era "habitual", pero también son numerosos en la fachada mediterránea del resto del continente europeo.

En cuanto a las culturas mesoamericanas, los más de 20.000 restos óseos estudiados por estos expertos han demostrado que el canibalismo era "sistemático" en toda América, lo que "posiblemente indica que lo llevaron los humanos que pasaron el estrecho de Bering cuando ocuparon el continente por primera vez", según el estudio.

El antropólogo señaló que en el México prehispánico, tras los sacrificios rituales en los que se ofrecían los corazones de las víctimas a las deidades, el resto del cuerpo se cocía con maíz y era repartido entre todos los participantes en el acto "como en la comunión cristiana" o sólo entre determinados sacerdotes. "Ocurría como en las actuales corridas de toros, donde todo sigue un ritual, pero una vez que muere, el animal es carne", manifestó Botella.

Hoy día, poco podemos decir de las prácticas antropófagas de los homínidos más antiguos, como los australopitecos más arcaicos y sus antecesores, pero se podría pensar que sea por la escasez de restos fósiles, porque no tenían aún una dieta carnívora con lo que los episodios de canibalismo serían más escasos, y porque, al no utilizar aún instrumentos líticos o metálicos para descuartizar a sus víctimas, no dejaron las marcas tan características en los fósiles de los huesos. Y mientras más antiguos son los restos, normalmente se encuentran más desperdigados, y más complicada es su catalogación.

Pero el que aún no hayan aparecido pruebas irrefutables, por la dificultad de su hallazgo, no quiere decir que no existiera la antropofagia, máxime cuando se sospecha que ya existía entre los ancestros comunes de los humanos y los chimpancés.

Efectivamente, si el canibalismo era habitual entre los homínidos del Neolítico, como demostró Miguel Botella, y también se practica entre los chimpancés salvajes actuales, como se ha observado, ¿cómo no pensar que era un comportamiento heredado tanto para los chimpancés actuales como para nuestros ancestros? En Biología, dos características homologas en especies emparentadas que forman un clado presupone que el ancestro común a ambas también la poseía, que es una conducta derivada, con una alta probabilidad. Si no fuera así, supondría que los homínidos y los chimpancés adquirieron la práctica del canibalismo, cada uno por su cuenta, como una nueva adaptación a nichos ecológicos distintos. Ciertamente, esto es posible, pero poco probable.

Con la CTA y el canibalismo, los grupos cazadores-recolectores victoriosos, no sólo se aseguraban los animales de caza y lugares de estancia temporales, también alimento inmediato.

Para nosotros, la existencia de pruebas de antropofagia en éstos estadios tan tempranos de la evolución del hombre son también la prueba inequívoca, y quizás la única posible, de la existencia de los enfrentamientos territoriales entre grupos de homínidos. Desde estos tiempos remotos hasta nosotros solo han podido llegar huesos fósiles e instrumentos líticos, que demuestran que el canibalismo existió de forma generalizada entre nuestros ancestros, y, por tanto, también la CTA.

Es difícil interpretar la homofagia ancestral como un ritual funerario, o como un acto de magia, en el que el caníbal pretende incorporarse las virtudes o capacidades del difunto, puesto que aún ni siquiera habían demostrado indicios de inquietudes mágicas o religiosas, como el enterramiento de los muertos, y el procesamiento de los restos era como el de cualquier otra pieza de caza. Tampoco se podría catalogar como una conducta rara o esporádica, propia de épocas de hambruna, que obligaban a buscar el alimento en la carne de los congéneres muertos de forma natural, ya que en gran parte de los casos se trata de un exocanibalismo gastronómico, generalizado y persistente en el tiempo y en el espacio, con un procesamiento estandarizado y los huesos encontrados no presentan signos de desnutrición.

La guerra prehistórica existió

Quizás el yacimiento más antiguo conocido que demuestra de forma irrefutable la ocurrencia de una CTA sea el de Djebel Sahaba, en Sudán [88].

Bautizado con el nombre de «yacimiento 117» por los equipos americano y finlandés que lo excavaron entre 1965 y 1966, se trata de una necrópolis que proporcionó restos de no menos de 59 individuos –hombres, mujeres y niños–, que está atribuida a la cultura de Qadan, de tan solo 14 a 12 ka de antigüedad, es decir, del Paleolítico final o «Epipaleolítico». El único ajuar encontrado junto a los cadáveres fueron los proyectiles líticos usados claramente para matarlos, como puntas sobre lascas con el dorso rebajado y grueso, lascas someramente talladas e, incluso, raspadores usados como armas. Muchos de éstos proyectiles estaban clavados en diferentes partes de los esqueletos, que evidenciaban bastantes traumatismos.

Se llegó a la conclusión de que lo menos 24 de las 59 personas enterradas allí fueron eliminadas por impactos de flechas o golpes violentos.

Este es el más antiguo yacimiento mesolítico que ha proporcionado individuos muertos por proyectiles, pero no es el único. También está el de Sarai Nahar Rai en la India, el de Voloshkii, Vasilevka I y

Vasilevka III en el sudeste de Europa, el de Schela Cladovei en Rumania, el de Popovo en Rusia, el de Téviec en Francia, el de Skatelholm en Suecia, el de Bogebakken en Dinamarca, etc. En todos ellos aparecen flechas líticas incrustadas en los esqueletos, lo que demuestra que unos grupos asaetearon y mataron a otros, y posteriormente, fueron enterrados, es decir, que ya en esta época existían las que hemos llamado CTAs (grupos enfrentados que emplean armas y las artes de la guerra)

¿Pero qué ocurrió antes de Djebel Sahaba? ¿No hubo CTAs? ¿Qué clase de evidencias de estos enfrentamientos esperamos encontrar?

Como los primeros enterramientos datan del Mesolítico, hay que suponer que antes de esta era, los cadáveres quedaban insepultos, abandonados a merced de las fuerzas destructivas de los carroñeros y de la intemperie. Cualquier fractura de hueso podría ser interpretada como realizada post mórtem, y si existiese canibalismo, su rastro sería totalmente borrado. Tampoco existirían flechas o armas elaboradas, porque no se habían inventado, y si en el escenario apareciera alguna arma, podría ser considerada como un instrumento lítico, perteneciente al ajuar de los difuntos, sin fines letales. Por ello, en el mejor de los casos, como indicio de una CTA, podríamos encontrarnos con un conjunto de huesos perteneciente a un mismo clan, como los fósiles hallados en la localidad A.L. 333 de Hadar, correspondiente al Australopithecus afarensis de hace 3'2 Ma, o en raras circunstancias, huesos con signos de canibalismo, como los hallados en Atapuerca, de 1'3 Ma.

Ésta excepcionalidad, junto con la escasa densidad demográfica que sin duda reduciría el número absoluto de episodios violentos, y la peor conservación de las pruebas fósiles por el mayor transcurso del tiempo, podría explicar la casi nula evidencia de la violencia durante la mayor parte del Paleolítico.

En este sentido, los profesores en el Collège de France y en la École des Hautes Études de Sciences Sociales, Jean Guilaine y Jean Zammit, tras un exhaustivo análisis de las evidencias de violencia en el registro fósil [87] llegaron a la conclusión de que "la violencia tal y como la entendemos ahora ha existido siempre. Si nos faltan pruebas de los periodos más remotos, nuestras dudas vendrán motivadas por la escasez documental y la dificultad de interpretarla. Sin embargo, cuando aumentan los datos a finales del Paleolítico, aspectos diversos de la agresividad humana empiezan a ser claramente perceptibles." Y añaden: " Si hacemos abstracción de las fuentes escritas y tuviésemos que evaluar las pérdidas humanas, sufridas en las guerras históricas, gracias a los vestigios antropológicos o materiales conservados, no podríamos decir gran cosa... Apoyarse en el número limitado de restos arqueológicos puede ser un argumento riguroso y honesto, pero no corresponde a la realidad histórica. Sin un análisis ajustado de los textos, los sucesos bélicos representarían algo banal y el pasado se nos presentaría singularmente pacífico. ¿Explica este hecho la infravaloración de la violencia en la Prehistoria? Está claro que, respecto a este tema, la escritura es una ayuda reveladora."

Para éstos investigadores franceses existe una «prehistoria de la guerra», como la llaman, y piensan que la aproximación a ella solo se puede hacer de la forma más amplia posible, analizando los datos económicos, sociales, modelos de poblamiento, jerarquización de los poblados, arquitecturas defensivas, modos y relaciones de poder. Para ellos, más que una sucinta demostración arqueológica, es la analogía etnológica –con las reservas que suponen la enorme variedad cultural– la que podría ayudarnos a discernir actos o estados de violencia.

Aproximaciones a las contiendas ancestrales

Aquí podemos plantear dos aproximaciones a la etnología de la violencia. Una, la de las actuales sociedades de cazadores recolectores, y otra, la de los chimpancés salvajes.

En cuanto a la primera aproximación, la de los cazadores recolectores, podemos decir que si bien es cierto que existen pueblos pacíficos no productores de alimentos, en 1978, la antropóloga Carol Embert manifestó que se sabe que un 90% de la sociedades cazadoras recolectoras participaban en guerras, y el 64% las libraban al menos una vez cada dos años. En 1972, otro antropólogo, W.T. Divale, investigó a 99 grupos de cazadores recolectores de 37 culturas, y descubrió que 68 estaban en guerra en ese momento, 20 lo habían estado entre cinco y veinticinco años antes, pero todos los demás hablaban de guerras más alejadas en el tiempo.

En cuanto a la segunda aproximación, entre nuestros "primos" los chimpancés, se han observado enfrentamientos y defensa del territorio en los que son normales el lanzamiento de piedras y el empleo de las artes de la guerra.

Por otra parte, muchos intelectuales aducen el reducido número de bajas en las guerras primitivas como prueba que en gran medida era un simple ritual, sin apenas incidencia en la vida de éstos individuos, y mucho menos en su evolución biológica. Pero como ya reconocieron S. Balakin y D. Nuzhnyi [89], la idea de la guerra ritual, en el sentido de guerra-juego o guerra-espectáculo, es poco probable en el caso de la "guerra prehistórica" por las muestras de ensañamiento y encarnizamiento demostrado por los agresores en los cadáveres. Solo en el caso de la necrópolis sudanesa de Djebel Sahaba aparecen tres cadáveres atravesados entre seis y veinte veces, huesos machacados y, además, el análisis de la trayectoria de los tiros parece indicar que los individuos estaban tumbados cuando fueron flechados.

El arqueólogo Lawrence Keeley [41] ha considerado que en las poblaciones pre-estatales (prehistóricas anteriores a la formación de estados primitivos y culturas "civilizadas") la guerra es algo más corriente que en nuestras sociedades más modernas y contemporáneas. Según Keeley y otros autores, los pueblos indígenas se toman muy en serio la guerra. Muchos de ellos fabrican armas tan dañinas como les permite su tecnología, exterminan a sus enemigos siempre que pueden, torturan a los prisioneros, hacen de ellos trofeos y celebran banquetes con su carne.

Además, para calcular la incidencia de una guerra en una población hay que hablar de cifras relativas, no de cifras absolutas. Un par de muertes en un clan de australopitecos o de neandertales, por su escaso número de componentes, equivaldría a la muerte de millones de personas en cualquier nación actual.

También L. Keeley ha resumido la proporción de muertes de varones debidas a la guerra en una serie de sociedades de las que se dispone de datos:

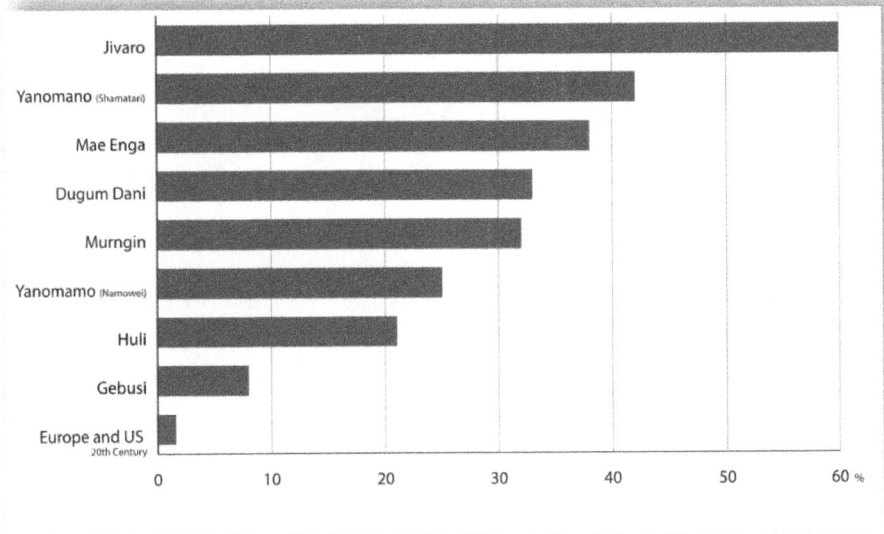

Las ocho primeras barras, que van casi desde el 10% a casi el 60%, se refieren a pueblos indígenas de América del Sur y Nueva Guinea. La barra casi invisible de la parte inferior corresponde a Estados Unidos y Europa en el siglo XX, e incluye las estadísticas de las dos guerras mundiales. Estas estadísticas, aunque son antiguas, y por tanto generan cierta incertidumbre sobre la certeza de los datos, han sido obtenidas sobre pueblos cazadores y recolectores cuyos modelos más se aproximan a los ancestrales, ya que la rápida degeneración y contaminación cultural de las tribus indígenas durante las últimas décadas, pudieran desvirtuar su representatividad.

En cualquier caso, ante la falta de pruebas concluyentes, es legítima cualquier interpretación. Pero minusvalorar la violencia prehistórica por falta de evidencias, conlleva asumir un mayor número de hipótesis y supuestos para encontrar un origen a gran cantidad de fenómenos y universales humanos, como más adelante veremos. Por el contrario, si tomamos como una hipótesis de trabajo la gran incidencia de las CTAs en nuestra evolución, una vez aceptada como cierta, deja menos terreno para la especulación y la interpretación de todos los demás fenómenos que nos separan del mundo animal. Quizás, por ello, podamos considerarla como la hipótesis más congruente de las que se han dado hasta ahora, la que cumple mejor el principio de la parsimonia porque ofrece la explicación completa más simple a todos los universales humanos.

Los primeros guerreros, los más salvajes.

En todos los vertebrados, la agresividad y el miedo están relacionados con una estructura cerebral ubicada en la profundidad del lóbulo temporal: la amígdala cerebral, y según el sitio donde se la estimule, se puede lograr generar conductas de extrema mansedumbre o de gran agresividad. La extirpación quirúrgica de ciertas porciones, en pacientes agresivos que padecían de epilepsia del lóbulo temporal, producía una disminución general de la conducta explosiva y destructiva que los caracterizaba.

Pero la convivencia en paz es la mejor alternativa posible, como ha sido actualmente demostrado, gracias ha simulaciones en computadoras, que demuestran que la cooperación es también rentable desde el punto de vista de la supervivencia, aunque verdaderamente no necesitamos de un ordenador para comprender sus beneficios. Esta capacidad de frenar los impulsos evolutivos destructivos amigdalianos, en aras del bien común, se asienta en una estructura del cerebro humano, denominada lóbulos prefrontales.

Los lóbulos prefrontales, son el asiento de las cualidades cognitivas-ejecutivas y éticas del ser humano. Son los que poseen la capacidad de frenar los instintos evolutivos (ya sean disparados por estímulos dolorosos o placenteros), así como de modelarlos, llevándolos de la expresión más primitiva, hacia la más humana.

A finales del 2007, en el marco del trigésimo séptimo encuentro anual de la Society for Neuroscience en la ciudad de San Diego, se presentó un estudio dirigido por Guido Frank, científico y físico de la Universidad de California, que con imágenes de resonancia magnética del cerebro analizó la actividad neuronal de un pequeño grupo de adolescentes valorados como "reactivamente agresivos". Cuando se les mostró al grupo analizado imágenes de rostros amenazantes, los cerebros de los chicos agresivos, comparados con gente capaz de controlarse, mostraron una mayor actividad en la amígdala; y una menor actividad en el lóbulo frontal. La actividad en la amígdala reflejaría que los participantes más agresivos sentían más miedo cuando veían las caras amenazantes y, al mismo tiempo, eran menos capaces que el resto de controlar sus propios actos.

Los lóbulos frontales son los más "modernos" filogenéticamente de todas las áreas del cerebro, y en los simios están sumamente desarrollados. Concretamente, en los humanos es donde se encuentra el área de Broca, involucrada en la producción del habla, el procesamiento del lenguaje y la comprensión, funciones exclusivas del ser humano. Por ello es de suponer que los primeros enfrentamientos entre primates bípedos fueran más desordenados, viscerales y espontáneos, en definitiva, más "amigdalianos", ya que con la posterior evolución de los lóbulos prefrontales, pudimos desarrollar progresivamente más funciones ejecutivas, que son aquellas que nos permiten dirigir nuestra conducta hacia un fin y comprenden la atención, planificación, secuenciación y reorientación sobre nuestros actos, es decir, facilitan las tareas propias de la táctica, estrategia y logística militar.

La primera CTA sería la más rudimentaria posible, quizás un grupo de machos esperó escondido a otro grupo para atacarlos por la retaguardia y sorprenderlos sin posibilidad de defensa, pero, sin embargo, fue uno de los acontecimientos más importantes de la humanidad, porque significó el inicio de un proceso que nos ha llevado a convertirnos en los seres más prodigiosos del planeta. Un individuo tuvo la suficiente inteligencia estratégica para tener una visión anticipada de los acontecimientos en el campo de batalla, elegir la mejor opción, preparar una táctica de combate, comunicársela a los demás, y pertrecharse de todas las armas necesarias. A partir de éste acto, la inteligencia en los primates bípedos se convirtió en una ventaja adaptativa de orden preferente, más importante que cualquier otra característica, más necesaria para la supervivencia que la destreza o fortaleza física, la rapidez de movimientos, el tamaño corporal, etc. Solo los más inteligentes vencían, vivían y expandían sus genes.

Estamos quizás ante la primera selección no natural de una especie, que por estar realizada por los primeros humanos se podría llamar la primera Selección Artificial o autoselección de la Naturaleza. El mecanismo de la Selección Natural debió de actuar para éstos igual que para el resto de los animales, teniendo en cuenta que todo sucedió en un proceso de millones de años. Los efectos de la Selección Artificial serían progresivos, muy tenues al principio para ir en aumento a medida que la violencia se generalizaba cada vez más, en detrimento de la Selección Natural como veremos más adelante.

El factor guerrero es el triunfador. La mayor parte de los individuos y de los clanes supervivientes serían bélicos, guerreros. Grupos de australopitecos deambularían por la sabana africana buscando alimentos y agua para subsistir, pertrechados de palos, huesos largos y piedras, previniendo un ataque de un clan rival, que sin duda aparecería en cualquier momento. Los combates serían a muerte. Todos los australopitecos serían bípedos, con gran agudeza en el lanzamiento de piedras y palos, ya que los menos capacitados para la guerrilla, como los cuadrúpedos con grandes colmillos y los que no se adaptaron al lanzamiento de objetos ya habrían sido derrotados. Pero la competencia por la victoria en cada contienda seguiría. Aparte de los más erguidos, fuertes para golpear con contundencia y eficaces en la proyección de objetos, aparecerían a lo largo de los milenios otros atributos que desequilibrarían la balanza de la victoria a favor de los que lograban desarrollar una mutación genética positiva en el sentido de incrementar un atributo guerrero o propiciar la aparición de una nueva facultad que los posibilitaba para vencer en cada batalla. Aquí cabe la misma pregunta que antes: ¿Quiénes serían los vencedores entre todos ellos? ¿Quiénes han logrado transmitirnos sus genes? La respuesta es:

los más inteligentes, los que formaban un grupo más numeroso, los más valientes, los más unidos y los más disciplinados.

Vencerían los más inteligentes, al igual que en las guerras más modernas, porque ya no se trata de luchas individuales cuerpo a cuerpo, donde la fuerza y la destreza física son determinantes para vencer, sino de contiendas entre clanes o tribus, donde influyen otros factores, mucho más importantes, como el número de individuos, la estrategia militar, la posesión de armas más efectivas y modernas, etc.

En la evolución humana existen dos momentos en los que se incrementa significativamente el tamaño cerebral, y por ende, la inteligencia, uno es con el Homo ergaster, que apareció hace unos 2 Ma, y desapareció hace 1 millón de años, donde el volumen cerebral pasa de aproximadamente un tercio del valor promedio de nuestra especie (el de sus antecesores los australopitecos y parántropos) a llegar hasta los dos tercios. La segunda gran expansión, hace medio millón de años, con los enormes cerebros de nuestra especie y de los neandertales. Aparte de estos dos momentos el proceso ha debido de ser un constante incremento de la capacidad craneal, aunque a veces han podido coexistir varias especies de homínidos con distintos volúmenes craneales.

El lenguaje de la estrategia y la formación militar

Un grupo de individuos, si es más numeroso que otro, tiene más posibilidades de salir triunfante en una batalla. Pero mientras más numeroso, necesita más organización para mantenerse vertebrado. Es en este orden de cosas donde el nacimiento del lenguaje, como necesario para armonizar la convivencia y mantener la cohesión interna, adquiere un sentido lógico y natural. Los individuos deben de comunicarse de una forma cada vez más fluida si quieren permanecer juntos y defenderse con eficacia de los ataques externos. El lenguaje nace por supervivencia.

A su vez, la estrategia a emplear en una batalla debe de ser transmitida a todo el grupo con total precisión, sin ambigüedades, ya que, si es mal interpretada puede costar la derrota. Las órdenes deben de ser claras y precisas. Por muy elaborado e inteligente que sea un plan de batalla, nunca se realizará eficazmente si no es comunicado y asimilado por el grupo, de tal forma que planes estratégicos más complejos y evolucionados requieren de un lenguaje más rico y, a su vez, más evolucionado. El arte de la guerra y el lenguaje debieron de seguir caminos paralelos en nuestra evolución: solo ganaban las batallas aquellos grupos que disponían de las estrategias de guerra más inteligentes y de un lenguaje gramaticalmente acorde en cuanto a complejidad a nivel fonético-fonológico, sintáctico-morfológico y léxico-semántico.

Si la estrategia era tan básica como la de acarrear piedras para colocarlas en un lugar determinado y esperar a que pasara por allí el enemigo, el lenguaje utilizado necesario para transmitir las órdenes sería igual de básico, como señalar las piedras y el lugar donde debían de ser colocadas, y quizás con la capacidad intelectual y la lengua natural de un australopiteco avanzado sería suficiente. Pero si la estrategia era más complicada, como el ataque nocturno a un campamento enemigo, se debían de disponer de símbolos fonéticos para decir "enemigo", "noche", "ataque", etc., y una capacidad intelectual y un lenguaje más complejos, quizás propia de un Homo.

Otro tanto debió de ocurrir con la formación militar. Debía de existir una cultura basada en la experiencia de todas las batallas en las que el clan y sus antepasados habían participado, que era trasmitido de generación en generación haciendo que los conocimientos guerreros fueran suficientes para desequilibrar las contiendas futuras contra el enemigo. El clan o tribu que dispusiera de una formación militar más amplia y rica, tenía más posibilidades de ganar una batalla, por lo que el lenguaje se hizo fundamental a la hora de transmitir estos conocimientos. Y a medida que los conocimientos militares se complicaban y perfeccionaban, el lenguaje debía de seguir la misma tendencia hacia la complejidad, para que la transmisión intergeneracional fuera precisa y útil.

Estas son las bases de la transmisión de la cultura y los conocimientos que caracterizan hoy por hoy al ser humano. Lo primero que se transmitió entre los primeros homínidos fue la formación militar, la tecnología armamentística y las estrategias de guerra, ya que los clanes que no lograban enseñar éstos conocimientos a sus descendientes, no sobrevivían, eran eliminados. Posteriormente, cuando la agricultura y la ganadería florecieron, hace tan solo unos 10 ka, otras enseñanzas fueron transmitidas, como el arte y las ciencias, pero las bases para la divulgación de la cultura ya estaban creadas.

Todos los animales son capaces de intercambiar información sobre algunos aspectos de sus vidas, empleando para ello sonidos y gestos. Pero la diferencia con el lenguaje humano, por un lado, es la mayor complejidad y cantidad de sonidos, y por otro, que éstos sonidos están codificados previamente de manera intencionada, al contrario que el resto de animales, en los que los sonidos que se emplean son innatos.

Ray Jackendoff, de la Tufts University [42], defiende la evolución gradual del lenguaje humano, proponiendo la existencia de nueve avances hasta llegar a nuestro lenguaje actual. El primer paso iría del símbolo que valga sólo para una situación específica, como lo usan la mayoría de los animales, al símbolo no situacional en el que cada uno de estos símbolos se pueden adaptar y servir para expresar diferentes significados en diferentes situaciones. Jackendoff propone que de esa etapa nos quedan rastros en nuestro lenguaje, a los que llama "fósiles del lenguaje", como "¡OH!", "si", "no", "hola", etc., expresiones de una sola palabra que no se pueden integrar en una estructura sintáctica y que, sin embargo, transmiten mucha información. Otro avance sería el aumento en cuanto a cantidad de estos símbolos no situacionales, la capacidad física para emitir fonemas y oírlos, etc.

La inteligencia y el lenguaje caminan juntos

La clave de la importancia evolutiva del lenguaje está en la influencia recíproca entre lenguaje e inteligencia. Aparte de las áreas de Broca y de Wernicke que trabajan más específicamente en la producción y la comprensión del lenguaje, existen ciertas áreas no especializadas del cerebro, como la corteza prefrontal, que intervienen en el control motor del habla, en la comprensión de la sintaxis y en el razonamiento y solución de problemas. Cualquier cambio que haya mejorado nuestra capacidad para el lenguaje y determinado un crecimiento en estas áreas del cerebro tiene que haber mejorado también nuestra capacidad para ser más inteligentes. Es un proceso en el que todos los elementos se influyen mutuamente. No podemos separar el lenguaje, ni la base biológica del mismo, la inteligencia.

Según Philip Lieberman las partes del cerebro que hicieron posible el lenguaje también hicieron posible el pensamiento y la creatividad. "La corteza prefrontal interviene en el análisis de combinaciones, secuencias e interrelaciones, y ésa es precisamente la base para que las palabras signifiquen aquello que significan" [43].

Pero aparte de saber qué decir, hay que disponer de un conjunto de órganos físicos que permitan la producción y modulación del habla, que están formados por una serie de cavidades en el tramo superior del conducto respiratorio, y reciben el nombre genérico de tramo vocal: la laringe, la faringe y las cavidades nasal y oral. El resto de mamíferos no pueden articular palabras porque no disponen, entre otras cosas, de una faringe tan larga como la nuestra, que nos capacita para modular una amplia serie de sonidos diferentes.

Para conseguir una faringe larga hemos tenido que posicionar la laringe en un lugar bajo en el cuello, lo que a su vez nos ha procurado un grave riesgo, el atragantamiento: la insólita posición de la laringe humana hace posible la obstrucción del conducto respiratorio por el alimento, ya que en ocasiones la epiglotis, que tapa el conducto de la faringe al tiempo de la deglución, no alcanza a obturarlo por completo, pudiendo producir la muerte del individuo por atragantamiento.

Por otra parte, y precisamente por la posición tan baja de la laringe entre los humanos, todos los mamíferos pueden beber y respirar por la nariz al mismo tiempo, excepto nosotros. En el resto de los mamíferos, la posición elevada de la laringe permite conectar la faringe con la cavidad nasal durante la ingestión de líquidos, que de este modo pasan de la cavidad oral al tubo digestivo sin interrumpir la respiración. Lo mismo ocurre con los bebés humanos al nacer, que tienen la laringe en una posición muy alta, al igual que el resto de los mamíferos, con lo que pueden mamar y respirar a la vez. A los 18 meses la laringe del niño desciende, lo que le permite realizar sonidos del lenguaje, pero con un gran peligro, el de asfixiarse.

Así que, como dice J.L.Arsuaga, al adquirir el bipedismo para desplazarnos ganamos el tener más dolores de espalda y dificultades en los partos, y al adquirir el habla ganamos tener un mayor riesgo de morir por atragantamiento, y esto no es ninguna tontería, muchos niños y adultos han fallecido por esta causa [9].

Si el hecho de hablar supone un riesgo tan grande, entonces la presión a favor de esa adaptación debe haber sido muy intensa, y solo se debe de haber dado en la evolución humana, porque ninguna otra especie ha necesitado hablar para sobrevivir o procrearse, y como la CTA es la única presión selectiva exclusiva del ser humano que no ha existido en ningún otro animal, podemos decir que nos comunicamos hablando gracias a la existencia de la CTA, y por los motivos que antes hemos indicado.

Esta presión selectiva se ejerció sobre nuestra evolución de una forma continua y persistente en el tiempo, por eso el lenguaje ha ido evolucionando hacia la complejidad, desde que hablamos emitiendo símbolos no situacionales hasta la última mutación positiva que nos ha posibilitado conseguir el último avance descrito por Jackendoff que nos hace hablar como hoy hablamos. Una presión que se ejerció sobre todas las especies de homínidos existentes en todos los tiempos y en todos los lugares geográficos del planeta donde se desarrollaban, aunque formasen pequeños grupos sin apenas intercambio social, y esta presión selectiva puede ser perfectamente explicada por la existencia de las CTAs.

Del territorio a la cultura

La convivencia en el grupo de homínidos primordial no debió de ser muy diferente a la de cualquier manada de animales que conocemos actualmente. Lo más probable es que estuviera compuesto por individuos avecinados o emparentados, unidos para defender el territorio en común, quizás como los chimpancés actualmente.

Cada miembro reconocería físicamente a todos y cada uno de los compañeros de su mismo grupo, a los que toleraba su presencia y con los que compartía los alimentos y las fuentes de agua incluidas dentro del territorio propio. Por el contrario, los intrusos, que lo eran precisamente por ser desconocidos, serían sistemáticamente atacados y expulsados, con la ayuda de todos los compañeros si fuese necesario.

Pero este tipo de organización limita el número de miembros a los individuos que pudieran ser reconocidos por el resto de compañeros, de tal forma que, si el tamaño del grupo sobrepasaba determinada cantidad, se corría el riesgo de la desintegración, porque al ser tan numerosos, los miembros dejarían de reconocerse entre sí y, por tanto, serían tomados como intrusos. Sin duda tenemos una facilidad natural para recordar y distinguir a las personas por su fisonomía, pero es una capacidad limitada por nuestra memoria, y más entre nuestros primeros ancestros, que poseían un menor intelecto y por tanto, menos memoria.

Con el paso de las sucesivas generaciones, la Selección Artificial premiaría a los grupos que podían soslayar este inconveniente, para aumentar de tamaño, manteniendo la integración. Al generalizarse las CTAs, los grupos más desunidos y desintegrados eran vencidos por aquellos grupos más numerosos, con miembros que se sentían más vinculados y comprometidos con sus compañeros.

Si nos centramos en la Arqueología, poco o nada averiguaremos sobre cuáles fueron estos mecanismos o adaptaciones filogenéticas que convertían al homínido en más gregario, y a los grupos en más cohesivos, por la imposibilidad de encontrar indicios de ello entre los escasos restos fósiles.

Aunque las adaptaciones psicológicas solo nos dejen vestigios conductuales, podemos apreciar que uno de ellos puede ser la gran capacidad que tenemos de reconocer e identificar rostros de nuestro propio grupo de pertenencia. Somos mejores fisónomos para reconocer a personas de nuestra propia raza que a otros extranjeros, o dicho de otra manera, nos cuesta más distinguir rostros si las personas son de distinta etnia a la nuestra.

En un improvisado muestreo subjetivo por decisión razonada que realizamos entre personas multirraciales, en el que se debía recordar asignaciones previas de grupos entre cientos de fotografías de rostros de distintas etnias, pudimos comprobar que había menos errores de asignación cuando la fotografía representaba una cara de una persona del mismo grupo racial que el clasificador. Popularmente un blanco dice que todos los chinos les parecen iguales, y viceversa, un chino no distingue y reconoce los rostros caucásicos tan fácilmente como los asiáticos. Ello es así porque quizás los homínidos que fueron mejores fisonomistas para los de su propia raza podían formar grupos mayores, derrotando con más facilidad a los que eran peores fisonomistas para los suyos.

En millones de años de evolución debieron de surgir otros mecanismos adaptativos parecidos a este, tendentes a convertirnos en más gregarios, que desconocemos, pero el que si conocemos bien es el que ha triunfado sobre todos los demás, el resultado final de esta sin par evolución: LA CULTURA.

Definimos la cultura como el conjunto de todas las formas y expresiones de una sociedad determinada. Como tal incluye costumbres, prácticas, códigos, normas y reglas de la manera de ser, vestimenta, religión, rituales, normas de comportamiento y sistemas de creencias, tecnología, lenguaje, artefactos, herramientas, transportes, y también territorio.

Para convertirnos en más gregarios, en nuestra evolución se ha producido el cambio o sustitución del concepto de territorio, cuya defensa era el verdadero nexo de unión del grupo, por otro, más amplio, sutil y difuso, el de cultura. Y con ello han surgido dos nuevos entes: Por un lado, el tándem del individuo y su cultura, donde el fenotipo individual se desarrolla dependiendo de la cultura en la que este esté inmerso, y por otro lado, la sociedad, integrada por todos los individuos que tienen la misma cultura.

Ambos forman dos entes holismicos que sustituyen a sendos conceptos primitivos de individuo y de clan, tal como los definimos antes para los primeros homínidos o para la mayoría de los animales sociales. Es decir, el cambio o ampliación del tesoro vital que se debía defender de cualquier grupo externo, el territorio, se amplió, para ocupar este honor la cultura, y este hecho fue la clave para conseguir grupos humanos más numerosos y, por tanto, más fuertes en las CTAs. Aquellos grupos que desarrollaron la capacidad de generar una cultura propia, que los diferenciaba del resto, tenían a su vez la capacidad de cohesionar en su seno a un mayor número de integrantes, y derrotaban con más probabilidad a aquellos otros incapaces de construir una cultura propia, únicamente unidos por ser vecinos de un territorio común.

En la actualidad el hombre está dispuesto a defender su cultura hasta entregar su propia vida si es preciso, al igual que ancestralmente los homínidos luchaban en grupo para defender su territorio. Y es así porque la cultura es parte integrante e inseparable del hombre, y éste sin su cultura deja de tener sentido. Todos nos hemos formado en una determinada cultura, de la que hemos recibido nuestros valores y creencias, y somos como somos precisamente porque hemos expresado nuestro genotipo en esa cultura. No sólo somos un producto de una evolución filogenética, sino que somos una construcción articulada localmente (en el tiempo y en el espacio), a partir de unas potencialidades (motoras, comunicativas, neurofisiológicas, cognitivas) que se expresan como capacidades durante el desarrollo ontogénico en un entorno sociocultural concreto. La socialización se constituye por aquellos procesos por los que un individuo deviene ser humano, persona, sujeto reconocido y partícipe de una comunidad cultural determinada, a lo largo de su curso vital, incorporando un proceso de vida biopsicosocioculturalmente construido. En este proceso, la distinción entre evolución biológica y evolución cultural se disipa, en cuanto que es lo biocultural lo que cualifica la evolución humana y su especificidad.

Como decía el antropólogo estadounidense, Clifford James Geertz, en su famoso libro "La interpretación de las culturas", en 1973, no existe una naturaleza humana previa o independiente de la sociocultural, en tanto que ésta subyace al desarrollo desde incluso antes de que nazcamos.

Si nos hubiésemos formado en otra cultura seríamos distintos, verbigracia, un asiático criado y educado en Europa sería una persona distinta si hubiese sido criado y educado en su país de origen o en una tribu subsahariana. Transgrediendo a Ortega diríamos "yo soy yo y mi cultura".

El otro nuevo ente surgido por la aparición de la cultura es la sociedad, como conjunto de individuos que comparten una cultura, que se relacionan interactuando entre sí, cooperativamente, para formar un grupo o una comunidad, y que puede estar integrada por millones de personas que ni siquiera se han visto nunca, que ni conocen de su existencia, pero sin embargo, estarían dispuestas a defenderse en grupo hasta la aniquilación de cualquier ataque o amenaza exterior, como sucede en las actuales guerras entre naciones o civilizaciones, porque lo que verdaderamente se defiende es la cultura común, que forma parte inseparable del propio individuo.

La evolución cultural

En este simple, pero trascendental, cambio de nexo de unión entre los homínidos, también surge un nuevo concepto: el de evolución cultural, como el cambio a lo largo del tiempo de todos o algunos de los elementos culturales de una sociedad. La evidencia muestra que la cultura se desarrolla evolutivamente por la acumulación y transmisión de conocimientos para la mejor adaptación al nicho ecológico.

Las tesis evolucionistas aplicadas a las ciencias sociales fueron una consecuencia de dos grandes aportaciones científicas de mediados del siglo XIX: el evolucionismo que planteó para la biología Darwin y la filosofía positivista de Auguste Comte. En ese contexto se formularon los estadios evolutivos de autores como el estadounidense Lewis Morgan (1818-1881) y el británico Edward Burnett Tylor (1834-1917), quienes, con algunos matices diferenciales, plantearon la existencia de tres estadios principales en el desarrollo cultural de los grupos humanos, denominados de menor a mayor nivel de desarrollo: salvajismo, barbarie y civilización.

Un meme es, según las modernas teorías sobre la difusión cultural, la unidad teórica de información cultural transmisible de un individuo a otro o de una generación a la siguiente. Es un neologismo acuñado por Richard Dawkins en "El gen egoísta" [44], por la semejanza fonética con gen y para señalar la similitud radical con la memoria y la mimesis –imitación de la naturaleza– Su tesis más importante es que los rasgos culturales, o memes, también se replican. Por analogía con la agrupación genética en los cromosomas, se considera que los memes también se agrupan en dimensiones culturales, incrementables con nuevas adquisiciones culturales. Para el conjunto de los memes se dan las características propias de todo proceso evolutivo: fecundidad – algunas ideas son especialmente efectivas–, longevidad –persisten durante mucho tiempo– y fidelidad en la replicación –conservadurismo tradicional, especialmente el enseñado como parte de la educación infantil–

A su vez, los memes se dan en un amplio campo de variación, se replican a sí mismos por mecanismos de imitación y transmisión de cerebro a cerebro y engendran un amplio abanico de copias que subsisten en diversos medios. Con ello tenemos el marco general de un proceso evolutivo que Dawkins compara con la evolución biológica, e incluso llega a aceptar que los memes deben ser considerados como estructuras vivientes no sólo metafóricamente, sino técnicamente.

En este orden de cosas, el multiculturalismo es una expresión de la capacidad adaptativa de nuestra especie a las CTAs, donde por analogía, la diversidad cultural ha ocupado el lugar de la biodiversidad, la competitividad intercultural ha sustituido a la competencia interétnica o ínterespecífica, la evolución cultural a la evolución biológica de la especie humana y los memes a los genes egoístas.

Según Eudald Carbonell Roura, director del Instituto Catalán de Paleoecología Humana y Evolución Social, "el inicio del multiculturalismo en nuestra especie debe buscarse en el cuello de botella evolutivo que se produjo entre hace 20.000 y 25.000 años antes de ahora por selección natural, un momento en que nuestro género, el género Homo, pierde tres de las cuatro especies que habitaban en el planeta. Sólo nuestros antecesores Homo sapiens sobrevivieron. A partir de entonces, este género continúa su andadura, ahora solo en el Planeta."

Sin embargo, aquí sostenemos que el cambio de la diversidad biológica por la cultural que experimentó nuestro género, fue causa de la sustitución de las CTAs por las guerras más modernas, donde aparte de por la integridad territorial, se luchaba por la difusión cultural, es decir, por la extensión de los valores culturales de una colectividad, denominada emisora, a otra que asimilaba los usos y costumbres extranjeros, llamada receptora. Quizás fue precisamente esta nueva capacidad cultural, más gregaria, la que inclinó la balanza a favor del Homo sapiens en las guerras contra las demás especies de homínidos —neandertales, erectus y Homo floresiensis—, al procurar ejércitos más numerosos.

En la actualidad, este proceso evolutivo nos ha conducido a un punto donde, por un lado, las armas de destrucción masiva han llegado a su máxima eficiencia, con un poder hasta ahora más bien disuasorio, y por otro lado, se han ideado nuevas armas, como el colonialismo y neocolonialismo, que generan dependencia económica y tecnológica de la colonia hacia la potencia extranjera, o como las del imperialismo cultural, que es una forma de imposición ideológica desarrollada a través de los medios de comunicación y otras formas de producción cultural a fin de establecer los valores de una sociedad dominante en otra periférica o dependiente. Nuevas armas menos cruentas quizás, pero no menos eficaces para imponer el dominio de un grupo sobre otro, o la asimilación de una cultura por otra.

La evolución biológica, por efecto de la presión de la Selección Artificial, nos ha llevado a la supervivencia de una única especie, la Homo sapiens sapiens, como la mejor adaptada a la guerra. La evolución cultural, por análoga presión selectiva, parece que nos lleva a otra pérdida de diversidad de la especie, tanto en el ámbito cultural como lingüístico, como consecuencia de las dinámicas de homogeneización y globalización.

Según la versión electrónica del Atlas de las lenguas del mundo en peligro de la UNESCO, la mitad de las 6.700 lenguas habladas actualmente corren peligro de desaparecer antes de que finalice este siglo. Más de 200 se han extinguido en el curso de las tres últimas generaciones, 538 están en situación crítica, 502 seriamente en peligro, 632 en peligro y 607 en situación vulnerable.

El estudio muestra, por ejemplo, que un total de 199 idiomas cuentan con menos de diez locutores y 178 más tienen un número de hablantes comprendido entre 10 y 50.

Del alfa al líder moral

Como dijimos, en los primeros clanes de homínidos el poder y la autoridad residían en el "prestigio" del macho dominante o alfa, y éste se sustentaba en la fuerza física, como sucede con la mayoría de los antropomorfos, y en todas las especies donde existe un dimorfismo sexual. El macho alfa tenía preferencia en el acceso a las hembras y a los mejores alimentos y, para demostrar su autoridad, le bastaba con alardear de su fuerza física y sus grandes colmillos o, a lo sumo, realizar simples escaramuzas, incruentas en la mayoría de los casos. La usurpación del poder se limitaba a la demostración de fuerza entre individuos emparentados o avecinados, que se conocían bien, y para los que las capacidades físicas del contrario no debían ser un secreto, porque las fuerzas eran previamente estudiadas y calibradas. Por ello serían extrañas las largas disputas y las heridas graves, limitándose casi siempre a combates muy ritualizados, como se observa en la biosfera actual.

Conforme aumentaban las CTAs por la progresiva desaparición de los árboles africanos, disminuiría la frecuencia de estos combates sexuales internos, y con ella su presión selectiva sobre la especie, como demuestra el hecho de la disminución progresiva de los caninos en los varones. Los clanes supervivientes debían de ser los más unidos y monógamos, por ser los que salían victoriosos con mayor probabilidad en cada CTA. Las estirpes en las que la lucha entre los machos integrantes del grupo era frecuente, se extinguieron, con lo que la autoridad ejercida por intimidación física dentro del grupo sería cada vez menos frecuente.

Otro handicap para el tipo de autoridad física es que está limitada únicamente a los pequeños grupos. La fuerza y la violencia del macho alfa no puede ser infligida a los individuos con los que no tiene un contacto corporal e individual. Un miembro del grupo que no tuviera constancia de la fuerza del macho dominante, por no haber tenido contacto físico o visual con él, no podía sentirse dominado o influido por su autoridad.

Como es lógico, en una CTA, todo bando necesita de un general que dirija y coordine las operaciones en el campo de batalla, si no la derrota estará cantada. Y si, como vemos, los líderes que basaban su poder en la fuerza y en la intimidación física provocaban desunión y solo podían dominar a pequeños grupos, la Selección Artificial debió de procurar el declive de este tipo de gobierno, seleccionando a aquellos grupos con unos líderes que unieran e integraran a sus súbditos y que extendieran su poder más allá del contacto físico, hacia unos grupos cada vez más numerosos.

Efectivamente, hoy vemos que este tipo de gobierno por la fuerza, entre las sociedades cazadoras recolectoras, ha desaparecido prácticamente por completo, sustituyéndose por otro que se basa en lo mágico, o en la herencia, o en la reputación ... ya que son dones o valores más sutiles, y asignados en exclusiva a un solo individuo, el líder, o grupo de individuos, la elite de poder, que poseían un poder mágico o divino, más difuso, de difícil usurpación por parte de otros, y cuya influencia trascendía lo físico y se extendía más allá. Solo los grupos que asumían como verdaderos estos dones mágico-religiosos podían crecer en número, y por lo tanto, alcanzar con más probabilidad la victoria en una contienda. Como un líder mágico puede abarcar su dominio sobre un mayor número de individuos, los grupos incrédulos, rebeldes, que no acataban la autoridad de un líder moral ó mágico eran sistemáticamente aniquilados, por el simple hecho de tener menos integrantes y de no acatar las órdenes en el campo de batalla.

Entre el macho dominante y el líder mágico, pudieron imperar otras formas de gobierno, dependiendo del número de individuos sobre los que debían de ejercer su dominio, pero en todo caso, el cambio evolutivo necesario para convertir al ser humano en más gregario fue pasar de sentirse dominado por miedo al castigo físico a temer el castigo divino, o del poder de la fuerza a la autoridad moral.

La psicología evolucionista lleva varias décadas intentando encontrar el eslabón perdido entre el animal social y el animal moral, y uno de los más celebrados intentos es el de Michael Shermer [45], autor de The science of good and evil (La ciencia del bien y del mal)

Sostiene Shermer que los «sentimientos premorales» de los primates y de los homínidos evolucionaron paulatinamente hacia el «sentido moral», cuando el Homo Sapiens vivía aún desperdigado en pequeños grupos.

La noción de la tribu fue en su opinión el gran avance. Los hombres necesitan de pronto un faro que les ilumine: unas normas de convivencia que les refuerce su sentido de pertenencia al clan.

"Es entonces cuando esos pensamientos morales se codifican por primera vez en la forma de preceptos, ceremonias o ritos", afirma Shermen. "Antes de que surgieran las leyes, antes de que se crearan las instituciones, la religión toma cuerpo como la primera forma de canonizar los principios de comportamiento de los hombres."

Pero la religión, advierte Shermer, se convierte también en herramienta de poder en la transición entre la tribu y la civilización:

"Los hombres se mueven por jerarquías, como los primates. Los hombres necesitamos reglas, y una estructura social que las refuerce. La religión facilita esa estructura, y Dios es el que refuerza (...) La religión organizada alcanza la mayoría de edad hace unos 5.500 años y sirve para cubrir muchas funciones, como la justificación del poder por la elite"

Es decir, el fenómeno religioso no solo cumple la función de la legitimación del poder, sustituyendo el miedo al castigo físico del macho dominante por el temor al castigo mágico o religioso, el horror a las llamas eternas del infierno después de la muerte, sino que también es una fuerza de vertebración interna del grupo mediante la imposición de unas normas de conducta, por la separación entre lo que está bien y lo que está mal. Los individuos interiorizan unos preceptos éticos, un código moral, con el que se compenetran y convierten al grupo en más unido, disciplinado y valiente, en definitiva, más fuertes y motivados, en cualquier CTA.

Si consideramos el control social como el conjunto de prácticas, actitudes y valores destinados a mantener el orden establecido en las sociedades, para el fortalecimiento y supervivencia del grupo, la religión debió de ser el medio de control social primigenio, que surgió mucho antes que cualquier otro medio de control, antes que las normas sociales, que las instituciones, que las jerarquías, que los medios de represión, que la indoctrinación (los medios de comunicación y la propaganda), y mucho antes que las leyes.

Algunos paleontólogos estiman que el Homo erectus controló el fuego hace un millón de años, pero no hay pruebas que permitan descifrar cuándo saltó la chispa de Dios. ¿Cómo surge el sentido religioso? ¿En qué momento se produce el «salto moral»? ¿Tienen los animales la noción del bien y del mal que se supone tenemos los hombres?

Podemos intuir que en la Naturaleza no existen ni el Bien ni el Mal, son conceptos abstractos y artificiales. En el reino animal sólo existen éxitos o fracasos en las acciones que se realizan tendentes a la supervivencia y/o a la procreación. Los animales y las plantas no se comportan bien o mal, si no que actúan para sobrevivir y perpetuar sus genes, teniendo éxitos o fracasos con estos objetivos. Los animales depredan o se aparean, no asesinan o fornican. Por tanto, es otra de las divergencias evolutivas más significativas que caracterizan a la humanidad.

Según Shermer, "los hombres han creado la moralidad y la ética, pero no hemos sido exactamente nosotros, han sido nuestros ancestros del Paleolítico y todos los que vinieron después. Nosotros no hemos hecho más que heredar ese sentido moral y adaptarlo a nuestras circunstancias históricas."

La religión como control social

Hace más de 100 años, Durkheim y gran parte de los antropólogos después de él, establecerán que la única perspectiva válida de análisis del fenómeno de la religión es el enfoque sociológico, pues categorizarán la religión, ante todo, como un fenómeno eminentemente social. Con Durkheim la religión no es ya una quimera producida por la imaginación del hombre primitivo, sino que, por el contrario, se trata de un fenómeno "real"; y si es "real" no es por otra razón que porque es "vivida" en sociedad, donde, siendo un engendro de la práctica social, los dioses sobre los cuales los hombres edifican sus cultos no serán más que una "representación" ideal de la sociedad misma. Es más, para Durkheim, la sociedad penetraría en los individuos a través de diferentes "representaciones colectivas", que serían al mismo tiempo portadoras de las categorías de conocimiento por las que se percibe la "realidad", y de aquellos fundamentos constitutivos de la personalidad que constriñen impositivamente y convierten al individuo en un "sujeto" moral-social. Por consiguiente, la función básica de la religión no es otra que la de garantizar la integración solidaria perfecta entre los individuos que componen una sociedad, erigiendo sobre los mismos una representación ideal de sí misma como "creadora" de la realidad y como personificación de un "alma-conciencia colectiva", que acoge en su seno a todos aquellos individuos que pertenecen a su "comunidad moral".

Algunos psicólogos intentaron explicar la religión postulando que el hombre tenía un "instinto religioso". Para estos autores la religión es innata, no aprendida y tiene un origen biológico. Le Bon (1903) le llamó "sentimiento religioso"; y algunos como Trotter (1919) lo incluyeron en el "instinto gregario". Mc Dougall (1909) percibió la religión como el desarrollo del instinto de curiosidad, miedo y sujeción, más la suma de tres emociones: admiración, asombro y reverencia.

Aunque hoy el término instinto en un sentido biológico para definir el componente religioso del hombre ha caído en descrédito, sin embargo, puede decirse que no ha desaparecido como clave de interpretación del fenómeno religioso. Cuando ciertos pensadores, como Fromm [46], postulan que el ser humano tiene una implícita "necesidad" de creer, o una "necesidad" de búsqueda del sentido, o la "necesidad" de búsqueda de la verdad última de las cosas, están planteando, de alguna manera, que hay un componente básico no aprendido en el ser humano, que tiene que ver con las preguntas radicales, cuyas respuestas últimas apelan a un dios (un poder, una fuerza, un padre o madre) al cual se está supeditado o del cual se forma parte, como su fundamento.

Otros autores como Dawkins en "El gen Egoísta" [44], recalcan el aspecto cultural al considerar "que memes inconscientes asegurasen su propia supervivencia en virtud de aquellas mismas cualidades de seudocrueldad que despliegan los genes que logran éxito. La idea del fuego infernal es simplemente autoperpetuadora, debido a su profundo impacto psicológico. Se ha unido al meme dios, ya que se refuerzan mutuamente y cooperan a la supervivencia en el acervo de memes".

Si nos empeñamos en discutir si catalogarlo de instinto religioso o de complejo religioso de memes, como lo denomina Dawkins, siempre estaremos enredados en el eterno dilema de discernir entre el aspecto biológico y cultural de cualquier fenómeno humano. La religión está presente en nuestras vidas y en nuestra evolución, y si es así, es porque fuertes presiones selectivas lo han perpetuado como una adaptación positiva, adquirida y/o heredada, como no ha sucedido en la filogénesis o en la cultura de ninguna otra especie, puesto que en ningún otro ser vivo existe o ha existido un fenómeno parecido.

En un artículo publicado en la revista Science en 2008 [101] por los psicólogos sociales Ara Norenzayan y Azim Shariff de la University of British Columbia, en Vancouver, Canadá, se trataba de refutar empíricamente los diferentes estereotipos que sobre las religiones existen, con estudios, en las últimas tres décadas, en campos tan diversos como la antropología, la sociología, la psicología y la economía. Los científicos buscaban saber si la idea tradicionalmente mantenida de que la religión anima a la cooperación y, por tanto, puede ser un factor que posibilita la formación de sociedades estables y duraderas, tenía realmente una base empírica que la demostrase. Desde la perspectiva de la antropología, los datos empíricos estudiados sugirieron que hay mayor cooperación en las sociedades religiosas que en las no-religiosas, especialmente cuando la supervivencia del grupo está en peligro. Los experimentos económicos indicaron que la religiosidad incrementa los niveles de confianza entre los individuos, mientras que los experimentos psicológicos demostraron que la creencia en un Dios omnisciente, moralmente preocupado, reduce los niveles de engaños y de comportamientos egoístas. Por tanto, tal y como señala Shariff, no se podría negar que "este tipo de comportamientos virtuosos motivados por la religiosidad han jugado un papel social esencial a lo largo de la historia". En el pasado, las diversas religiones han ayudado a hacer las sociedades más cooperativas.

Y si las funciones principales o las consecuencias finales de la existencia del fenómeno religioso han sido la legitimación del poder y la vertebración y unidad de grupos cada vez más populosos, podemos imaginar una presión selectiva que ha hecho emerger este singular fenómeno, la CTA o la guerra. Los individuos que poseían los genes egoístas y/o los memes que perpetuaban la religiosidad como forma de vida integrada en una cultura propia, eran los grupos más gregarios, unidos y disciplinados en todas las batallas, y por tanto, son los que más tarde o más temprano terminaban por aniquilar a aquellos otros que no creían en lo divino o lo mágico.

6. Tribalismo y altruismo

El altruismo humano

En todos los seres vivos encontramos comportamientos muy distintos, todo tipo de estrategias de cooperación, egoísmo o altruismo.

Las definiciones que vamos a utilizar son las siguientes: un comportamiento altruista será aquel que contribuya al bienestar ajeno a expensas del propio; uno egoísta sería exactamente lo contrario; y cooperación serán las diferentes formas de acuerdo que se encuentran oscilando en el límite entre altruismo y egoísmo. Entendiendo estos conceptos como pre-programados genéticamente, independiente de cualquier sentido moral o ético.

No son muchos casos, pero la Naturaleza nos enseña que este tipo de altruismo puede funcionar. Por ejemplo, los pequeños peces limpiadores en los ecosistemas de arrecifes coralinos se introducen en las fauces de otros depredadores para despojarles de sus ectoparásitos, y salen indemnes. Incluso algunos grandes peces son capaces de hacer cola para recibir su higiene, porque saben que no será engañado por su pez limpiador. Algunos murciélagos regurgitan sangre para ofrecerla a otro que se encuentra en peligro de muerte por inanición. Y los murciélagos que no actúan recíprocamente cuando tienen ocasión, son condenados al ostracismo.

Por el contrario, casi todas las relaciones humanas dentro del grupo están teñidas de este altruismo recíproco. De nuevo, lo que es raro y extremo en la Naturaleza, que surge por selección natural, en el caso humano es lo más usual.

Los resultados de un estudio [100] realizado por Martin Reuter y otros científicos de la Universidad de Bonn, en Alemania, sugieren que el deseo de hacer cosas buenas por los demás podría tener una causa genética. Hicieron participar voluntariamente a 100 universitarios en un juego en el que debían donar o no parte de lo ganado en unas pruebas, y constataron que aquellos participantes con la variante genética COMT-Val donaron el doble de dinero como media que los estudiantes que presentaban la variante genética COMT-Met.

Es el caso de una investigación realizada con 409 parejas de gemelos en la que se pudo establecer una relación entre los comportamientos prosociales y la genética o el de otras investigaciones realizadas en 2007 y 2008, que demostraron que el comportamiento de reciprocidad también está condicionado por el ADN.

En 2007, otro estudio realizado por científicos hebreos volvió a constatar que la generosidad es un comportamiento de origen genético, al comprobar que existe una relación entre una variación del ADN (concretamente, del gen AVPR1a) y la generosidad humana.

Tampoco podemos olvidar factores ambientales que fomentan los comportamientos altruistas. Así, los canadienses Norenzayan y Shariff [101] descubrieron que, aunque las encuestas sociológicas revelan una relación entre la religiosidad y la prosocialidad, los experimentos que han medido la religiosidad y el comportamiento prosocial real sugieren que esta relación emerge principalmente en contextos donde la preocupación por la reputación personal es elevada, o cuando realmente se cree en la existencia de Dios y en la capacidad de éste de "controlar" lo que hacemos.

Investigaciones ontogénicas muestran que el altruismo aparece en el ser humano, al igual que en el chimpancé, al cumplir los 18 meses, lo que sugiere que pudo haber evolucionado de un ancestro común de los chimpancés y los seres humanos. Sin embargo, nos atrevemos a asegurar que el nivel de cooperación y solidaridad entre los seres humanos es el más alto de entre todas las especies existentes en la Naturaleza, por lo menos en el ámbito de individuos no emparentados, porque los clanes más unidos eran los más fuertes en las contiendas y batallas, derrotando a los más desunidos, que se fueron extinguiendo. Tanto es así que desde la aparición de los primeros homínidos pasamos de luchar por las hembras (primates con dimorfismo sexual en cuanto a masa corporal y longitud de caninos) a la cooperación entre los hombres en la defensa, y pasamos de buscar el alimento individualmente (como casi todos los animales herbívoros y frugívoros) a cazar en grupo, llegando incluso a un alto grado de vertebración con la división del trabajo entre los que defendían al grupo de los ataques externos –los varones– y las que se dedicaban a la crianza –las mujeres–.

Estadísticamente es difícil demostrar que somos más altruistas y solidarios que cualquier otra especie, ya que se pueden enumerar infinidad de actos tanto altruistas como egoístas entre los humanos, aunque quizás éstos últimos llamen más la atención porque muchas veces, el ruido de un árbol al caer no nos deja oír como crece el bosque.

Si no consideramos los actos de guerra, porque éstos se enmarcarían en la categoría de acciones defensivas de grupo, ni los actos violentos cometidos por individuos que sufren de algún tipo de patología, o simplemente están movidos por situaciones límites de estrés, podemos decir, con casi total seguridad, que los actos de altruismo que han caracterizado el comportamiento humano a lo largo de la historia, han sido mucho más numerosos que los egoístas, agresivos y violentos, y que los expresados en cualquier otra especie.

Un ejemplo ilustrativo de ello podría ser el de la conocida primatóloga Jane Goodall, que se quedó horrorizada cuando las chimpancés Passion y Pom, madre e hija, atacaron a otra hembra con su cría de tres semanas, para arrebatársela, darle un mordisco mortal en el cráneo, y posteriormente practicar canibalismo. El comportamiento de las dos hembras asesinas de la selva de Gombé, en Tanzania, se repitió cuatro veces más en los años 1970s, hasta que Goodall decidió intervenir gritando y lanzando piedras para evitarlo.

Durante las agresiones, varios machos trataron individualmente de impedirlas, aunque sin mucho ímpetu, por lo que los infanticidios se consumaron. No hay ninguna hipótesis definitiva sobre lo ocurrido, quizás la competitividad sexual entre hembras, pero se ha demostrado que es un hecho a incluir entre las costumbres de estos grandes simios.

Para nuestro estudio nos detendremos en el análisis del comportamiento de los actores:

1º) La primatóloga Jane Goodall, dama del Imperio Británico, Embajadora por la Paz de Naciones Unidas y Premio Príncipe de Asturias de Ciencia del año 2003, insigne investigadora, que tuvo que desoír su código deontológico de no intervencionismo, con total comprensión por cierto, para defender a unos seres con los que no les une ningún vinculo de parentesco.

2º) El lector, que se ha quedado horrorizado imaginando semejante escena. Y ¿qué hubiera ocurrido si esa misma acción de asesinato y canibalismo se da públicamente entre nuestros congéneres, en la cola del metro o del autobús? Sin duda, la gran mayoría de nosotros lo hubiéramos tratado de evitar muy activamente y hubiese sido portada de todos los medios de comunicación del mundo, por lo escandaloso y poco usual, y las asesinas se hubiesen llevado un justo castigo.

3º) El grupo de chimpancés, que tolera semejante comportamiento. Solo un par de machos intervienen sin éxito por el poco ímpetu expuesto.

Y los chimpancés están catalogados como uno de los animales sociales más cooperantes de la Naturaleza, pero, como vemos, nuestra especie le supera con creces en estas virtudes.

Teoría genética y teoría multinivel

Richard Dawkins [44] ofrece una de las más interesantes aportaciones al tema de la cooperación y la competencia entre individuos. En su libro "El gen egoísta" aparecen tres personajes principales:

El gen egoísta.

El "envoltorio" del gen egoísta: ser vivo (animal, planta) y,

Los memes (culturas, ideas, lenguas,...)

El término gen se refiriere a la unidad mínima que se recombina y hereda, a la unidad mínima que se muta, o a la unidad mínima que cumple una función en el desarrollo de un nuevo ser vivo, pero con la importante peculiaridad de estar formado por el propio gen y todas las réplicas de sí mismo o de esa porción de ADN que están distribuidas por el mundo. Un gen egoísta de los que habla Dawkins no sólo está simultáneamente en todas las células de nuestro cuerpo, sino que está simultáneamente en varios o muchos individuos.

Dawkins llama a los genes egoístas porque para ellos es inevitable intentar reproducirse a costa de cualquier otra cosa que encuentren a su paso, pero no a costa de otro segmento de ADN idéntico, ya que ambos son el mismo gen. Según esta visión somos máquinas de supervivencia construidas por nuestros genes para su propia perpetuación. Por ejemplo, dos seres de la misma especie portan gran cantidad de genes iguales. Los genes programan sus máquinas de supervivencia de forma que se asegure la supervivencia de los genes, no de las máquinas. Para un gen es indiferente estar en una máquina u otra, es más, no tiene sentido plantear la pregunta, ya que el gen egoísta está en ambas simultáneamente. Por tanto, las máquinas tienen la tendencia a ayudar tanto más a otra máquina cuantos más genes iguales tengan. Es de esperar que la tendencia a ayudarse entre parientes sea más fuerte que entre individuos sin vínculos familiares. Entre dos hermanos la cantidad de genes iguales es mucho más alta. Sin embargo, los hermanos compiten por el alimento que ofrece la madre, y compiten precisamente porque cada individuo posee un mayor número de genes iguales a los de sí mismo (el 100%, evidentemente) que los que se encuentran en su hermano.

Sostiene que lo que habitualmente se entiende por altruismo es un altruismo individual aparente y, por lo mismo, la conducta contraria sería un egoísmo individual aparente. Así, su tesis fuerte consiste en que existe una ley fundamental denominada egoísmo de los genes que explica tanto el altruismo como el egoísmo individual desde el punto de vista genético. En definitiva, Dawkins sostiene que la interpretación ortodoxa de la Selección Natural darwiniana es aquella que la concibe como selección de genes (egoísmo del gen), y no como selección de grupos (altruismo entre individuos).

Dawkins dice: "Incluso en el grupo de altruistas, habrá casi con toda seguridad una minoría disidente que se niegan a hacer cualquier sacrificio. Si hay sólo un rebelde egoísta, preparado para explotar el altruismo de los demás, entonces, por definición, es más probable que ellos puedan sobrevivir y tener más hijos. Cada uno de estos hijos tenderá a heredar sus rasgos egoístas. Después de varias generaciones de esta selección natural, el "grupo altruista" será superado por individuos egoístas".

La respuesta del seleccionismo génico al problema del altruismo fue dada por William Hamilton en su concepto de eficacia biológica inclusiva –inclusive fitness–. Williams y Dawkins recogen esta noción al proponer que la eficacia biológica de un individuo no sólo debe medirse en términos de éxito reproductivo personal, sino también en el beneficio que pueda obtener de la reproducción de un tercero con el que comparta cierto porcentaje de su genotipo, a mayor porcentaje de genes que compartan los organismos, mayor facilidad hay de que evolucione un comportamiento altruista.

Otros autores –como Sober, Wilson, Vrba, Gould– por el contrario, defienden la emergencia del altruismo como adaptación a la selección natural de grupos, como parte de la selección multinivel. Defienden que la selección natural puede actuar, no solo a nivel de organismos, sino también a nivel de grupos. Para estos, los rasgos diferenciales expuestos por sus integrantes son los que hacen que un grupo sea más o menos apto. Un grupo cuyos individuos estén dispuestos o programados para sacrificarse por los demás miembros, –integrantes más altruistas– es un grupo con una mayor expectativa de supervivencia, de tal modo que sería favorecido por la selección natural.

Sin entrar en estas discusiones que se remontan a la segunda mitad del siglo pasado, nos centraremos en los puntos comunes generalmente aceptados por todos los científicos.

Se distingue por un lado entre replicador, que sería el gen, el gen egoísta, como la entidad cuya naturaleza le permite hacer copias de sí misma, y por otro lado está el interactor, que sería la entidad protagonista del segundo proceso constitutivo de la selección natural, la que participa en los procesos, tensiones y relaciones constitutivas de la lucha por la existencia darwiniana, en la competencia por la supervivencia y la procreación, y que sería equivalente a lo que Dawkins llama máquina de supervivencia.

Con ello el debate se centra en averiguar y establecer en qué niveles de la jerarquía biológica actúa la selección natural, es decir, si los interactores compiten a nivel de genes, de células, de organismos o de grupos, o, incluso, en todos ellos simultáneamente. La discusión de las distintas posiciones evidenció que unos y otros argumentaban a favor de uno u otro nivel biológico, defendiendo cada cual el propio como "el nivel importante", o el "nivel real", menospreciando los otros niveles al calificarlos de "meros epifenómenos", reducibles a otros niveles. La unanimidad surgió al proponer al gen como la unidad de selección por excelencia, como el replicador universal que transfiere la información a todas sus copias. Entre el replicador, que como hemos dicho, es el gen, y el interactor, que es el individuo, –célula, organismo, grupo, etc– pueden existir uno, varios o ningún nivel en la jerarquía biológica, según una u otra teoría.

Todo se reduce al problema ontológico de establecer una jerarquía biológica susceptible de selección natural a distintos niveles, pero que según Hull [95], debe de ser distinta de la jerarquía utilizada tradicionalmente, porque ésta tiene una génesis particular: nuestra percepción del mundo, percepción relativa a nuestro tiempo de duración, nuestro tamaño, etc. Para que algo pueda ser seleccionado por la selección natural, ese algo tiene que ser individualizable y diferente a los demás, debe ser un individuo, que no tiene que coincidir con el concepto de organismo. Un individuo en la jerarquía biológica puede ser un gen, un grupo definido, un organismo, incluso una especie. Para Hull, un individuo es cualquier entidad que se desarrolla continuamente a través de un tiempo concreto, con una cohesión interna en todo momento, y razonablemente discreta en el espacio y el tiempo (único en el espacio y en el tiempo).

Para Richard Lewontin [97], si se dan los siguientes tres principios en un nivel de la jerarquía biológica, se puede afirmar que a dicho nivel opera la selección:

Cada individuo en cada nivel tiene diferente morfología, psicología y comportamiento (fenotipo diferencial).

Fenotipos diferentes dan lugar a tasas diferentes de supervivencia y procreación (aptitud diferencial).

Esta aptitud es heredable de padres a hijos.

La jerarquía biológica sería de tipo inclusivo, es decir, de arriba hacia abajo los niveles biológicos contienen a otros: una población tiene un número determinado de organismos, un organismo por su parte contiene un número determinado de órganos, cada uno de estos órganos contiene tejidos, los tejidos a las células, las células a los organelos y así hacia abajo. Por ello, la jerarquía biológica es un producto de la evolución, ya que los niveles superiores son el resultado de la agregación de los niveles inferiores, por selección natural.

Salthe [96], por su parte, ha señalado algunas características propias de este tipo de jerarquías, de las que nos interesan tres:

Las variaciones producidas en los niveles inferiores son susceptibles de amplificación: una parte (nivel inferior) puede llegar a afectar al todo (nivel superior).

Los niveles superiores restringen el comportamiento, la proliferación y los grados de libertad de los niveles inferiores.

Cada nivel tiene características únicas, aunque entre niveles diferentes se dan analogías entre procesos. De abajo hacia arriba un proceso de aleatorización y de arriba hacia abajo de determinación.

El tigre egoísta y las hormigas altruistas

Por definición, para que existan distintos niveles de selección, se deben de ejercer presiones selectivas de forma simultánea o sucesiva a distintos niveles de la jerarquía biológica. Deben de existir presiones que extingan los grupos menos aptos para la supervivencia y la procreación, y presiones que seleccionen a los integrantes más aptos de cada grupo. Y éstas presiones multiniveles pueden ser compensables entre si, porque lo que es favorable para el grupo, puede no serlo para el organismo de nivel inferior. Así ocurre con el altruismo: a nivel de organismo tiende a extinguirse, al contrario que a nivel de grupo, porque, por definición, favorece al grupo en detrimento del propio organismo.

Pero la existencia de presión selectiva, aún siendo necesaria, no es condición suficiente para que en un grupo emerja el altruismo como adaptación positiva. La presión selectiva que lo hace ser mayoritario entre sus miembros debe de ser más intensa a nivel de grupos que la presión amplificada que se ejerce sobre sus integrantes a un nivel inferior, y que evolutivamente los convierte en más egoístas.

Por extensión, para que la selección natural funcione a un nivel superior en la jerarquía biológica, la presión selectiva que se ejerce sobre los individuos de ese nivel superior debe de ser mayor que la presión que se ejerce a niveles inferiores. Hay que encontrar un fenómeno selectivo que tienda a extinguir a los grupos más egoístas, pero teniendo en cuenta que la probabilidad de ocurrencia de esa extinción sea mayor que la probabilidad de que un organismo perteneciente a dicho grupo muera o tenga menos eficacia reproductiva, por el simple hecho de ser más altruista que los demás.

Un ejemplo de ello, entre otros muchos, podría ser el de las hormigas que cruzan arroyos formando puentes con sus cuerpos para que pasen las que se dirigen a cortar hojas, y luego mueren ahogadas: la presión selectiva entre hormigueros es mayor que la que existe entre las propias hormigas, porque los hormigueros que no han podido abastecerse de mayor cantidad de hojas en el menor tiempo posible, han sucumbido, todas las hormigas que lo integraban han muerto, y esta extinción del grupo ocurre normalmente con una probabilidad mayor que la muerte de unas pocas hormigas por ayudar a cruzar a sus más numerosas compañeras de hormiguero.

Parecido razonamiento serviría para la otra teoría selectiva, la que postula la selección natural a nivel de genes. William Hamilton introdujo la siguiente fórmula para recalcular la eficacia biológica:

$$Fx = Rx + \delta Ry \cdot Gxy$$

Donde la eficacia biológica inclusiva de un altruista (Fx), es igual a la eficacia biológica propia (Rx), sumado al producto del efecto de su altruismo sobre la reproducción del individuo beneficiario (δRy) multiplicado por el porcentaje de genes variables que poseen ambos en común, beneficiario y altruista (Gxy).

Con ello se puede salvar la paradoja del altruismo en la selección darwiniana, ya que aquellos individuos que tienen una eficacia biológica inclusiva mayor, pueden ser favorecidos por la selección natural. Un individuo con mayor altruismo ("$\delta Ry \cdot Gxy$" más alto) puede ser seleccionado naturalmente sobre otro aunque su egoísmo sea menor ("Rx" más bajo) porque con la ayuda que presta a sus compañeros de grupo los genes egoístas comunes salen favorecidos.

Pero, como veremos, esto no sucede en todos los casos, porque todo depende de la esperanza matemática de vida o valor esperado de cada individuo, en términos de eficacia biológica, y ésta depende, a su vez, de la intensidad de la presión selectiva que exista en cada nivel de la jerarquía biológica. Un individuo que posea la misma eficacia biológica inclusiva que otro (Fx = Fz), pero distinta de la propia (Rx ≠ Rz), puede ser seleccionado o no, dependiendo del nivel jerárquico en el que se ejerza mayor presión selectiva.

La selección natural funciona como un cedazo que separa los individuos más aptos de los demás. Si existen varios niveles de selección, en aquel en el que la red es más tupida, es donde la selección es más rigurosa y donde los elementos más sutiles serán seleccionados.

Pensemos en un grupo en el que apenas exista competencia contra otros grupos, porque el nicho ecológico es lo suficientemente extenso como para que todos puedan tener un lugar en él, o que los grupos no estén individualizados. En este nicho ecológico apenas existirá presión selectiva a nivel de grupos, pero sin embargo, puede tener una gran presión a nivel de organismos, porque dentro del propio grupo, la competencia por la supervivencia y por tener más descendencia puede ser relativamente más importante. Al existir más constricción por causa de la competencia a nivel de organismos, se seleccionaran conductas egoístas que aumenten la eficacia biológica propia del organismo. Por ejemplo, el solitario y territorial tigre salvaje (Panthera tigris), al no tener competencia con otros predadores, desarrolla adaptaciones que lo hacen evolucionar al dimorfismo sexual en tamaño corporal para competir contra otros machos de su especie. Entre estos grandes felinos no podrá prosperar una mutación altruista, como, por ejemplo, dar la vida por un grupo en el que no está integrado o ceder en la copula ante la competencia de un tigre físicamente inferior, porque ello, obviamente, supone menos eficacia biológica y menos posibilidades de transferir esos genes altruistas a las siguientes generaciones.

Por el contrario, si la posibilidad de no superar la presión selectiva de un organismo es más alta a nivel de grupos, la supervivencia del organismo dependerá, en mayor medida, de la del grupo, y solo pasaran el corte de la selección natural los grupos más aptos biológicamente y los organismos más altruistas, con una eficacia biológica inclusiva mayor, como sucede con las hormigas cortadoras de hojas.

La fórmula del juego por la vida

La fórmula de Hamilton representaría el juego por la vida, en el que cada individuo "apuesta" al nacer una proporción de su eficacia biológica inclusiva, o por su nivel (Rx) o por el superior ($\delta Ry \cdot Gxy$), o lo que es igual, por ser más egoísta o por ser más colaborador con su compañeros de grupo. En cualquier juego, los ganadores son los que tienen una esperanza matemática o valor esperado de la inversión mayor. Para hallarla, solo nos queda completar la fórmula con las probabilidades de obtener el retorno de lo invertido en cada una de los niveles. Probabilidades que dependerán, a su vez, de la intensidad en la presión selectiva a cada nivel biológico. El apostante lo es en sentido figurado, porque no elige dónde invertir, es el azar, a través de las mutaciones genéticas, quien programa el genoma para que exprese su nivel de altruismo. Si la apuesta es acertada, la efectividad biológica del individuo se concentrará en el nivel en el que la batalla por la vida es más intensa y es más posible morir o extinguirse. Allí, donde la presión selectiva es mayor, es donde el individuo debe concentrar su eficacia biológica para tener más posibilidades de ganar su partida vital. Si la competencia es mayor a nivel de grupo, se seleccionarán individuos altruistas, si es mayor a nivel de organismos, los egoístas tendrán ventaja.

Para poder medir dicha presión podemos usar varios indicadores, pero tratándose de genes o grupos de genes, quizás el mejor sea la tasa de replicación del gen, que llamaremos (r) y que es la diferencia entre la tasa de natalidad (b) y la de mortalidad (m) de la población que comparte dicho gen, en un intervalo de tiempo determinado.

$$r = b - m$$

Sería la diferencia entre los nacimientos y las defunciones ocurridas en un año, por ejemplo, dentro de una población específica, la que comparte los mismos genes que se pretenden comparar. Si la tasa de replicación es positiva, quiere decir que el gen es expansivo, si no sería recesivo.

Para poder comparar los efectos de las presiones selectivas entre los niveles jerárquicos, separaremos en dos la tasa de natalidad (b), hallando por un lado el número máximo teórico de nacimientos que pueden ocurrir en esa población (b'), y el número de abortos o de nacimientos que no llegan a término por las restricciones que impone el nicho ecológico (b''). Por tanto:

$$r = b' - b'' - m$$

Con ello, tenemos que la tasa de replicación es igual a la máxima tasa teórica de nacimientos que pueden ocurrir (llamado "potencial biótico" de la población específica) menos los constreñimientos que sufre la población por la presión selectiva que impera en el nicho ecológico, representadas por la tasa de nacimientos fallidos (b") y la tasa de mortalidad (m). Esta tasa (K) la podemos llamar la tasa de la presión selectiva que sufre la población que comparte un gen o grupo de genes:

$$K = b" + m$$

Y por tanto:

$$r = b' - K$$

Es obvio que, mientras mayor sea K, mayores son el número de nacimientos no consumados y el número de muertes en una población, es decir, mayor es la presión selectiva.

En aras de nuestro objetivo, podemos también subdividir la tasa de presión selectiva global de la población (K) en otras varias, dependiendo del nivel en que actúa la selección natural:

$$K = Kp + Kp+1$$

Donde Kp y Kp+1 son la cantidad de muertes y constreñimientos imputables a la competencia del individuo en el nivel de la jerarquía biológica "p" y en el inmediato superior "p+1", respectivamente. Si ambos sumandos lo dividimos por K, obtenemos los porcentajes de muertes y constricciones a los nacimientos motivados por la competencia o interacciones del individuo en cada nivel jerárquico:

$$1 = (Kp \, / K) + (Kp+1 \, / K) =$$

$$= kp + kp+1$$

Estos valores, que se suponen estables y únicos para cada población y nicho ecológico, pueden considerarse como indicativos de la intensidad de presión selectiva que existe en cada nivel jerárquico.

Si la formula de Hamilton la convertimos también en proporciones, tendremos:

$$(Rx/Fx)+(\delta Ry \cdot Gxy/Fx) = 1$$

Con ello tendremos la proporción de eficacia biológica que cada individuo dedica a si mismo y a sus compañeros de grupo. También vemos que:

$$(\delta Ry \cdot Gxy/Fx) = 1 - (Rx/Fx)$$

Lo que nos permite completar la fórmula de la eficacia biológica inclusiva ponderada:

$$F'x = kpRx/Fx + (1-kp)[1-(Rx/Fx)]$$

La aportación del individuo, en eficacia biológica, a su propio nivel jerárquico –primer sumando– y a su propio grupo –segundo sumando–, ambos multiplicados por los respectivos porcentajes de presión selectiva en cada nivel, es la tasa que más aproxima a la que verdaderamente usa la Selección Natural para favorecer o no a cada individuo.

Como vimos, se puede dar el caso que un organismo con mayor eficacia biológica inclusiva que otro, se vea relegado por la selección natural, porque contribuya menos al nivel que su nicho ecológico exige. Mientras que esto no ocurre con la ponderada, porque con ella se considera la presión selectiva en cada nivel y el grado de integración del grupo. El valor $(F'x)$ representa la esperanza o valor esperado, medido en términos de eficacia biológica proporcional, de cada individuo en una población y en un nicho ecológico específico, con unos porcentajes de presión selectivas determinadas a cada nivel de la jerarquía. El que tenga un valor esperado mayor de eficacia biológica inclusiva será elegido por la selección natural.

Siguiendo con nuestro ejemplo, las hormigas altruistas que se ahogan en el arroyo, pueden tener una eficacia biológica propia muy baja, pero la inclusiva ponderada debe sobrepasar a la de otras hormigas más egoístas. En términos estadísticos, la esperanza matemática de que los genes egoístas de las hormigas altruistas pasen a la siguiente generación es mayor que esta probabilidad en las egoístas. Y ello es así porque la presión selectiva a nivel de hormigueros supera a la propia de las hormigas. Las posibles muertes por falta de abastecimiento del hormiguero deben de superar al número de hormigas ahogadas. Los genes egoístas comunes tienen más esperanza de sobrevivir si unas pocas hormigas mueren ahogadas, que si el hormiguero y todas sus hormigas mueren por no poder cortar las hojas que están en la otra orilla. Es una cuestión de estadísticas y probabilidades de supervivencia.

La silla de montar

La función F'x es un paraboloide hiperbólico, gráficamente muy peculiar, porque representa una superficie tridimensional parecida a una silla de montar o a una patata chips tipo "Pringles", y que se caracteriza porque posee un punto de silla, que es el punto máximo de los mínimos o el mínimo de los máximos, y por ser una superficie doblemente reglada por lo que se puede construir a partir de rectas. En las figuras de abajo la representamos desde dos ángulos visuales. El punto "A" es el punto de silla o "minimax", y coincide con kp = 1/2, y Rx/Fx = 1/2 , ya que todos los valores de Kp y de Rx/Fx son proporciones que están comprendidos entre 0 y 1.

La presión selectiva (kp) viene impuesta por el nicho ecológico. Para kp = 1/2 , la función F'x nos muestra la recta "A", que representa cuando en el nicho ecológico existe la misma presión selectiva a nivel de organismo que de grupo, pudiendo ser que esta coincidencia sea precisamente por falta de presión selectiva en ambos niveles. En este único caso, se seleccionará cualquier valor de Rx/Fx, es decir, cualquier nivel de egoísmo o de altruismo porque, por representar la recta mínima de las máximas, cualquier valor de Rx/Fx obtiene el mismo valor o superior de F'x.

Si kp > 1/2, como la recta "B", representa que existe en el nicho más presión selectiva a nivel de organismo que de grupo. Solo se seleccionarán los valores de Rx/Fx > 1/2, por encima del punto de silla, ya que son los que expresan mayor F'x (proporción de eficacia biológica) y que expresan a su vez, mayor egoísmo de los individuos y menor altruismo.

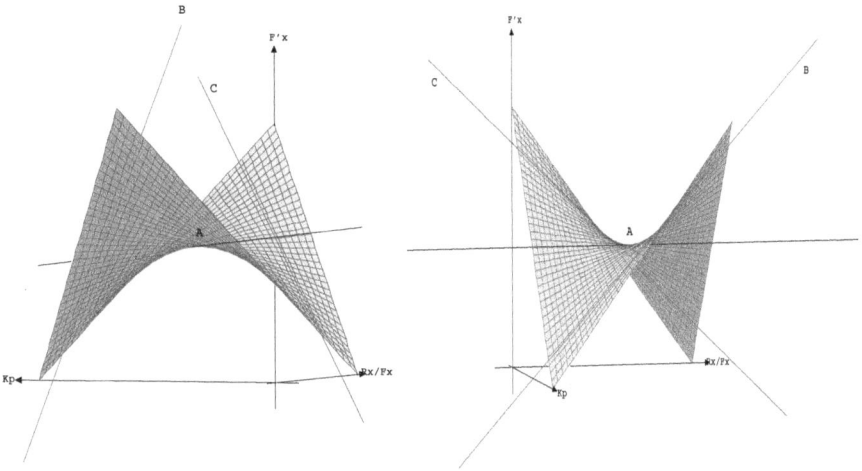

Por último, para kp < 1/2, como la recta "C", representa que existe más presión selectiva a nivel de grupos que de organismos. Aquí se seleccionarán los valores de Rx/Fx por debajo del punto de silla (Rx/Fx < 1/2 en este caso), por que tienen mayor F'x (proporción de eficacia biológica) y expresan, a su vez, mayor cooperación con los compañeros de grupo y menos egoísmo. Es decir, solo en el caso en que la probabilidad de muerte a causa de una extinción del grupo sea mayor que esta misma probabilidad a nivel del organismo, es cuando se potencia más la eficacia biológica ponderada del individuo altruista y se verá favorecido por la selección natural.

Pero la función F'x sigue estando incompleta, ya que, si existe un efecto positivo del altruismo del individuo sobre la reproducción de otro beneficiario dentro del grupo, es posible que el resto de compañeros del grupo aumenten a su vez la eficacia biológica propia del individuo. Es el efecto apalancamiento, que se produce por la colaboración altruista del resto de los integrantes del grupo en la eficacia biológica propia. Fenómeno parecido al que, en economía, se denomina apalancamiento financiero, que se deriva de utilizar endeudamiento para financiar una inversión. Esta deuda genera un coste financiero (intereses), pero si la inversión genera, a su vez, un ingreso mayor a los intereses a pagar, el excedente pasa a aumentar el beneficio de la empresa. La función F'x, explicitando este apalancamiento biológico quedaría:

$$F'x = kp \cdot (Rx/Fx + \Delta Rx \cdot Gxy) + (1-kp)[1-(Rx/Fx)]$$

Donde ($\Delta Rx \cdot Gxy$) representa la eficacia biológica añadida a la propia que se recibe por la colaboración altruista del resto de compañeros del grupo que comparten genes. Con ello la eficacia biológica inclusiva aumenta en

$$kp \cdot (\Delta Rx \cdot Gxy)$$

El punto de silla, para kp, no varia, sigue siendo 1/2, el que aumenta es la coordenada del punto de silla para Rx/Fx, que , derivando F'x, pasa a ser:

$$Rx/Fx = 1/2 - (\Delta Rx \cdot Gxy/2)$$

Las conclusiones son:

Como la más importante, repetimos, que para que exista selección a nivel de grupo, la presión selectiva del nivel superior debe de ser mayor que la que existe a nivel inferior (kp < 0'5).

Si existe un alto grado de cooperación endogrupal ($\Delta Rx \cdot Gxy$ alto), los individuos que pasen el corte de la selección natural pueden ser menos egoístas, porque esa cooperación grupal compensa la eficacia biológica ponderada que se pierde al bajar Rx/Fx (en la cantidad de $\Delta Rx \cdot Gxy/2$).

La eficacia biológica inclusiva ponderada (F'x) aumenta en la misma proporción que aumenta la cooperación dentro del grupo y la tasa de presión selectiva a nivel de individuo (kp $\cdot \Delta Rx \cdot Gxy$)

Con todo ello vemos que, cuando la presión selectiva de grupo supera a la del nivel inferior, se inicia un proceso evolutivo progresivo en el que cada vez los individuos que se seleccionan naturalmente son más cooperadores con el grupo, son menos egoístas.

En interés de mantener la simplicidad del algoritmo planteado no se ha recogido la relación proporcional que debe de existir entre la aportación altruista que el individuo aporta al grupo (δRy ·Gxy/Fx), la que recibe de él (ΔRx ·Gxy) y la tasa de presión selectiva (kp).

Hemos visto que si un cambio en el nicho ecológico hace que kp sea menor de 1/2, se seleccionarán los individuos más altruistas. Al haber cada vez más altruistas en el grupo, la aportación del grupo hacia cada individuo aumenta a su vez (ΔRx ·Gxy se hace mayor), lo que posibilita poder bajar el egoísmo individual (baja RxFx) para lograr alcanzar un nivel de eficacia biológica (F'x) mayor, que sobrepase el punto de silla. Pero, a su vez, la concurrencia y la competencia de los interactores al nivel más alto de la jerarquía biológica aumentara en el mismo sentido que la constricción a nivel superior (kp bajará). Es un proceso que se retroalimenta a si mismo, por el que la presión selectiva entre grupos aumentará en la misma proporción que aumenta su indicador (kp+1), hasta que llegue el momento en que la presión selectiva a nivel inferior no exista, (kp = 0), momento en que la individualización de los grupos será perfecta, y ya no quepa hablar de individuos o interactores a nivel inferior de la jerarquía.

Por el contrario, si (kp+1) es cero o se acerca a cero, los individuos más altruistas se verán relegados por la selección natural, y esto aunque la aportación a los compañeros beneficiarios sea tan grande que su eficacia biológica inclusiva sea mayor que la de cualquier otro individuo más egoísta.

Si la aparición de mutaciones genéticas y su posterior proliferación como alelos mayoritarios entre los miembros de una especie, como adaptación positiva, es un fenómeno raro que necesita de mucho tiempo, más raro y más tiempo necesita aún la especiación, como proceso que acumula estas adaptaciones positivas para la formación de nuevas especies. Pero mucho más extraño es este otro fenómeno que aquí describimos, por el que individuos de un nivel inferior se unen en un nivel superior de la jerarquía biológica para crear un nuevo ente más evolucionado, más complejo, por el que organelos se unen para crear células, y éstas se unen para formar tejidos, y éstos órganos, y éstos organismos, y éstos grupos.

Es el fenómeno que se conoce como herencia horizontal o endosimbiosis, y que se da incluso entre individuos que no tienen parentesco genealógico, que viven simbióticamente unidos, y donde la mutualidad es la base de ciertos procesos biológicos, pudiendo llegar, incluso, a regulaciones genéticas comunes. Por ejemplo, todos los mamíferos somos metagenómicos puesto que incorporamos, además de nuestra propia dotación genética, la de miles de microbios y bacterias asociadas, como la flora intestinal, con quienes co-evolucionamos, que nos ayudan en ocasiones a la absorción de nutrientes, o son imprescindibles para la síntesis de determinados compuestos, como la Vitamina K. También tienen efectos colaterales, como la producción de gases, responsables del olor característico de las heces.

Parece que a partir de la unión simbiótica y el intercambio genético entre bacterias (probablemente con capacidades fotosintéticas) y arqueobacterias –primeros organismos vivientes con una antigüedad de, aproximadamente, 3.800 Ma según el registro fósil– se habrían producido células con núcleo, en donde se halla encapsulada la información genética, el ADN. Son las células eucariotas que aparecieron hace unos 1.400 Ma. Ya con los distintos organelos, con funciones específicas y ubicados en el citoplasma celular –como mitocondrías, cloroplasto, centriolo, aparato de Golgi, plásmidos, ribosoma y el propio núcleo– habrían transformado la atmósfera terrestre, dotándola de oxigeno, que posibilitó a su vez la aparición de organismos vivos más complejos, de niveles superiores en la jerarquía biológica.

Lo extraordinario de este proceso es que el salto del interactor de un nivel inferior a otro superior en la jerarquía biológica supone la formación de un nuevo individuo, con mayor complejidad y, en los términos empleados por Teilhard de Chardin [48], un nuevo corpúsculo de nivel superior, con nueva centreidad.

Las jerarquías biológicas humanas

Si aplicamos estos conceptos a la evolución humana, podemos situar tres niveles en nuestra jerarquía biológica:

1°) El genoma humano, como la secuencia de ADN contenida en los 23 pares de cromosomas del núcleo de cada célula humana diploide. Que sería el replicador.

2°) El ser humano, como primer interactor, que compite a nivel de organismos.

3ª) El grupo contendiente en CTAs, como segundo interactor, que compite o interactúa a nivel de grupos. Estaría integrado por seres humanos unidos entre sí que luchan contra otros grupos. Hoy serían las Fuerzas Armadas de una nación o Alianza de Naciones que luchan en las guerras modernas y, ancestralmente, los varones de los clanes o tribus de cazadores recolectores que guerreaban en contiendas por la defensa o la conquista del territorio. Usaremos el término de ejército como conjunto de tropas militares con los pertrechos correspondientes, unidas en un cuerpo bajo las órdenes de un único mando.

Los tres niveles cumplen con las características propias de una jerarquía biológica, a saber:

a) Siguiendo a Hull, son individualizables, se pueden considerar individuos diferenciables entre si, en tres aspectos:

a.1) Los humanos y los ejércitos tienen un desarrollo continuo a través del tiempo. Temporalidad mínima en la que pueden ser objeto de selección. Los ejércitos han prosperado mediante selección, desde pequeños grupos hacia los poderosos conglomerados militares que hoy conocemos, al igual que los humanos han evolucionado desde nuestro ancestro común con los chimpancés hasta el Homo sapiens actual.

a.2) Tienen una cohesión interna en todo momento: el ejército es uno, aunque esté constituido por distintos seres humanos o tenga diversos grados de organización. Cualquier ejército se puede considerar como un todo, en el sentido que posee una unidad de mando y de control única, y mayor complejidad que el nivel inmediato inferior.

a.3) Son unidades razonablemente discretas en espacio y tiempo. Como cada uno de los homínidos, cada ejército se diferencia de otros ejércitos, es único, es histórico, su ubicación espacio-temporal es posible.

b) Siguiendo a Lewontin, personas y ejércitos tienen variabilidad heredable diferencialmente. Cada ejército es diferente de otro en cuanto a organización, tecnología militar, estrategias, etc., y éstas diferencias le pueden hacer ganar o perder las batallas en las que participa y sucumbir o hacerse más grande con cada victoria. A su vez, estas diferencias son intergeneracionalmente heredables, por la formación militar y la trasferencia de la tecnología militar.

Por su parte, siguiendo a Salthe:

c.1) Las variaciones producidas a nivel del ser humano son susceptibles de amplificación al nivel superior de grupo, por ejemplo, homínidos más inteligentes e integrados entre sí, constituyen ejércitos más unidos e inteligentes, más poderosos.

c.2) El nivel superior del ejército restringe el comportamiento, la proliferación y los grados de libertad de los niveles inferiores. Las adaptaciones positivas que se seleccionan al nivel inferior del ser humano solo son las que favorecen al ejército en la batalla, aunque sean desfavorables o deletéreas para el propio individuo a nivel de organismo.

c3) Seres humanos y ejércitos, cada uno a su nivel, tienen características únicas, aunque entre uno y otro nivel se dan analogías entre procesos. De abajo hacia arriba, la mutaciones surgidas aleatoriamente a nivel de los soldados, de arriba hacia abajo son determinadas y seleccionadas en cada contienda.

Ciertamente, otros conglomerados humanos, como la familia, el clan, la tribu, la sociedad, etc., pueden cumplir con algunas de estas características para considerarlos como individuos o interactores, a cuyo nivel superior pueda funcionar la selección natural. Incluso podemos hallar un mecanismo de elección que, a priori, pueda funcionar a esos niveles, como el intercambio social, la caza en grupo, la especialización en la fabricación de instrumentos, la división del trabajo, la presión demográfica, etc., incluso una combinación de ellos actuando simultáneamente u operando en un proceso evolutivo que fuera de lo más simple a lo más complejo. Pero ni cumplirían con el principio del determinismo de los niveles superiores ni con el de continuidad temporal necesarios para ser considerados como nivel real en la jerarquía biológica, por varios motivos:

En primer lugar, por la falta de continuidad temporal: Las modificaciones y sustituciones de las presiones selectivas son, a su vez, un efecto de modificaciones en el nicho ecológico, que normalmente pueden entrañar, no solo variaciones horizontales o verticales en la clasificación taxonómica de los individuos, si no también, saltos de los interactores entre los niveles de la jerarquía biológica, con lo que se incumple uno de los presupuestos necesarios para la existencia de selección natural, la continuidad temporal.

Debe de existir un tiempo mínimo necesario para que la selección de grupo actúe. Cuando la presión natural deja de seleccionar grupos porque constriñe en menor medida que la presión existente a un nivel inferior, ya sea por un cambio en el nicho ecológico o por cualquier otro motivo, las fuerzas que evolutivamente convierten a los individuos del grupo en más altruistas dejan de actuar, con lo que, otras presiones, que actúan a niveles inferiores, son las que hacen emerger las adaptaciones propias de esos niveles inferiores, entre ellas, sin duda, el egoísmo individual. Es decir, si deja de predominar la selección a nivel de grupo, los integrantes del grupo terminaran siendo, por convergencia evolutiva, cada vez más egoístas, con lo que el altruismo se extinguiría como universal humano. Pero hasta hoy día, con carácter general, el altruismo sigue existiendo, a pesar de que la presión selectiva de grupo por excelencia, la guerra, ha debido de dejar de operar con la intensidad selectiva de antaño.

En segundo lugar, por falta de intensidad de la presión selectiva a nivel de grupo: si suponemos el inicio del proceso de hominización con la aparición de los primeros primates bípedos, que es la característica primigenia exclusivamente humana, hace unos 6 Ma –o más–, la progresiva deforestación y la pérdida de árboles en el África arcaica, que sería la causa del bipedismo, provocaría una fuerte presión selectiva sobre las especies de animales arborícolas que allí vivían, y entre ellas estaban nuestros ancestros comunes con los chimpancés. Y como hemos visto, para que emerjan adaptaciones altruistas, o incluso deletéreas a nivel de organismo, entre los primates de aquellas épocas tan remotas debieron de surgir presiones selectivas a nivel de grupo más intensas incluso que las que hacían menguar la población por causa de la pérdida del nicho ecológico –los árboles–. Si, como presión selectiva principal a nivel de organismos, tenemos el paso de un escenario de pluviselva a otro de sabana, que supuso una reducción drástica del número de primates que pudieran vivir en ese nicho, para hacer surgir nuevas adaptaciones altruistas, debieron de actuar presiones selectivas a nivel de grupo que provocaran más muertes incluso que un nicho ecológico menguante.

¿Qué fenómeno natural podemos imaginar aún más extintivo que la casi total deforestación y que, además, afecte a los grupos de homínidos, no a los individuos? Cuando menos, difícil encontrar este fenómeno que, además, solo debió de sobrevenir en la evolución del ser humano, ya que si no, por convergencia, otras especies que evolucionaron paralelamente presentarían adaptaciones parecidas a los universales humanos.

Sin embargo, si suponemos que, desde que divergimos con la evolución de los chimpancés, la CTA fue la EEE de defensa del territorio, concluiremos que el aumento progresivo de la presión selectiva de estas CTAs, motivada por la pérdida de la masa arbórea, supondría que, en algún momento, la presión a nivel de organismo se viera superada en intensidad por la presión selectiva a nivel de grupos. Una adaptación positiva que surgía a nivel de grupo, como la que procuraba mayor altruismo entre los homínidos, tenía más posibilidades de prosperar y más eficacia biológica ponderada que cualquier otra mutación que surgía a nivel de organismos, porque, precisamente, los grupos más altruistas eran los que se alzaban con la victoria y los que usurpaban el territorio a los grupos derrotados. Por el contrario, una adaptación natural intragrupal –léase más egoísmo interpersonal– que pudiera convertir individualmente a los homínidos en más aptos para la competencia por la supervivencia de sus propios genes, desaparecía tarde o temprano por la derrota del grupo en cualquier CTA. Los genes del grupo vencedor, más altruista y más apto para guerrear, eran los que mayoritariamente se expandían entre las siguientes generaciones.

Podemos concluir que la Selección Artificial, que se ejerce sobre los grupos, es la única presión selectiva que puede ser, en determinadas circunstancias, más intensa que la Selección Natural, y por ello, el altruismo emerge sobre el egoísmo individual. El principio del determinismo de los niveles inferiores, necesario para que emerja el altruismo como universal humano, queda así explicado.

A su vez, si calculamos el comienzo de la evolución humana en ese crucial momento en que la intensidad de la selección de grupos supera a la de organismos, y la situamos en la época en que el número de árboles africanos comienza a menguar, podemos también datar el final de ésta en el momento en que el porcentaje de muertes provocadas por estas CTAs deja de ser tan importante, hecho que sucedería muy recientemente, con la generalización del sedentarismo, hace apenas unos diez mil años. Es decir, la CTA ha podido actuar a nivel de grupos durante todo el periodo evolutivo humano, y con ello, a su vez, el principio de continuidad queda cumplido.

El altruismo nació en combate

Sam Bowles, doctor en Economía, profesor investigador de la Universidad de Siena y del Instituto de Santa Fe, ambos en EEUU, en un artículo aparecido en la revista Sciencia [93] en Junio de 2009, se preguntaba si la guerra entre los cazadores recolectores ancestrales podría haber afectado la evolución de los comportamientos sociales humanos. Más concretamente, si los grupos más cooperativos tenían más posibilidades de prevalecer en los conflictos contra otros grupos, ¿existió un nivel de violencia intergrupal suficiente para influir en la evolución del comportamiento social humano? Y su conclusión fue que pudo ser. Usando un modelo del impacto evolutivo de la competencia entre grupos, y un nuevo conjunto de datos que combina la evidencia arqueológica sobre las causas de muerte durante el Pleistoceno tardío y el Holoceno temprano con los informes etnográficos e históricos sobre las poblaciones de cazadores-recolectores, estima que el nivel de la mortalidad en conflictos intergrupales habría tenido efectos sustanciales, lo que permitiría la proliferación de comportamientos beneficiosos para el grupo aunque fueran muy costosos para el altruista individual.

Ya desde Darwin, las hostilidades entre los grupos han ocupado un lugar destacado en las explicaciones de la evolución del comportamiento social humano. El mecanismo subyacente es que –como decía Darwin [7]– grupos con "cada vez mayor número de miembros, más valientes, empáticos y fieles, que siempre estuvieran dispuestos para ayudarse unos a otros ante el peligro, para ayudarse y defenderse unos a otros... prosperarían y obtendrían la victoria sobre otras tribus". Bowles pone en evidencia que los conflictos intergrupales pueden haber contribuido significativamente a la proliferación de una predisposición genética a comportarse de manera altruista, pero para él, esto no significa que realmente ocurrió así, o que el mecanismo descrito por él explica la evolución del altruismo humano, ya que esto depende del índice de muertes violentas en los conflictos intergrupales, y éstos datos son difíciles de obtener, porque son muy variables en el tiempo y en el espacio, y depende de factores como el clima, la densidad demográfica, la escasez de recursos, etc.

Los datos usados por Bowles se resumen en la figura de abajo, y van desde hace unos 14 ka hasta prácticamente nuestros días. De ellos infiere que las CTAs influyeron sustancialmente en la generalización del altruismo como adaptación entre los cazadores recolectores.

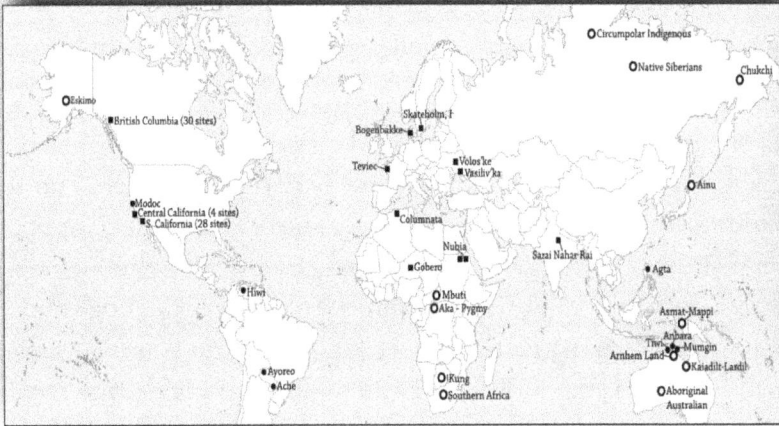

Datos sobre las CTAs según fuentes arqueológicas (cuadrados) y etnográficos (puntos llenos) y la genética (puntos vacíos) sobre las diferencias entre los grupos.

Nosotros, aplicando el principio de actualismo y las más elementales reglas etológicas, extrapolamos éstas estimaciones empíricas a todas las etapas evolutivas humanas, y no solo a las que se han podido obtener datos, como señala Bowles.

Y es que nuestro cooperativismo viene de antiguo, no se puede achacar a ningún fenómeno o situación actual que haya hecho emergerlo recientemente, puesto que tenemos pruebas de ello en homínidos de hace 1'8 Ma, como es el caso de Dmanisi, en el Caúcaso, que es quizás el primer asentamiento de homínidos en Eurasia [92]. Una mandíbula, perteneciente a un Homo georgicus de unos 40 años de edad, aparece con una única pieza dental, el canino izquierdo, y totalmente reabsorbido el resto del reborde mandibular, lo que quiere decir que este individúo pudo sobrevivir lo menos dos años sin dientes. Asociados con los huesos, se encontraron artefactos de piedra y de percusión, que permitía a esta especie cazar, matar animales y procesarlos, por lo que los homínidos de Dmanisi fueron descritos como los primeros Homos cazadores no carroñeros, y carnívoros por tanto. Que un carnívoro sobreviva un par de años sin dientes, en una etapa tan antigua de la evolución del género Homo en que el volumen craneal era prácticamente la mitad del actual, solo se puede entender porque ya existía una fuerte socialización y cuidado de enfermos, imposibilitados o ancianos.

El niño de Nariokotome o niño de Turkana es un esqueleto casi completo –tan solo faltan manos y pies– correspondiente a un joven homínido que falleció entre los 11 a 12 años de edad hace aproximadamente 1'6 Ma (inicios del Pleistoceno). El esqueleto fue descubierto el 23 de agosto de 1984 por el equipo de paleoantropólogos que entonces dirigía Richard Leakey, en el yacimiento de Nariokotome próximo al lago Turkana en Kenia. El ejemplar padecía de una escoliosis –desviación de la columna vertebral– muy probablemente debida a un accidente, que debió de mermar sus posibilidades de supervivencia y necesitaría ayuda para sobrevivir hasta que murió, casi seguro, por una septicemia generalizada a partir de la infección de un molar.

También, en marzo de 2009, ha sido publicado por miembros del equipo de Atapuerca, en la revista PNAS [62], un estudio de la patología del espécimen al que pertenece el cráneo 14, de hace más de 500 ka, hallado en la Sima de Huesos de Atapuerca, en la que se ha detectado una soldadura prematura de la sutura lomboidea izquierda de un niño o niña de entre 5 a 12 años. Esta craneosinostosis debía de afectar al aparato locomotor y, en general, a toda la fisiología de este homínido. La salud de este espécimen debió de ser muy precaria y con toda seguridad necesitó cuidados para poder vivir algunos años.

También en PNAS [99], en Octubre de 2010, fue publicado un estudio, realizado por el Equipo de Investigación de Atapuerca, sobre la pelvis 1 de la Sima de los Huesos, la pelvis humana más completa de todo el registro fósil mundial, perteneciente a un Homo heidelbergensis senil, que murió a la edad de 45 años aproximadamente, y que vivió hace más de 500 ka. Descubrieron que este hombre, de gran corpulencia física, antepasado de los neandertales, sufría importantes enfermedades degenerativas desde mucho antes de morir, con signos de deformidad cifótica lumbar, espondilolistesis y enfermedad de Baastrup. Estas enfermedades tendrían manifestaciones posturales dolorosas en las zonas lumbar y pélvica, que según los autores del estudio, obligarían al individuo a adoptar una posición encorvada y, quizás, a utilizar un báculo para mantenerse derecho. Por eso, probablemente estaría impedido para cazar, entre otras actividades. Su supervivencia durante largo tiempo con estas discapacidades, hace suponer que el grupo social nómada del que formaba parte tendría una atención especial con sus ancianos.

En una fractura de un cráneo hallado en Maba (Sur de China) de un homínido de unos 40 ó 60 años de edad, y con unos 237 ka de antigüedad, los investigadores observaron que existía una amplia remodelación del hueso, aunque no pudieron precisar si la herida sanó. Lo cierto es que el herido de Maba necesitó ayuda de su grupo para curarse durante meses, quizás años. Y lo más interesante de este trabajo, publicado en la revista PNAS en Octubre de 2011 [118], es que el equipo de investigación, capitaneado por Xiu-Jie Wu y Erik Trinkaus, de la Universidad de Washington, utilizando técnicas de estereomicroscopía y un escáner topográfico de alta resolución para analizar la estructura interna del hueso, descartaron que la causa de la herida fuera una infección, un tumor, quemaduras o golpes, decantandose más bien por una agresión interpersonal, quizás una herida de guerra.

Si suponemos la aparición del altruismo en nuestra evolución como una adaptación a las guerras relativamente recientes de las que existen evidencias, como propone Sam Bowles y otros investigadores, éstas muestras tan antiguas de altruismo de Dmanisi, Atapuerca, Nariokotome y Maba quedarían fuera del marco explicativo temporal, sin que, por el principio de precedencia evolutiva, se les pueda ofrecer un explicación. Y una de dos, o se describe otra presión selectiva distinta o complementaria como origen del fenómeno, que actuara hace más de 1'8 Ma, o se retrotrae la presión selectiva de las guerras a éstos periodos evolutivos tan lejanos. En cualquier caso, la hipótesis más simple y parsimoniosa es que las CTAs, y su presión selectiva, eran ya un hecho entre los primeros homínidos, entendiendo estas evidencias de altruismo como una prueba más de su existencia.

El altruismo femenino

Aparte del mismo Darwin, el origen de este nuevo epifenómeno ya lo apuntó el antropólogo Michael P. Ghiglieri [14], en 2005, cuando, refiriéndose al altruismo reciproco escribió que "los hombres se unen y colaboran en tiempos de guerra sólo por el hecho de que sus antepasados que así lo hicieron tuvieron más descendientes que aquellos que no lograron hacerlo", proponiendo también ejemplos en los que los hombres establecían entre sí vínculos en combate que los capacitaban para realizar acciones cargadas de heroicidad, y recogiendo escalofriantes testimonios de excombatientes que aseguraban que la verdadera razón por la que habían luchado era por sus camaradas en combate, por lo que lograban poseer un compromiso y una confianza ante el peligro, que no podían alcanzar con ninguna otra estimulación para guerrear.

Este vínculo altruista entre compañeros combatientes puede ser incluso más estimulante para guerrear que el amor a la patria, la defensa del grupo, la difusión de la propia cultura o el odio al enemigo, y comparable solo al instinto de supervivencia. Es el mismo compañerismo y camaradería que surge entre los soldados de los ejércitos que históricamente han estado formados por mercenarios, soldados de fortuna o civiles reclutados en levas forzosas, que no por falta de motivación se puede decir que se hayan empleado menos en combate que cualquier otro ejército regular.

En las CTAs, al igual que en los enfrentamientos actuales, los homínidos que expresaban éste tipo de altruismo se sentían más motivados en la lucha, más unidos, eran más valientes porque sabían que podían contar con sus compañeros para cubrirles ante cualquier peligro o contingencia, tenían más confianza en ser socorridos si caían heridos o prisioneros y, por todo ello, luchaban con más motivación y valentía y eran los que con mayor probabilidad conseguían la victoria sobre los que luchaban de una forma más individual y egoísta y, por ello, se empleaban menos en el combate.

Los primeros datos sobre el uso de mercenarios se remontan hasta el Antiguo Egipto, alrededor del año 1500 a. C., cuando el faraón Ramsés II hizo uso de 18.000 de ellos en el transcurso de sus batallas, pagándoles con lo que saqueaban, la comida y agua. Se conocen casos de uso de mercenarios a lo largo de toda la Historia, aunque casi con total seguridad existieron mucho antes. Las dos unidades más reconocidas por su ferocidad en combate, en las que nacionales de otro país sirven en las fuerzas armadas de la nación, son las brigadas británicas de Gurkhas y la Legión extranjera francesa.

Ghiglieri profundiza un poco más y añade que "los hombres (y no las mujeres) se vinculan fuertemente entre sí mediante lazos familiares o a través del altruismo recíproco para combatir y matar a otros hombres genéticamente más distantes de ellos, en guerras genocidas cuyo objetivo es apoderarse o usurpar lo que poseen otros hombres, incluido el potencial reproductor de sus mujeres". Y se basa en el hecho de que "la historia no proporciona ningún ejemplo de mujeres que hayan establecido entre ellas vínculos del tipo de los que se establecen en las unidades que combaten a vida o muerte y que son decisivos para lograr la victoria".

Se puede estar más o menos de acuerdo con estas afirmaciones, pero lo que parece indudable es que las mujeres están menos capacitadas para guerrear, y no solo por la falta de fuerza física.

Ello es debido a que, desde siempre, los hombres, como los chimpancés machos, se han especializado en la defensa del grupo, lo mismo que las mujeres y las monas en la crianza. Parece que los hombres tienen más facilidad que las mujeres para desprenderse de sus lazos familiares a la hora de guerrear. Ellas están más aferradas psicológica y emotivamente a sus hijos y familiares, lo que lastra su belicismo, impidiendo que se empleen como los hombres en el frente de batalla.

Cada sexo realiza sus tareas más eficientemente que el otro, ya que morfológica y filogenéticamente están mejor dotados. Pero no quiere decir que, en caso de necesidad, se puedan intercambiar sus papeles, y un padre críe a sus hijos por falta de madre, o una mujer guerree. Famosas son las mujeres guerreras samuráis o ninjas, o las amazonas que en las mitologías clásica y griega era una antigua nación formada por mujeres guerreras, posiblemente con base histórica. La Historia está llena de hazañas heroicas realizadas por mujeres, y en los ejércitos modernos, la participación de la mujer es cada vez mayor, aunque casi siempre en labores de intendencia. Pero no podemos engañarnos, el rol femenino no es la guerra.

Otra cosa es que las mujeres, hoy día, están tan capacitadas o más que los hombres para desarrollar éstos vínculos recíprocos altruistas, y no solo en períodos de guerra, por ser adaptaciones seleccionadas por grupos. La selección artificial que provocaban las CTAs no es sexual, no produce dimorfismo sexual entre los hombres y las mujeres, como pudimos ver que ocurría con la longitud de los colmillos o con el tamaño corporal. Tampoco es una selección de individuos dentro del grupo, como la que se produce con la Selección Natural.

Las CTAs provocan selecciones de grupos, por las que los clanes más unidos y altruistas (hombres y mujeres) sobreviven y expanden sus genes. En la capacitación para la crianza y la guerra, el posible dimorfismo sexual que pueda existir entre los humanos, es parecido al que existe entre los chimpancés, y por tanto, igual al que pudo existir entre los ancestros comunes a ambas especies. No así el altruismo recíproco, surgido como adaptación a la CTA, que entre nosotros es común a ambos sexos. Por eso podemos decir que la selección artificial es la menos sexista de todos los diferentes tipos de selección, y que, hoy día, el hombre y la mujer, en los caracteres seleccionados artificialmente, son igualmente guerreros, gregarios e inteligentes, sin diferencias entre los sexos. Cualquier dimorfismo sexual que pueda existir entre nosotros es por herencia del ancestro animal; en los caracteres o universales exclusivamente humanos no existen diferencias entre hombres y mujeres.

Los guerreros son héroes

El proceso hacia cada vez más cooperativismo y solidaridad ha sido un indicio de hominización, que cada vez más nos ha separado del proceso evolutivo de los chimpancés, al igual que la mano acortada, la postura erguida o la encefalización creciente. Y al igual que todos éstos fenómenos, se puede entender como extraño, como "antidarwiniano", por que no se han desarrollado hasta tal extremo en ninguna otra especie, al no facilitar la supervivencia y la procreación de los individuos.

Si por Selección Natural no podemos entender el altruismo recíproco, si por Selección Artificial, al considerarse una adaptación fundamental y necesaria tanto para convertir a un ejército en más poderoso, como para mantener al grupo más unido y vertebrado, así como para que el individuo se considere integrante del mismo. En aquellos clanes o tribus donde las conductas egoístas eran las preponderantes, el individuo no se identificaba con el grupo, permaneciendo éste desunido y débil en cada batalla, procurando su declive y extinción.

Por otro lado, independientemente de considerar una guerra o una CTA en concreto como legal o ilegal, como moral o inmoral, como defensiva, preventiva o de conquista, en definitiva, como buena o mala, ya que cada bando tendrá su propia opinión, y normalmente será diametralmente opuesta a la del otro bando, y obviando la existencia del ejército profesional y de las levas forzosas, podemos decir, con total garantía de no equivocarnos, que el hecho de participar voluntariamente en una batalla es uno de los actos individuales más altruistas, heroicos y solidarios que existen en la Naturaleza. Y es así, porque el hombre, cuando se alista para la guerra, renuncia en el acto a su forma de vida, y está dispuesto a poner en peligro su integridad física, e incluso su propia vida, para salvaguardar la de los demás. Es un acto consciente, voluntario y desinteresado, que trasciende al instinto de supervivencia y al egoísmo individual innato en todas las especies, y que hace que el hombre se aliene para dejar de ser un individuo y convertirse en parte de un nuevo ente, el ejército. Parafraseando a Teilhard de Chardin [48] sería como el paso más cercano que el hombre puede dar para elevarse al siguiente nivel natural de la evolución, hacia un nuevo corpúsculo de orden superior, con nueva centreidad y mayor complejidad. Con ello, la selección humana ya no se hará a nivel de individuos sino de grupos, ya que son los ejércitos más poderosos y numerosos los seleccionados para perpetuarse.

También hay que considerar que dentro del propio grupo, o del mismo bando, los grandes actos de heroísmo son más normales en épocas de guerras, donde la cooperación y el altruismo llegan a su máximo nivel, precisamente porque las situaciones límite en las que demostrar estas virtudes son también más frecuentes. Prueba de ello son las conmemoraciones que nos lo recuerdan en los monumentos de las plazas públicas, o en las crónicas de nuestros libros de historia o las narraciones de nuestros mayores. Remembranzas que se supone también hicieron nuestros ancestros más lejanos. El general Helmuth von Moltke, vencedor de la guerra franco-prusiana del año 1870, escribió en 1880: "En ella –la guerra– se desarrollan las más nobles virtudes del hombre: el valor y renunciación, la fidelidad al deber y la disposición para el sacrificio a costa de la vida".

Un elemento fundamental del altruismo es la empatía, que es la participación afectiva y, por lo común, emotiva de un sujeto en una realidad ajena. Es un sentimiento que la mayor parte de las personas es capaz de experimentar, y que nos lleva a comprender las emociones de los demás. Observar el dolor ajeno activa en nuestros cerebros estructuras similares a las que se ponen en marcha cuando somos nosotros los que sufrimos.

Según un estudio, esa respuesta empática es mayor cuando ambas personas son de la misma raza. En 2009, Científicos de la Universidad de Pekín (China) diseñaron un experimento para comprobar si estas conclusiones, obtenidas en estudios subjetivos, tenían una base fisiológica [61]. Para ello, eligieron a 17 participantes chinos y 16 caucásicos cuyo cerebro se exploró mientras veían a seis modelos de cada raza recibir un estímulo doloroso y uno no doloroso.

Se comprobó por resonancia magnética funcional que la percepción del dolor ajeno activa un circuito neuronal formado por el córtex cingular anterior y la ínsula, que es el mismo que media, en primera instancia, la experiencia del dolor propio. Con una particularidad, esta región cerebral trabajaba con mayor intensidad cuando el modelo sobre el que se infligía dolor era de la misma raza que el observador. Estos resultados corroboran la hipótesis de la existencia de prejuicios inconscientes hacia individuos que pertenecen a grupos distintos de los propios, en este caso, étnicos.

Para la teoría de la Selección Artificial, las CTAs seleccionaron el atributo de la empatía, como rasgo de la inteligencia emocional, con todas las ventajas que confiere en batalla cualquier atributo que aumente el altruismo psicológico, pero con esa particularidad discriminante. Los grupos que sentían el mismo grado de empatía con los enemigos que con sus camaradas, eran menos capaces de infligir daño al contrario, facilitando su eliminación por parte de aquellos grupos que verdaderamente no sentían ningún apego hacia sus enemigos.

La volubilidad del concepto de grupo

Hasta aquí hemos definido los dos comportamientos o estrategias que definen y moldean la paradójica forma de actuar del hombre en su entorno social, tanto en tiempos cercanos a los actuales como en los más pretéritos, por tratarse de EEE que, por definición, permanecen estables en el tiempo, a no ser que cambien significativamente las circunstancias. Así pues, por un lado tenemos el aparente altruismo individual, que se ejerce dentro del grupo de referencia, y por otro lado, el egoísmo genético que puede convertirse en exacerbado cuando se está dispuesto a entregar la propia vida por la supervivencia del grupo.

Pero nos queda definir precisamente cual es el grupo de referencia en el cual cada individuo se siente integrado, ¿cómo se define nuestro grupo de pertenencia?

Una hipótesis asumida por la Psicología Social en los años 1930s era la de que las personas tienden a la conformidad con las normas, valores y puntos de vista del grupo al que objetivamente pertenecen. Estos grupos también sirven para valorarse y juzgarse a sí mismos y a su entorno. Pero a partir de esas fechas, los resultados de diversas investigaciones empiezan a cuestionar lo adecuado de esa hipótesis (p.ej. Newcomb, 1958) y se plantea la necesidad de distinguir entre la inclusión "objetiva" de una persona en un determinado grupo y la inclusión "subjetiva" que dicha persona hace de sí misma, con lo que se puede disociar analíticamente el grupo al que pertenece una persona –grupo de pertenencia– del grupo del que obtiene las ideas y criterios fundamentales que determinan su acción –grupo de referencia–, y con ello aceptamos que la causa determinante de la acción de la persona es el grupo de referencia subjetivamente determinado, en lugar del grupo de pertenencia objetivamente determinable.

De esta forma, surge el concepto de grupo de referencia como al que la persona se vincula personalmente en tanto que miembro actual, o al que aspira a vincularse psicológicamente. O dicho en otros términos, aquellos con los que se identifica o desea identificarse (Sherif, 1956) [63]

Según la definición de Dawkins, el grupo de pertenencia está formado por todos los individuos que comparten los mismos genes egoístas, de tal forma que mientras más genes comparten, más emparentados están, y más cohesión interna existirá en el grupo. Pero ¿cómo podemos saber qué genes son éstos? ¿Quién los posee y quién no? ¿Quién tiene un número mayor de genes egoístas iguales que los míos y qué importancia tienen en el desarrollo del organismo? ¿Qué cantidad y calidad de genes egoístas tiene cada individuo para que yo lo considere como perteneciente a mi grupo o fuera de él?

Ciertamente, ni las técnicas más avanzadas y modernas pueden contestar con absoluta precisión a estas cuestiones, porque no solo supondría realizar un análisis genético de cada ser humano, sino realizar comparaciones genéticas instantáneas de cada individuo con todos los demás para averiguar la cantidad de genes iguales y la importancia relativa de cada gen para el desarrollo del individuo, así como establecer un límite de concurrencia de genes en cada grupo de pertenencia a partir del cuál el individuo puede ser considerado incluido o no en el grupo. En fin una tarea tan ímproba como innecesaria.

Para realizar el reagrupamiento de individuos la Naturaleza se ha valido de otras técnicas más prácticas, aunque no tan precisas. En general, los animales sociales reconocen a su manada, mediante contacto físico, como grupo de pertenencia y acogida, y así debió de ser con nuestros primeros ancestros: simplemente con el contacto físico y visual, cara a cara, se identificaba individualmente a cada miembro del grupo.

El problema surge cuando, como en los humanos o las colonias de insectos, el grupo se amplía de tal forma que sus miembros no llegan a conocerse, ni siquiera a tener contacto, dándose el caso en que dos individuos se sienten integrantes de un mismo grupo, pero jamás se han visto, ni se conocen, ni siquiera saben de su existencia. Con los hormigueros, las colonias de termitas o las colmenas de abejas, la Naturaleza ha resuelto el problema dotando a los individuos de unos órganos que segregan señales químicas o emiten sonidos que los identifica inequívocamente como perteneciente al hormiguero, termitero o colmena.

Rata topo desnuda (Heterocephalus glaber)

Lo mismo sucede con la rata topo desnuda (Heterocephalus glaber), único mamífero eusocial. Es un animal que vive bajo tierra y en sociedad como los insectos eusociales mencionados. Al igual que estos insectos, la rata topo lampiña posee una casta especializada en la reproducción, mientras que el resto de individuos de la colonia son estériles. El caso es que estos animales poseen zonas en su sistema de túneles en las que excretan y se revuelcan para mantener el olor de la colonia. El contacto con la orina de la reina hace que el resto de las hembras y la mayoría de los machos sean estériles, hasta que la reina muere y se anulan los efectos de su orina. En este momento se produce una lucha a muerte entre las hembras para decidir quién será la sucesora.

En nuestra evolución debió de ser un problema mayúsculo el establecer los mecanismos necesarios para identificar e identificarse como compañeros del mismo grupo, por la importancia de aplicar una EEE diferente en cada caso: si el individuo identificado pertenece a su mismo grupo, se le aplicaba la EEE altruista, si no la EEE egoísta, y como vimos antes, en los grados extremos de cooperación o egoísmo.

Si entre dos grupos de homínidos rivales existían diferencias anatómicas y morfológicas significativas, no había problema, las diferencias genéticas entre distintas especies o razas los haría distinguibles sin más, como ocurriría entre un neandertal y un sapiens, o actualmente entre uno de raza blanca y uno negro. La dificultad surgía cuando estas diferencias físicas no existían o eran inapreciables porque los grupos enfrentados pertenecían a la misma especie o etnia.

La solución se encontró en la apariencia externa y en la lengua. Dos grupos distintos se distinguían por sus atavíos y sus adornos, así como, por la lengua o dialecto que empleaban para comunicarse, y ambos aspectos, como partes más visibles de la idiosincrasia o de la cultura propia de cada grupo. Aún hoy son frecuentes los extravagantes adornos y abalorios ornamentales de las tribus indígenas de África, de la América precolombina y Oceanía, y también conocemos restos fósiles de cuentas y adornos hallados en muchos yacimientos de todo el mundo, y como vestigio, tenemos los actuales uniformes militares obligatorios en todos los ejércitos. Es la causa del surgimiento de la cultura como nexo de unión de los homínidos.

Con la misma finalidad gregaria llegan a deformarse o mutilarse partes del cuerpo desde la más tierna infancia, como la deformación del cráneo de los bebés mediante la aplicación de compresores, práctica muy extendida, no tanto en la prehistoria como en los pueblos más actuales, o la mutilación parcial, o incluso la avulsión de dientes caninos e incisivos, como se puso de manifiesto con el hallazgo realizado por Araceli Martín de los primeros incisivos con mutilaciones en vida, en la "Cova del Frare" en Matadepera (Barcelona), con una antigüedad de 4500 años.

Hemos pasado de vivir y defendernos en grupos pequeños, como los primeros clanes de australopitecos, donde el contacto personal era el determinante para la integración y unidad del grupo, a vivir y defendernos en macro estructuras sociales capaces de albergar a millones de personas, donde los nexos de unión son mucho más sutiles y etéreos. Este paso evolutivo, del vínculo endogrupal tangible, objetivo y preciso a uno más subjetivo, impreciso y sutil propició la aparición de un fenómeno que nos caracteriza como especie: la volubilidad del concepto subjetivo de grupo de referencia.

Como antes vimos, el concepto individual que tenemos de nuestro grupo de referencia es subjetivo, y por tanto, puede variar tanto de una persona a otra como en el tiempo. Si hoy me siento integrante de un grupo, mañana puedo variar esta percepción o sensación, y sentirme integrante de otro grupo distinto. A su vez, dos individuos que son hermanos o que comparten gran cantidad de genes, incluso criados juntos en la misma familia, pueden variar de grupo de referencia, por la influencia de factores externos que tienen que ver con los sentimientos, o la psicología individual o colectiva o los efectos de la persuasión o sugestión.

Como el campo de estudio de estos fenómenos queda lejos de las pretensiones de este trabajo, solo baste decir que hoy, como ejemplo de ello, son normales los cambios de nacionalidad o de religión, o las menos frecuentes guerras civiles fratricidas por motivos políticos o sociales, como la Guerra Civil Española de 1936, que denota que factores subjetivos y culturales pasan a tener más influencia que la concurrencia de genes egoístas, entre las prioridades individuales para sentirse integrado en un grupo. Aunque hay que reconocer que todo ello viene propiciado por la escasa diferencia genética que existe entre todas las etnias humanas. La homogeneidad genética actual es la base de la volubilidad grupal, de tal forma que es mucho más posible que una persona cambie de nacionalidad o de religión, a que un neandertal se convirtiera en Homo sapiens, o viceversa.

El tribalismo

Como hemos dicho, para los primeros homínidos, el grupo de referencia era el clan, y más tarde la tribu, lo que para nosotros hoy es la nación, la civilización, o el estado, y a todos los que estaban fuera de su propio grupo de referencia se les aplicaba la EEE egoísta, la defensa del grupo a todo costa. Y a los que estaban dentro del grupo se les aplicaba la estrategia del altruismo psicológico, el calculado según beneficio.

El dividir a las personas en grupos de dentro y grupos de fuera, y a tratar a los grupos de fuera como menos humanos, es una característica de la psicología social humana. Según Steven Pinker no importa que se piense que los grupos están definidos por su biología o por su historia. Los psicólogos han descubierto que pueden crear una hostilidad inmediata entre grupos clasificando a las personas a partir de cualquier pretexto, incluido echar su suerte a cara o cruz, como indica Tajfel, H. [49]

Llamamos tribalismo a la organización social humana que engloba el modo de vida y el sistema político de pequeñas comunidades llamadas tribus, ajenas y a veces hostiles entre sí. La palabra tribalismo engloba las diferentes manifestaciones que provienen de la tribu, como son sus creencias, tradiciones, lenguaje, arte, cultura religiones o pseudo religiones…, características diversas y a veces exclusivas de una sola tribu que hacen que existan infinidad de tribus diferentes.

Muchos países están divididos en tribus, como sucede en algunos africanos, en los que las naciones colonizadoras segregaron arbitrariamente las sociedades en conglomerados políticos o naciones sin hacer distinción entre las étnicas o tribus que la conformaban, plantando la semilla de innumerables conflictos sociales y políticos. Como experiencia histórica, algunos estudiosos señalan el importante papel que han tenido los colonizadores belgas en crear la idea de una raza hutu y una raza tutsi en África, ya que culturalmente se trata de una división artificial, basada más en la clase social que en la etnicidad, dado que no hay diferencias lingüísticas o culturales entre ambos grupos. Sin embargo, todavía nos horrorizamos al recordar el genocidio de Ruanda en 1994, por parte de facciones de hutus, sobre tutsis y hutus moderados.

También existen, más comúnmente en occidente, tribus con una fuerte identidad cultural o étnica que diferencia claramente a los miembros de diferentes grupos, como sucede con las tribus urbanas, las sectas o guetos dentro de las ciudades.

Y es que la sociedad actual no es homogénea, sino que sigue dividida en pequeños subgrupos. En las sociedades humanas, todavía sigue la persecución por parte de sectas, tribus urbanas, y otros grupos tribalistas sociales que se organizan en torno a afinidades elegidas, con odio o miedo a los diferentes, pretendiendo eliminar o asimilar a los otros, borrando las diferencias. Esta actitud tan extendida, muestra la dificultad para aceptar la diferencia y no admitir la integración más que como una completa asimilación.

Esta.persecución no es reconocida como tal por los perseguidores, solamente por sus víctimas o por observadores externos. Los perseguidores no sienten que haya nada malo en sus acciones o lo racionalizan como de escasa importancia o temporal si lo comparan al fin que buscan, contrarrestar lo que consideran una mayor y más seria amenaza. "El fin justifica los medios" en sus actos. Como en otros comportamientos de agresor y víctima, el agresor culpa a la víctima de la agresión. La justificación más común es que buscan protegerse a si mismos, a sus familias y a la sociedad de lo que ellos perciben como peligrosa influencia del grupo perseguido. Si en una sociedad existen tribus, no solamente denota que está dividida en grupos más pequeños, sino que estos grupos son activamente hostiles los unos contra los otros.

El tribalismo está relacionado por un lado con el etnocentrismo, como tendencia emocional que hace de la cultura propia el criterio exclusivo para interpretar los comportamientos de otras tribus, y por otro lado, tiene mucho de jingoísmo, que es la patriotería exaltada que propugna la agresión contra otras tribus.

La eliminación del individualismo en las sociedades, la necesidad tribal de relacionar a las personas, a través de compartir gustos comunes, ha surgido periódicamente a lo largo de la Historia. Así, por ejemplo, ocurrió en el Renacimiento o en la decadencia romana de los siglos III y IV.

Todo ello son manifestaciones de vestigios "fósiles" que quedan en nuestra conducta actual, y que pueden ser la demostración de la existencia de estos fenómenos en épocas más remotas, como adaptaciones positivas a la CTA.

Las tribus surgen en el neolítico y tras la asociación de ellas en las ciudades surgen las civilizaciones, pero mucho antes, el concepto de tribalismo debió de germinar ya en los clanes de cazadores recolectores que deambulaban por la sabana, con la agregación de clanes unidos por fuertes vínculos, y con el propósito de defenderse mejor de los enemigos. En un entorno en que la EEE era "ataca siempre", la ventaja en la batalla la tendrían los grupos organizados en tribus que empleaban mayor agresividad hacia los demás, y que poseían unos sentimientos de etnocentrismo y de jingoísmo muy superiores a aquellos grupos no tribales, de tal forma que los grupos tribales derrotaban con mayor probabilidad a los demás, y por eso, aún hoy en día, seguimos organizándonos en tribus, cuando otros factores externos más poderosos no nos cohiben.

Algunos investigadores lo llaman "parroquialismo", y lo consideran como la hostilidad hacia individuos que no son de nuestro grupo, ya sea étnico, social, económico, religioso, o de cualquier otro tipo.

El altruismo parroquial

Jung-Kyoo Choi y Samuel Bowles, profesores de la Universidad de Santa Fe, en USA, llaman "altruismo parroquial" a la intersección de una y otra categoría, y proponen que hay una coevolución, una evolución paralela, de ese altruismo y el parroquialismo, por efecto de la guerra. El altruismo parroquial sería la tendencia a colaborar con individuos que están próximos y, a la vez, mostrar cierta hostilidad frente a aquellos que están más alejados. Como consideran que desde un punto de vista evolutivo, es un rompecabezas, puesto que la conducta altruista o la parroquial reducen nuestras ventajas individuales, son adaptaciones deletéreas a nivel de organismos, suponen que ambas pudieron haber evolucionado como adaptaciones positivas si al combinarse ofrecen una ventaja al grupo. Un análisis matemático basado en la teoría de juegos les permitió ejecutar simulaciones que muestran cómo, bajo las condiciones probablemente vividas por los humanos a finales del Pleistoceno e inicios del Holoceno (hace poco más de 10 ka) pudieron evolucionar conjuntamente altruismo y parroquialismo. [102]

Un equipo del departamento de Psicología de la Universidad de Ámsterdam (Holanda) ha realizado varios experimentos publicados en 2010 en la revista Science [31] que constatan que detrás de este altruismo parroquial se encuentra la oxitocina. La producción de este neuromodulador se activa en presencia de estímulos placenteros como comer o mantener relaciones sexuales. Además de su función en el parto y el puerperio, la oxitocina se asocia con una mayor empatía y generosidad. Cuando se administra de forma exógena "promueve la confianza y la cooperación y reduce las posibilidades de sacar provecho de los demás", indican los autores. Sin embargo, no se han analizado sus posibles efectos sobre las relaciones intra e intergrupales ya que aquí "la cooperación adquiere un objetivo y un significado radicalmente distintos", señala el artículo. Dentro de un colectivo, funciona para preservar, defender y fortalecer los lazos, de forma que indirectamente se debilita a los competidores. Es un arma de doble filo.

En sus experimentos, decenas de jóvenes jugaron diferentes versiones del dilema del prisionero, con la particularidad de que media hora antes de empezar debían esnifar de un bote que contenía, en la mitad de los casos oxitocina y en la otra una sustancia inocua.

Distribuidos en grupos de tres, cada individuo debía elegir de qué forma mover su dinero y los más altruistas resultaron ser aquellos que habían esnifado el neuromodulador, que distribuían sus posibilidades en busca del beneficio de sus compañeros de terna, más que el suyo propio.

Parecía evidente que la oxitocina les hacía cooperar más con sus colegas pero, ¿les haría también defenderlos en caso de amenaza externa? Para determinar esta cuestión, pusieron en marcha una versión algo más compleja del citado dilema en la cual cabía la posibilidad de que el grupo sufriera graves pérdidas si los contrincantes decidían no colaborar con ellos.

Ante la amenaza, muchos de los participantes no se inmutaron, pero aquéllos bajo los efectos de la hormona adoptaron posturas defensivas, cogiendo el dinero de los oponentes y reduciendo al mínimo las potenciales pérdidas de su grupo.

Algunos han relacionado este altruismo parroquial con el terrorismo y la guerra, ya que, como insinúan estos resultados, "podría haber una base biológica para pensar que el altruismo y la agresión están más próximos de lo que se había pensado", indica un artículo que acompaña a este estudio.

En el fragor de la batalla, los soldados producen una cantidad de oxitocina similar a la que produce una parturienta. Esto propicia la unión del grupo y un feroz ataque contra el enemigo, al igual que lo haría una madre defendiendo a su cría. Actualmente, afirma el Dr.

Carsten De Dreu, autor principal del artículo, esta agresividad hacia el enemigo deriva en un sentimiento de lealtad patriota.

La Etología, o ciencia que estudia las conductas animales, nos enseña que estas estrategias también coexisten en todas las especies, incluso en las plantas, pero en el caso humano, por la aparición en nuestra evolución de la CTA, éstos comportamientos llegan hasta sus extremos de máximo en cooperación y máximo en competencia: Una persona puede poner en peligro su propia vida por salvar a otra de su mismo grupo de referencia y, en otro momento, puede ser capaz de cometer un genocidio en una batalla.

Los genes y los memes que motivan llevar al límite estas dos EEE son los que han logrado hacerse mayoritarios en nuestra evolución por la existencia de la CTA, y han logrado prevalecer porque han procurado una ventaja adaptativa en las CTAs, que trataremos de explicar.

Empezamos por la última que hemos comentado es la EEE que produce los enfrentamientos territoriales y las guerras. Podríamos llamarla relación social intergrupal porque es la estrategia que regía mayoritariamente las relaciones entre los clanes y tribus. Los homínidos ancestrales, al igual que los humanos y chimpancés actuales, tendían a defenderse en grupo de los ataques externos. Los miembros de cada clan estaban unidos por fuertes vínculos y debían de considerar al resto de los homínidos que no pertenecían a su propio grupo como ajenos, distintos, desconocidos.

Los enfrentamientos intergrupales estaban totalmente justificados para los contendientes si se consideran batallas entre seres totalmente diferentes, desemparentados y que no poseían ningún gen egoísta en común y/o pocos memes compartidos, siendo mucho más comprensibles que las guerras actuales, motivadas muchas veces por simples diferencias culturales o por pírricos motivos económicos. Aquellas batallas eran por el alimento, por la subsistencia, tan éticas o morales como pueda ser la guerra que actualmente pudiéramos entablar contra alienígenas que vinieran a invadirnos.

Con esto, no queremos decir que la única forma de relación entre grupos fuera la CTA. Debieron de existir, también como en la actualidad, colaboraciones y alianzas más o menos estables entre clanes y tribus, quizás desde los primeros tiempos o quizás como un proceso evolutivo que posibilitaba y favorecía ejércitos más numerosos y, por tanto, más poderosos. La política internacional debió de tener un punto de partida, que quizás estuvo, por qué no, en algunos de los encuentros entre éstos clanes de primates bípedos que no se sentían tan diferentes unos a otros, o que la incipiente inteligencia de la que empezaban a disfrutar los moviera a buscar alianzas estratégicas para derrotar a otros clanes más poderosos.

7. La masa psicológica

El efecto muchedumbre

Otras ventajas decisivas para vencer en una batalla son la valentía y la agresividad de los guerreros, la unidad del grupo y la disciplina jerárquica.

Los individuos deben de mostrarse valientes, agresivos y osados en una batalla para obtener la victoria y, tanto es así, que los jefes y poderes tácticos que intervienen en la batalla, para incentivar este comportamiento, normalmente castigan a los cobardes y premian a los valientes, entre otras cosas, con condecoraciones. Las condecoraciones por méritos adquiridos en batalla existen ya desde tiempos inmemoriales y fueron conocidas por los egipcios, griegos y romanos. Consistían en collares, cintos, medallones, etc., que se llevaban ostensiblemente sobre la vestimenta. En la actualidad han cambiado muy poco y es casi seguro que se galardonaran antes de que existieran registros históricos.

La unidad en los combatientes es también fundamental para ganar, ya que hace que los esfuerzos individuales se agreguen sin interferirse unos con otros, para conseguir una fuerza holismica mayor que si la agregación fuera sin orden ni concierto, evitando la desincronización y compensación de esfuerzos.

Innumerables son los ejemplos de batallas perdidas por ejércitos más poderosos, que por luchar sin unidad, han desaprovechado sus ventajas en la contienda. Así ocurrió en la batalla de las Navas de Tolosa (Jaén) en 1212, que supuso la entrada de los cristianos en el corazón de Al-Andalus, conquistando poco después todo el valle del Guadalquivir: El ejército cristiano de unos 70.000 hombres se enfrenta a los almohades que cuentan en sus filas con tropas andaluzas poco propicias a defender a sus opresores, árabes y cabilas bereberes, en total unos 160.000 hombres. El cronista Ibn Abi Zar narra la batalla desde el punto de vista musulmán: "Cuando los almohades, los árabes y los cabilas bereberes vieron que los voluntarios habían sido exterminados, que los andaluces huían, que el combate arreciaba contra los que quedaban, y que cada vez los cristianos eran más numerosos, se desbandaron y abandonaron…"

Por último, la disciplina y la subordinación jerárquica en el ámbito militar son reconocidas en todos los ordenamientos legales de todas las naciones como valor imprescindible de toda organización jerarquizada que, en el caso de las Fuerzas Armadas, se convierte en un ineludible principio configurador, sin cuya garantía y protección se dificulta el cumplimiento de los cometidos que legalmente tienen asignados. Por ello, en todas las academias militares se dispone la disciplina, más que como una asignatura o enseñanza, como un valor que se inculca en el cadete mediante la aplicación de técnicas psicológicas y morales, que lo sugestionan para obedecer ciegamente las órdenes jerárquicas superiores. Y es que, sin disciplina es muy difícil ganar una batalla.

Pero curiosamente, estos valores fundamentales para la victoria que son enseñados, imbuidos o alentados por todas las academias militares del mundo ya están entre los comportamientos que tenían nuestros ancestros y que hemos heredado nosotros.

Si un grupo heterogéneo de individuos se reúne puede surgir, bajo determinadas circunstancias, el efecto muchedumbre, que los transforma en un ejército de guerreros valientes, disciplinados y fuertemente unidos.

La existencia de la CTA, como presión selectiva de primer orden que ha influido en nuestra evolución biológica, ha podido seleccionar aquellos genes que favorecen un comportamiento valiente en la batalla, que tienden a la unidad del grupo y que procuran la sumisión ciega a los mandos. Y no solamente esto, sino que también, los genes que posibilitan tener estos valores, han sido seleccionados de tal forma que solo activan estas cualidades cuando son necesarios, es decir, durante una batalla, ya que durante el resto del tiempo, nuestros ancestros no necesitaban ser valientes, ni tener unidad ni ser obedientes, sino más bien todo lo contrario. La prudencia y la libertad de acción son valores que han demostrado ser el motor del progreso de todas las civilizaciones, y entre ellas incluimos a las más primitivas.

El disponer de un clan o tribu formado únicamente por soldados valientes y disciplinados en todo momento, que son las virtudes que confiere el efecto muchedumbre, podría ser muy útil para la batalla, pero totalmente inútil y perjudicial para el resto de las tareas cotidianas que sustentan la vida del grupo, como son la búsqueda de alimentos, la caza, la pesca, la recolección, la crianza de los hijos y, en fin, el desarrollo de la vida diaria de estos grupos, por lo que la evolución se encargaría de eliminar estas características que confinaban al individuo a la categoría de autómata sin libertad, a merced de cualquier dictador de turno que pudiera llevar al clan a la destrucción por sus arbitrariedades y caprichos, y que dejasen sin posibilidad de desarrollo a todo el grupo. Es decir, la evolución ha preservado los genes que despiertan estos nuevos instintos justo cuando son necesarios, durante la batalla, y justo cuando son activados voluntariamente por los miembros del grupo, para mantenerlos inactivos en toda otra ocasión.

Para ilustrar todo ello nos valdremos de un ensayo publicado en 1921, "Psicología de las masas y análisis del yo", de Sigmund Freud, padre del psicoanálisis, que no por antiguo deja de tener vigencia, y en el que, como era habitual en él, se vale de los textos de otros grandes psicólogos, como Gustavo Le Bon (1841-1931), para profundizar en las siguientes cuestiones: ¿Qué es "la masa psicológica" o muchedumbre?, ¿Cuál es la relación entre masa e individuo? ¿Por qué medios el alma colectiva puede ejercer influencia en cada sujeto?, ¿En qué consiste esa influencia?

Define el alma colectiva valiéndose de Le Bon:

Para Freud, Le Bon piensa, que en una multitud, se borran las adquisiciones individuales, desapareciendo así la personalidad de cada uno de los que la integran. Lo inconsciente social surge en primer término, y lo heterogéneo se funde en lo homogéneo. El individuo muestra también nuevas cualidades, de las cuales carecía antes: lo convierte en un ser más valiente, le hace que se sienta más integrante y unido al grupo, y le confiere una disciplina y una sumisión a los dictados de la masa de los que antes no disponía.

El individuo integrado en una multitud

Sobre la primera cualidad, la valentía, dice:

"El individuo integrado en una multitud, adquiere, por el simple hecho del número, un sentimiento de potencia invencible, merced a la cual puede permitirse ceder a instintos que, antes, como individuo aislado, hubiera refrenado forzosamente. Y se abandonará tanto más gustoso a tales instintos cuanto que por ser la multitud anónima, y en consecuencia, irresponsable, desaparecerá para él el sentimiento de la responsabilidad, poderoso y constante freno de los impulsos individuales"

El individuo aislado actúa limitado por su conciencia y por su responsabilidad frente al grupo, mientras que el individuo en una multitud no se siente inhibido por estas limitaciones, se ve capacitado de realizar actos que antes se escondían en su subconsciente, se siente, en definitiva, más valiente. La masa da al individuo la impresión por un lado de un poder ilimitado y por otro de un peligro invencible. La multitud sustituye momentáneamente a toda la sociedad humana, encarnación de la autoridad, cuyos castigos se han temido y por la que nos imponemos tantas restricciones. Es evidentemente peligroso situarse enfrente de ella, y para garantizar la propia seguridad, deberá cada uno seguir el ejemplo que observa en derredor suyo.

Sobre la segunda cualidad, la unidad del grupo, comenta:

"Una segunda causa, el contagio mental, interviene igualmente para determinar en las multitudes la manifestación de caracteres especiales, y al mismo tiempo, su orientación. El contagio es un fenómeno fácilmente comprobable, pero inexplicado aún y que ha de ser enlazado a los fenómenos de orden hipnótico.... Dentro de una multitud, todo sentimiento y todo acto son contagiosos, hasta el punto de que el individuo sacrifica muy fácilmente su interés personal al interés colectivo, actitud contraria a su naturaleza y de la que el hombre sólo se hace susceptible cuando forma parte de una multitud"

Según Mc Dougall [50], fundador de la Psicología Social, el hecho es que la percatación de los signos de un estado afectivo es susceptible de provocar automáticamente el mismo afecto en el observador. Esta obsesión automática es tanto más intensa cuanto mayor es el número de las personas en las que se observa simultáneamente el mismo afecto. Entonces, el individuo llega a ser incapaz de mantener una actitud crítica y se deja invadir por la misma emoción. Pero al compartir la excitación de aquellos cuya influencia ha actuado sobre él, aumenta a su vez la de los demás, y de este modo, se intensifica por inducción recíproca la carga afectiva de los individuos integrados en la masa. Todos los individuos dentro de la multitud llegan a tener los mismos objetivos e intereses, y están de acuerdo hasta en la forma de conseguirlos. Es una unidad perfecta de diferentes individuos que llegan a sentir y a actuar, todos juntos, como un nuevo organismo que siente, piensa y actúa diferente a cada uno de sus integrantes.

Respecto a la última cualidad, la disciplina, Freud dice:

"Una tercera causa, la más importante, determina en los individuos integrados en una masa, caracteres especiales, a veces muy opuestos a los del individuo aislado. Me refiero a la sugestibilidad, de la que el contagio antes indicado no es, además, sino un efecto. Para comprender este fenómeno, es necesario tener en cuenta ciertos descubrimientos de la fisiología. Sabemos hoy, que un individuo puede ser transferido a un estado en el que habiendo perdido su personalidad consciente, obedezca a todas las sugestiones del operador que se la ha hecho perder y cometa los actos más contrarios a su carácter y costumbres. Ahora bien, detenidas observaciones parecen demostrar que el individuo sumido algún tiempo en el seno de una multitud activa cae pronto, a consecuencia de los efluvios que de la misma emanan o por cualquier otra causa, aún ignorada, en un estado particular, muy semejante al estado de fascinación del hipnotizado entre las manos de su hipnotizador. Paralizada la vida cerebral del sujeto hipnotizado, se convierte éste en esclavo de todas sus actividades inconscientes, que el hipnotizador dirige a su antojo. La personalidad consciente desaparece; la voluntad y el discernimiento quedan abolidos. Sentimientos y pensamientos son entonces orientados en el sentido determinado por el hipnotizador... No tiene ya conciencia de sus actos. En él, como en el hipnotizado, quedan abolidas ciertas facultades y pueden ser llevadas otras a un grado extremo de exaltación. La influencia de una sugestión le lanzará con ímpetu irresistible, a la ejecución de ciertos actos. Ímpetu más irresistible aún en las multitudes que en el sujeto hipnotizado, pues siendo la sugestión la misma para todos los individuos, se intensificará al hacerse recíproca"

El individuo bajo el efecto de la masa obedece ciegamente los dictados que se le ordenan, sin rechistar, sin pensar, sin perder un solo instante. La disciplina militar adquirida durante años de dura instrucción en una academia del ejército no puede ser más efectiva que la que es mostrada cuando formamos parte de una muchedumbre, y que llevamos escrita en nuestros genes heredados.

Opina Le Bon que en cuanto cierto número de individuos se reúne en una multitud, los elementos individuales se colocan instintivamente bajo la autoridad de un jefe. La multitud es un dócil rebaño incapaz de vivir sin amo. Tiene tal sed de obedecer que se somete instintivamente a aquel que se erige en su jefe. A los directores de multitudes les atribuye Le Bon un poder misterioso e irresistible, al que da el nombre de «prestigio»: El prestigio es una especie de fascinación que un individuo, una obra o una idea ejercen sobre nuestro espíritu, algo así como lo que hoy entendemos por carisma. Esta fascinación paraliza todas nuestras facultades críticas y llena nuestra alma de asombro y de respeto. Los sentimientos entonces provocados son explicables, como todos los sentimientos, pero probablemente del mismo orden que la sugestión experimentada por un sujeto magnetizador. Dice que, de todos modos, y cualquiera que sea su naturaleza, el prestigio depende siempre del éxito y desaparece ante el fracaso.

La masa guerrera: la sugestión

Y concluye Freud:

"... Así, pues, la desaparición de la personalidad consciente, el predominio de la personalidad inconsciente, la orientación de los sentimientos y de las ideas en igual sentido, por sugestión y contagio, y la tendencia a transformar inmediatamente en actos las ideas sugeridas, son los principales caracteres del individuo integrado en una multitud. Perdidos todos sus rasgos personales, pasa a convertirse en un autómata sin voluntad"

Freud, como Le Bon, identifica el estado del individuo integrado en una multitud con el estado hipnótico, pero discrepa de él a no considerar el contagio como una manifestación de la mayor sugestión, ya que cree que Le Bon no deja claro quién ocupa la importante figura del hipnotizador sobre la que la masa siente una influencia fascinadora, lo deja en la sombra, y diferencia sus efectos sobre la acción contagiosa que los individuos ejercen unos sobre otros y que viene a reforzar la sugestión primitiva.

Tanto Freud como Le Bon insisten en la disminución de la actividad intelectual que el individuo experimenta por el hecho de su disolución en la masa. Dicen que en multitud, el individuo es un instintivo, un bárbaro, con la espontaneidad, la violencia, la ferocidad y también los entusiasmos y los heroísmo de los seres primitivos. William Mc Dougall [50] opina que las inteligencias inferiores atraen a su propio nivel a las superiores que ven estorbada su actividad intelectual porque la intensificación de la afectividad, la intimidación de la multitud y la disminución de la conciencia de la responsabilidad crea, en general, condiciones desfavorables para el trabajo intelectual.

Después pasan a describir las características del nuevo ente creado, al que llaman "alma de la multitud", y la asemejan a la vida anímica de los primitivos y de los niños. Dicen que la multitud es impulsiva, versátil e irritable, que los impulsos a los que obedece son siempre tan imperiosos que la personalidad e incluso el instinto de conservación desaparecen ante ellos, no actúa premeditadamente ni es perseverante, y se siente siempre omnipotente, es extraordinariamente influenciable y crédula. Carece de sentido crítico y lo inverosímil no existe para ella. Es irracional y fantasiosa, con sentimientos simples y exaltados, por lo que no conoce dudas ni incertidumbres. Las multitudes llegan rápidamente a lo extremo. La sospecha enunciada se transforma ipso facto en indiscutible evidencia. Un principio de antipatía pasa a constituir, en segundos, un odio feroz. Es tan autoritaria como intolerante. Respeta la fuerza y no ve en la bondad sino una especie de debilidad que le impresiona muy poco. Lo que la multitud exige de sus héroes es la fuerza e incluso la violencia. Quiere ser dominada, subyugada y temer a su amo... su conducta moral puede tanto sobrepasar el nivel ético individual como descender muy por debajo de él... la multitud se muestra muy accesible al poder verdaderamente mágico de las palabras, las cuales son susceptibles tanto de provocar en el alma colectiva las más violentas tempestades, como de apaciguarla y devolverle la calma.

Freud asemeja este predominio de la vida imaginativa y de la ilusión sustentada por el deseo insatisfecho con el fenómeno característico de la psicología de las neurosis.

Según Freud, la intervención de factores racionales, como la intimidación del individuo por la multitud, o sea la acción de su instinto de conservación, no basta para dar una explicación psicológica de la modificación psíquica que la influencia de la masa impone al individuo. Tampoco la tendencia que tenemos a la imitación de los afectos que observamos en otros es una explicación suficiente, porque éste instinto no es irrefrenable, muchas veces nos resistimos con éxito a sentir el afecto observado, e incluso, podemos reaccionar de un modo totalmente opuesto, mientras que dentro de una multitud sucumbimos inevitablemente al contagio general, nos dejamos llevar por él.

Para Freud, y para todas las autoridades en sociología y psicología de las masas, se reduce siempre, aunque presentando bajo diversos nombres, a la misma cosa, resumida en la mágica palabra «sugestión». La sugestibilidad es la explicación de la transformación del alma individual que forma parte de un alma colectiva; pero Freud no conoce el origen ni la causa de este fenómeno.

Basándonos en las conclusiones de estos eminentes psicólogos, podemos decir que el efecto multitud es pasajero, que se inicia con la concurrencia de individuos que tienen un interés común y que experimentan los mismos sentimientos en una situación dada, y que muere con la disolución del grupo. Si no fuera así, la vida en comunidad sería inviable, un auténtico caos, porque los impulsos irracionales e irreales propios de la masa son los que gobernarían los designios del grupo, llevándolo inevitablemente al desastre. Es como si encomendáramos a un salvaje apasionado o a un niño mal educado los designios del grupo. Por eso, la Selección Artificial ha escogido esta adaptación pasajera que se activa cuando se requiere. Antes de la batalla, los guerreros se reúnen, y con consignas y algunos clichés prefabricados, se estimula el nacimiento de este ente terrible, el alma colectiva, capaz de entregar la vida de todos sus componentes y de increíbles gestas.

Un clan que pudiera autosugestionarse de tal forma que, en cualquier momento, pudiera hacer nacer este alma colectiva entre sus miembros, siempre sería más poderoso en todas las batallas, que aquellos otros clanes que no fueran tan sugestionables, por el simple hecho que actuarían en la batalla de una forma más indisciplinada, cobarde y disgregada.

El fenómeno en la actualidad: la hipnosis

Debió de ser muy remota la aparición de este fenómeno en nuestra evolución, quizás cuando surgieron los primeros brotes del lenguaje articulado, ya que los símbolos no situacionales que Ray Jackendoff definía como el primer avance en la aparición del lenguaje son los únicos mecanismos necesarios para despertar el alma colectiva que anida en la multitud.

Como hemos visto el alma colectiva es irracional, no necesita que sus miembros gocen de una gran capacidad cognitiva, y se deja llevar por las palabras y los símbolos, más que por la razón, justo lo que se manifiesta en nuestros ancestros más primitivos, por lo que no sería muy descabellado afirmar que debió aparecer en algún australopiteco avanzado o en algún Homo primitivo, debiendo ser un efecto o comportamiento preponderante en todas las especies y razas posteriores por el efecto de la Selección Artificial.

Con el transcurso del tiempo y la aparición de los siguientes avances en el lenguaje, la transmisión de la formación y de la cultura militar, la división del trabajo, la aparición de la clase militar y el perfeccionamiento de las artes de la guerra, el efecto muchedumbre iría quedando relegado a un segundo plano, cada vez menos determinante para obtener una victoria en combate. La supremacía de la estrategia y de la inteligencia militar sobre el ímpetu irracional de la masa psicológica se iría imponiendo en todos los campos de batalla, pasando a convertirse en un simple vestigio de nuestra evolución que aún hoy en día se activa con la participación en acontecimientos y espectáculos deportivos, que subyugan al espectador de tal forma que lo transforma en parte de una masa psicológica al más puro estilo guerrero, en los que se aprecian todas las características propias de una horda primitiva en pie de guerra: sentimiento de omnipotencia, valentía, unidad, agresividad, inconsciencia, falta de responsabilidad, etc., toda esta psicología, repetimos, corresponde a un estado de regresión a una actividad anímica primitiva, tal y como la atribuiríamos a la horda prehistórica.

La capacidad de sugestionarnos o de ser hipnotizados son características exclusivamente humanas, que no existen en ninguna otra especie animal. Es una adaptación a la presión selectiva provocada por la CTA, que ha derivado en otras aplicaciones o funcionalidades diferentes, algunas positivas y otras no tan buenas.

Aparte de la integración en una masa, existen diversos métodos para conseguir este estado tan especial en una persona: la sugestión directa, que se obtiene mediante la autoridad ejercida sobre una persona que se somete a ella; la sugestión hipnótica, que se consigue mediante la hipnosis, estado de influencia magnética, por fascinación por influjo personal o por aparatos adecuados; y la sugestión indirecta, a través de la insinuación de ideas que los sujetos aceptan como verdaderas y propias.

Entre las buenas prácticas se ha usado la hipnosis como una herramienta eficaz de tratamiento para eliminar hábitos nocivos y para el tratamiento de las fobias, y fue la primera de las técnicas psicoterapias que aún es utilizada en algunos países de Europa y Rusia.

El dolor bajo hipnosis se interpreta diferente, porque el cerebro puede disociarse para no percibirlo, y el efecto placebo es un ejemplo de ello: experimentos con ultrasonido contra el dolor de muelas comprobaron que el grupo al cual se le aplicaba el aparato desconectado también dejó de sentir dolor e incluso mejoró de la inflamación. Se le puede enseñar a un paciente a anestesiar una parte de su cuerpo para practicarle una operación quirúrgica –por ejemplo: concentrándose en mantener la boca húmeda–. En la práctica forense y en psicoterapia, bajo hipnosis, los testigos o pacientes pueden recordar nombres de personas y lugares que habían olvidado. La meditación es una forma de auto-hipnosis y sólo se puede lograr con la concentración y la entrega. Enamorarse es un estado hipnótico, en el que se pierde la atención a todo lo demás y no se razona.

Entre las malas praxis, las sectas religiosas usan métodos de disuasión para atraerse adeptos y manipularlos. Otra forma de llegar a la sugestión es la basada en la autoridad de las fuerzas armadas que pueden llegar a reorganizar la mente de los soldados y convencerlos de que están haciendo lo correcto, aunque no lo sea. También bajo hipnosis se pueden implantar recuerdos, induciendo a recordar cosas no vividas propuestas por el hipnotizador. Y como la salud física también puede ser afectada por sugestión según lo que pensamos o creemos, podemos auto inducirnos enfermedades por ser excesivamente aprensivos y pusilánimes ante las más leves dolencias.

La mayoría de las personas pueden ser hipnotizadas y llegar a un estado de trance que se logra cuando se puede concentrar la atención en un objeto y se pierde la atención periférica, desapareciendo la inhibición y el juicio crítico. Tendemos a concentrar la atención frente a estímulos repetitivos, cuando estamos absortos logramos la concentración necesaria para caer en un estado de trance. Durante el estado hipnótico la percepción cambia y es dirigida para ver cosas que no existen o para ver la realidad diferente.

Sin embargo, la sugestión no es pasiva; la evidencia indica que los hipnotizados "eligen" concentrarse, se entregan y están más dispuestos. Durante el estado de hipnosis no se corrigen los errores, el cerebro está consciente pero hay una parte del mismo que no le importa. Y la fe y la creencia desempeñan un papel importante.

8. Los fósiles nos enseñan

El canto tallado: el arma primigenia

Otro tanto debió de ocurrir con el diseño, fabricación y empleo de las armas de guerra. Aquellos grupos que fueron capaces de inventar y fabricar armas más sofisticadas que las que empleaban sus enemigos, eran los victoriosos. La innovación tecnológica militar era y es privilegio de los pueblos más avanzados y, por tanto, más inteligentes. La inteligencia operativa es la adaptación positiva.

Aplicando el principio de actualismo, podemos decir que la primera arma empleada debió de ser una piedra usada de proyectil, como hacen los chimpancés actualmente al marcar el territorio: con ostensibles movimientos de brazos, chillidos y convulsivos desplazamientos laterales los chimpancés amenazan a los intrusos y, si esto no les basta, lanzan piedras contra los posibles invasores. Como vimos, la presión selectiva de estas CTAs nos hicieron adaptarnos con la postura erguida, la mano acortada y la visión estereoscópica superior, que hacen que hoy día lancemos más lejos y con mucha más puntería que nuestros primos los chimpancés.

Desde los años sesenta del siglo pasado, importantes primatólogos, como Toshisada Nishida, Jane Goodall, Andrew Whiten, W.C. McGrew, V. Reynolds, Y. Sugiyama, C.E.G. Tutin, R.W. Wrangham y C. Boesch desarrollaron un registro científico exhaustivo de la vida de los chimpancés en diversas comunidades distribuidas por el continente africano, que sumaban nada menos que 151 años de observación de chimpancés. Se catalogaron 39 patrones de comportamiento que para ellos tienen un origen cultural, porque son caracteres conductuales que se transmiten, no a través de sus genes, sino mediante el aprendizaje. Uno de ellos es el lanzar piedras y palos con el propósito de ahuyentar a los intrusos, aunque fallaban a menudo, como pudieron observar. Éste se ha considerado como un comportamiento tradicional, que ocurre en la mayoría o en todos los miembros de un sexo o clase de edad, en las comunidades de Bossou, Bosque de Taï, Gombe y Mahale. Mientras que solo se observó que existía también en las comunidades de Kibale y Budongo. Solo entre los chimpancés de una de las dos comunidades de Mahale no se observó que hubiera lanzamiento de objetos. Con ello se demuestra que, junto a otras costumbres como cortar hojas, danzar bajo la lluvia o golpear con los nudillos, es una de las conductas más extendidas entre los chimpancés africanos.

Nuestros ancestros comunes con los de los chimpancés ocuparon parecido nicho ecológico que ahora ellos ocupan, por lo que no es muy disparatado pensar que tenían costumbres parecidas. Y como se trata de una estrategia de defensa del territorio, tampoco es contrario a la razón catalogar el lanzamiento manual de proyectiles como una EEE, de las definidas por Maynard Smith, de las que cualquier desviación es castigada por la evolución.

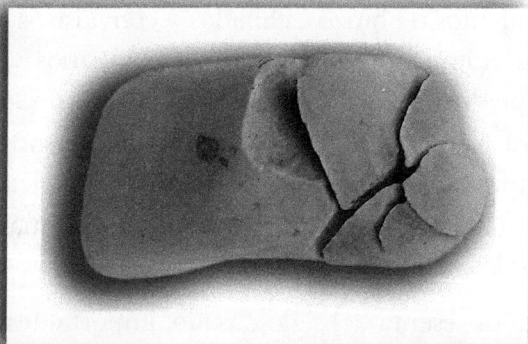

En la foto: remontaje de un canto tallado del yacimiento achelense de Áridos, en Arganda. Madrid

Los proyectiles más abundantes en cualquier paisaje son las piedras o cantos. Éstos serían seleccionados para ser acopiados y, si no reunían las características apropiadas, eran tallados hasta darles la forma y el peso que el lanzador estimaba propia para su fuerza y la distancia a la que tendría que ser arrojada. La misma tarea que realiza nuestro amigo Santino en el zoo de Furuvik, y con el mismo objetivo. Cada individuo desecharía los cantos o rocas que estimaba pequeñas, y a las grandes, con unos cuantos golpes, le arrancaba las lascas necesarias para adecuarlas al lanzamiento. Con ello se aprovisionaba del arsenal necesario para la defensa o el ataque en las CTAs.

Los cantos tallados, son el producto estrella del Modo 1 u Olduvayense, primera industria de la humanidad, por eso también se la conoce como industria de los Cantos Tallados. Se caracterizan por ser manejables con una sola mano (un guijarro, un pequeño bloque, una laja o tableta de piedra, una lasca de buen tamaño, etc.), adecuados en tamaño y forma al gusto del propio fabricante, por lo que es enorme la variabilidad dimensional del tipo, desde pequeñas piezas de poco más de 5 cm, hasta otras enormes de más de 1 kg, y su morfología está poderosamente determinada por el soporte en el que han sido elaborados, con una talla rudimentaria e incompleta (a menudo dos o tres lascados) que forma una arista cortante y que conserva una buena parte de la superficie natural de soporte, es decir, del córtex. Por ello, los especialistas estudian su situación respecto al eje morfológico de la pieza (terminal, lateral, oblicua, doble...), su delineación (convexa, sinuosa, subrectilínea, cóncava...), la proporción tallada y la que conserva el córtex natural, y la forma del filo (simple, apuntada, doble...). También han existido numerosos intentos de clasificación de los cantos tallados, como el de Pierre Biberson en 1967, o el de la investigadora francesa L. Ramendo, que divide los cantos tallados en tres grandes familias: los monofaciales, los bifaciales y los polifaciales, pero si se comprende que en millones de años un tipo lítico apenas ha cambiado, será más sencillo asimilar que resulta inútil intentar establecer procesos evolutivos dentro de fases específicas de la Prehistoria.

Aunque son característicos de las culturas más antiguas de la Prehistoria, no faltan en ninguna de las etapas en las que hay industrias líticas, desde los albores de la humanidad hasta nuestros días, sin que se aprecien apenas cambios de estilo en su fabricación, es decir, no hay diferencia entre un ejemplar del más antiguo Paleolítico y otro de épocas históricas. El canto tallado es el artefacto más antiguo que jamás fabricó el ser humano, y es el arma más usada durante más tiempo en su historia evolutiva, y geográficamente, ocupa todo el globo, sin excepción, ya que el canto tallado ha acompañado al ser humano a lo largo de toda su historia y su geografía, porque es la compleción extracorpórea a la adaptación a las CTAs, que ha convertido al hombre en el mejor lanzador de piedras de la biosfera.

Los cantos tallados se fabricaban para ser arrojados una sola vez, sin intensión de reutilización o, incluso, ante la facilidad de su elaboración, podían ser almacenados sin ni siquiera ser usados nunca, solo por motivos preventivos, por lo que los diferentes análisis de las huellas de uso o traceológicos no han podido determinar una función específica y concreta de estos instrumentos.

La información obtenida de los microdesgastes con diversos instrumentos ópticos, como los microscopios binoculares, petrográficos o los electrónicos de barrido, no han podido estimar su verdadera función, al contrario que el resto de los artefactos líticos conocidos, donde el peculiar tipo de desgaste sufrido por la piedra podía determinar, con poco margen de error, el uso para el que fueron confeccionados. Solamente en los yacimientos relativamente más modernos de Atapuerca TD6 y Monte Poggiolo, en la actual Europa, de 0'8 ó 0'9 Ma, los investigadores han logrado documentar actividades sobre madera, hueso o carne, por las huellas de uso en estos instrumentos tan simples.

La indeterminación de su uso ha llevado a algunos investigadores a defender su multifunción, de tal forma que está generalmente aceptado que el canto tallado carece de especialización, ni técnica, ni morfológica, ni funcional, y se cree que es posible que fuese una herramienta o que fuese un núcleo cuyo verdadero objetivo de la talla hayan sido las lascas extraídas; y también se cree que es posible que ambas opciones se diesen en una misma pieza, sucesiva o simultáneamente, es decir, que fuesen núcleos y que fuesen útiles funcionales. Pero no se puede explicar como podían sustituir a otras herramientas específicas y tecnológicamente más avanzadas con las que coexistieron, o cuál era la función para las que eran usadas sus lascas, o cómo, en los albores de la humanidad, en los que no existía otra industria lítica más que estos cantos tallados, se pudiesen usar como núcleos para realizar otros instrumentos que no se han encontrado y se sospecha que no existían.

Su universalidad geográfica y temporal indican que fueron fundamentales para la humanidad, características que solo la primera y más usada de las armas creadas por el hombre puede cumplir, el canto tallado usado como proyectil. Aquellos homínidos que supieron elaborar más eficientemente los cantos tallados y disponer de un gran arsenal de ellos en cualquier momento, incluso en los largos desplazamientos, y en los lugares más estratégicos, son los que con más probabilidad vencían en las CTAs, y los que nos han transmitido sus genes.

El canto tallado significó el arranque de una proceso evolutivo lítico que se culminó con los instrumentos y armas más sofisticadas del Neolítico.

Olduvayense, primera tecnología bélica

Las herramientas y armas líticas se han encontrado en forma aislada pero, también, de manera significativa, en asociación con concentraciones de huesos animales, formando los famosos yacimientos arqueológicos. Desde la década de los sesenta a los ochenta del siglo pasado, muy acalorados han sido los debates científicos sobre el significado de esta asociación de huesos y piedras, desconocida en cualquier otra especie carnívora o vegetariana. Para unos eran campamentos base donde se compartía la carne y los vegetales en el seno de un complejo ambiente social típico de cazadores recolectores [72], para otros se trataba de simples comederos de carnívoro donde los homínidos raspaban la carne de los cadáveres y rompían los huesos para extraer el tuétano, como carroñeros marginales, sin más implicaciones sociales [73].

Las evidencias sobre éstas hipótesis han sido obtenidas de seis yacimientos de 1'8 Ma de antigüedad de la Garganta de Olduvai y uno de Koobi Fora, conocido como el yacimiento 50, de 1'5 Ma. El más famoso de los de Olduvai es el "piso del Zinjanthropus" con una acumulación de más de 40.000 huesos y 2.647 piedras. Ha esta tecnología se llamó Olduvayense.

Pero ninguna de estas teorías puede dar una explicación de por qué la materia prima de alguno de los yacimientos procede de lugares fuentes situados a 11 kilómetros de distancia –"manuportes", piedras que se transportaban de un lugar a otro–, ni por qué algunos de las artefactos nunca fueron procesados ni usados.

Se sabe que Homo erectus y Homo habilis transportaban manuportes desde muy lejos del lugar donde las habían encontrado. Si algo abunda en cualquier paisaje son las rocas, y acarrearlas en largos desplazamientos en vez de buscarlas en el lugar de destino es, cuando menos, un comportamiento absurdo, teniendo en cuenta los graves problemas de logística que tendrían unos seres que aún no han descubierto ni la rueda. A no ser que el verdadero propósito no sea su utilización como instrumento, sino como arma arrojadiza, que se transportaba en prevención de un ataque por sorpresa de cualquier grupo enemigo.

Posteriormente, en los años setenta aparecieron nuevos registros que envejecían progresivamente el comportamiento instrumental humano, de forma que, a día de hoy, el inicio de la historia técnica hay que llevarlo más allá de 2'5 Ma y lejos de aquellos conjuntos de Olduvai y Koobi Fora. Nos referimos a tres grupos de yacimientos: los del miembro Kada Gona en Hadar, los de la formación Shungura y los del Turkana occidental, representados por la localidad de Lokalalei.

El registro de Kada Gona 2.3.4 es el más antiguo localizado hasta ahora, con una datación paleomagnética muy precisa en torno a los 2'6 Ma. Muy próximos al de Kada Gona 2.3.4, y que pueden ser referidos como de la misma época, se sitúan los registros más recientes de EG10 y EG12. La cuestión a destacar en éstos tres conjuntos de más de 2'5 Ma es la ausencia total de restos de fauna asociados a la industria. Incluso la localidad EG10 presentó dos niveles con industria separados por un espesor de 40 cm correspondientes a una reiteración de la ocupación en el mismo punto, como indicio del patrón territorial, tampoco sin restos fósiles de vertebrados.

En los demás yacimientos de Shungura y Lokalalei, pocos restos de fauna asociados a la industria presentan lo que podrían ser trazas de despiece. Esta cuestión no puede atribuirse a la mala fosilización porque en los mismos entornos y localidades aparecen restos fósiles en yacimientos diferentes y, además, tienden a aparecer también en los registros en que se observa claramente una erosión y posición derivada del material. Esta característica es la que algunos autores han puesto de manifiesto para sugerir un entorno ocupacional parecido al de las actividades de chimpancés, en que los recursos adquiridos son siempre vegetales, de los que no quedan restos macroscópicos. En este sentido, recientemente han publicado la excavación de un "yacimiento" con restos de actividad chimpancé en Costa de Marfil [111]. El conjunto, llamado Panda 100, es el resultado de golpear repetidamente bloques de piedra sobre yunques, usados para romper nueces, por parte de chimpancés, durante varios años, pero solo cuando los árboles frutales estaban vivos.

Pero comparar este registro con las industrias más arcaicas de Kada Gona o Shungura, con un amplio registro de miles de objetos fracturados, no es pertinente, porque sería obviar la voluntariedad y la estrategia en la fractura de los bloques líticos, así como, la reiteración en la ocupación territorial de los mismos lugares en grandes intervalos temporales, quizás de cientos de años, muy superior a la vida media de las masas de frutales, y en unos espacios que, en la mayoría de los casos, han sido descritos como abiertos o semi abiertos, sin presencia significativa de vegetación.

Todo ello resta fuerza a la hipótesis del carroñeo o la caza como uso principal de éstos yacimientos, ya que la secuencia temporal sugiere que éstas actividades cinegéticas, realizadas por homínidos con una capacidad craneal parecida a la de los actuales chimpancés, fueron secundarias y posteriores a las primeras ocupaciones. Es claro que, por el principio de precedencia evolutiva, no podemos inferir que la función de estos yacimientos, el supuesto procesamiento de carne o alimentos vegetales, sea el objetivo principal de la adaptación, puesto que, como hemos visto, la primera asociación de huesos e industria lítica es muy posterior a los yacimientos más antiguos encontrados.

Yacimientos como arsenales

Por ello, podemos considerar otra nueva hipótesis, la de los yacimientos prehistóricos como arsenales de proyectiles, donde los homínidos se sentían seguros para aportar alimentos y consumirlos. Se pueden considerar los primeras arsenales de campaña, a los que se arrimaban todas las piedras que en todo momento transportarían para la defensa itinerante del grupo.

Como hemos visto, los cantos tallados eran los proyectiles que los homínidos usaban como armas en las CTAs. Las piedras eran seleccionadas y talladas para ser acopiadas y colocadas en los lugares más estratégicos, como hace nuestro amigo Santino cuando almacena en diferentes montículos los futuros proyectiles, y con el mismo objetivo.

Con esta nueva hipótesis se explicarían, de una forma más sencilla:

La existencia de manuportes y el transporte de materiales a grandes distancias, que eran, como hemos visto, para la defensa itinerante del grupo.

La variabilidad observada entre yacimientos, en cuanto a las proporciones encontradas de desechos de talla –débitage– y productos de talla –tools– por un lado, y en cuanto a la densidad de piedras encontradas, por otro, dependería de si el arsenal, en el momento anterior a su abandono, fue usado en alguna CTA o, por el contrario, fue aprovisionado, presentando en este último caso más acumulación y menos proporción de desechos de talla. Este tipo de disparidad entre yacimientos no son tan notorias en otros yacimientos más modernos, donde la función es claramente la elaboración de instrumentos.

La falta de conexión entre restos de fauna e industria en algunos yacimientos, sobre todo en los más antiguos, indicaría que el despiece de las carcazas no era su principal función, sino una secundaria, que se fue generalizando con el desarrollo evolutivo de unos homínidos filogenéticamente cada vez más carnívoros.

La localización estratégica, cercanos a fuentes de materias primas y a cursos fluviales, y la gran densidad de piedras y productos sin usar, en algunos de los yacimientos, como los 2.969 objetos encontrados en EG10 y EG12, indican que el objetivo era disponer de una gran cantidad de piedras, en el lugar y el momento previstos, para proveerse en una posible CTA. Si el objetivo fuera la obtención de útiles o herramientas no sería necesaria tanta acumulación en un mismo lugar, ni el trasiego de piedras de un lugar a otro, como se aprecia en otros yacimientos de industrias más modernas del Modo 3 ó 4. La reiteración en el uso de los instrumentos líticos, y su fabricación in situ, harían innecesaria una gran acumulación de ellos.

La falta de una uniformidad y recurrencia en los métodos de talla, que implica una producción de lascas de tamaños y formas diversas y no controlables, con escaso aprovechamiento de las materias primas, y de productos unifaciales con escasos levantamientos por pieza, y la aparición posterior, de lo que Mary Leakey llamó esferoides (cantos redondeados), en el Olduvayense avanzado de hace 1'6 Ma (que fue la primera evidencia de la estandarización en la industria humana), todo ello indica que la talla se realizaba simplemente para rebajar la masa de los materiales y adecuarlos al lanzamiento, no para el uso de sus filos o para cualquier otra función que, en todo caso, requeriría de una morfología de los productos más sofisticada y de una capacidad cognitiva muy superior al índice encefálico que predominaba en esa época, cercano al de los chimpancés actuales.

La mayor proporción encontrada, en los yacimientos de Olduvai, de huesos proximales de las extremidades −más largos− sobre los distales −más cortos− no sería un indicio de que éstos homínidos eran carroñeros muy activos, como propusieron Bunn y Ezzo [113]. Ellos consideraban que al no tener restricción al acceso primario a estos huesos proximales de los cadáveres –con más contenido cárnico y nutrientes y, por tanto, los primeros que suelen ser consumidos por los carnívoros–, significaba que realizaban un carroñeo más activo y agresivo, en contra de otras evidencias y de las opiniones de otros autores, como Binford o Shipman, que solo consideraban un modelo carroñero de tipo pasivo y marginal. Si consideramos que éstos huesos, más grandes, largos y robustos, eran usados como cachiporras y se acopiaban como armas en las CTAs, al igual que los cantos tallados, podemos salvar ambos supuestos sin mayores complicaciones. Incluso podría ser la razón de que al menos el 10% de los huesos largos en los primeros yacimientos de Olduvai estén completos, sin fracturar por los homínidos para extraer la médula, como indica Domínguez-Rodrigo y De la Torre [114]. Y dado que la actividad de las hienas ha sido documentada en estos sitios, sugiere que el número original de huesos completos debió ser significativamente superior: muchos huesos presentan patrones de fractura atribuible a los carnívoros, los cuales no se esperarían en el caso en que los homínidos hubieran roto y consumido la médula de todos los huesos. No tiene mucho sentido el conservar la médula de los grandes huesos, muy apreciada en la nutrición de los carnívoros, si no es para usar el hueso como una maza en las CTAs.

La aparición de tres enigmáticas estructuras constructivas, como pequeños amontonamientos intencionales de guijarros –manuportes– o bloques de piedra, en forma de círculo u óvalo de unos 5 m de diámetro, alrededor de un espacio vacío, en la localidad DK 1 de Olduvai (datada en más de 1'7 Ma), en el yacimiento Gomboré I, (de 1'65 Ma) y en el yacimiento Garba XII (de 0'9 Ma), ambas últimas en la misma formación Melka Kunturé, en Etiopía. Las hipótesis que explican su uso son variadas: para algunos se debían a la existencia de un árbol –del que nunca se obtuvo pruebas suficientes–, para otros, por la acumulación de materia prima –sin explicar la aparición de un círculo central vacío–, y otros postulaban que eran paravientos o construcciones para protegerse de las inclemencias del tiempo o de los depredadores –obviando la existencia de otras construcciones naturales más apropiadas para ello–. Para nosotros, se trata de las primeras fortificaciones de campaña, construidas por los homínidos para evitar los impactos de rocas lanzadas por los enemigos en las CTAs. Éstos se introducían en su interior y, aparte de disponer de las rocas necesarias para lanzarlas, servía de parapeto a todos los proyectiles que pudieran venir de cualquier dirección. Parecida función a las de todas las fortificaciones militares que han jalonado todos los paisajes en todos los tiempos en los que los seres humanos hemos vivido.

Parapeto olduvayense de manuportes

La perennidad y perentoriedad del Modo 1

El Modo 1 u Olduvayense, surge en África, como hemos visto, hace más de 2'5 Ma, mientras que el Modo 2 o Achelense surge, también en África, hace 1'4 Ma, claramente derivada de la anterior, a través de lo que autores como Mary Leakey o Kleindienst denominaron Olduvayense evolucionado.

El Modo 2 o Achelense tiene su primera aparición en Konso-Gardula, y significa una evolución del Modo 1 porque se producen grandes instrumentos sobre lasca, con una configuración intensa y bifacial, preconfiguración de grandes instrumentos, sistematización de métodos de talla y modificación muy controlada de la morfología original de los soportes.

Pero a pesar que el Modo 2 supuso una novedad tecnológica muy eficaz, como demuestra su gran expansión y su permanencia, la tecnología del primitivo Modo 1 siguió perviviendo y produciéndose junto con el Modo 2 en grandes zonas del Valle del Rift africano. Incluso fue con esta tecnología, y no con la más avanzada del Modo 2, con la que salieron de África los primeros pobladores de Eurasia. Habría que esperar 550 ka para que el Achelense se adoptara en Europa.

En realidad, el Modo 1, desde su aparición, nunca ha llegado a desaparecer del todo en ningún sitio donde se implantó. Como la define Marina Mosquera, investigadora docente de la Universitat Rovira y Virgili [112], "se trata de una tecnología de fondo, de carácter de emergencia –por sus propios rasgos oportunistas– que la convierten en un recurso tecnológico atemporal". Tanto es así que, en la práctica, cuando investigamos su origen, es imposible distinguir entre su uso como tecnología imperante y su utilización como recurso de emergencia.

Por ello se ha postulado que la progresiva instauración del Modo 2, como tecnología principal, podría haber sido, simultáneamente, motor y consecuencia de la aparición de nuevos modelos de subsistencia de caza y recolección, organizados por y para grupos cada vez más numerosos. Y que, el valor añadido del Modo 1, que lo perpetúa como una tecnología con carácter atemporal e identidad propia, sea la rapidez en su aplicación en situaciones críticas de urgencia, como más de un investigador ha planteado.

En cualquier caso, la subsistencia de una tecnología muy arcaica, en convivencia con otras más avanzadas, durante millones de años de evolución humana, es una paradoja aún no resuelta científicamente, aunque no faltan hipótesis.

La más simple, que aquí sugerimos, es que el Modo 1 es la primera industria bélica aparecida en la evolución humana, que emergió como una adaptación positiva, al suponer un perfeccionamiento de las armas y proyectiles que se empleaban en las CTAs.

Posteriormente, partiendo de ella, otras tecnologías han evolucionado hacia la complejidad, satisfaciendo nuevas necesidades o perfeccionando antiguas armas o herramientas. Como hemos visto, la perentoria y urgente necesidad de la defensa en una CTA, es causa que puede justificar la continuidad evolutiva de esta tecnología, que ha permitido que llegue incluso hasta nuestros días: baste citar el ejemplo de la Primera Intifada, entre palestinos e israelitas, que comenzó en 1987 con la famosa "Guerra de las piedras", en la que los árabes se acopiaban y preparaban arsenales de piedras para las batallas callejeras contra las Fuerzas de Defensa de Israel. Salvando las distancias, tanto en Cisjordania como en Kada Gona, se producía una selección, traslado, preparación, acumulación y colocación estratégica de las piedras en prevención de una contienda.

Mientras no hayan existido armas más potentes y tecnológicamente más avanzadas, en todas las CTAs, el recurso al lanzamiento de piedras ha sido el más empleado, y mientras más avanzada técnicamente ha sido una época, menos se emplea y menos cantos tallados aparecen en el registro fósil. Por ello es tan difícil distinguir, en los albores de la tecnología, cual es la industria imperante, si el Modo 1 ó el Modo 2, al existir un sesgo tecnológico pequeño entre ambas.

Si bien no se puede afirmar, al menos para los vestigios más antiguos, que se trate de útiles fabricados por alguien con conciencia de lo que hacía, está muy claro que, en este Modo 2, los homínidos conocían perfectamente el proceso de fractura de las rocas y que eran capaces de actuar con cierta previsión, obteniendo productos preconcebidos y formalmente estandarizados. El surgimiento de la tecnología del Modo 2, como cualquier avance tecnológico humano, es el producto o la consecuencia de un incremento en la complejidad operativa y mental de sus inventores pero, en modo alguno, se puede considerar como la causa o el origen del mayor desarrollo cognitivo. Primero existe la capacidad para crear un avance técnico, después su desarrollo, y nunca en el orden contrario.

Aunque el Modo 2 supuso sin duda un mejor control de los recursos bióticos y abióticos de un territorio, y por tanto, mayor eficacia biológica, no se puede considerar que este avance haya sido la causa de selección. Los inventores del Modo 2 no fueron una rama biológica distinta de la que seguía produciendo el primitivo Modo 1 en aquel momento: en ambos casos se trata del Homo ergaster-erectus africano. Y las dos tecnologías convivieron juntas durante cientos de miles de años en África y más tarde en Eurasia, incluso fue el Modo 1 la que logró su expansión global mucho antes.

El Modo 2, de acuerdo con los datos actuales, llegó a Europa desde fuera, y lo hizo en una época muy tardía, hace apenas 500 ka, y a Asia oriental hace 800 ka, a juzgar por las evidencias del Valle de Bose (China).

Para Ian Tatersall [104] pensar la evolución morfológica del cerebro en función de su adaptación a nuevas demandas del entorno es poner la carreta delante de los bueyes, porque las transformaciones encefálicas son anteriores a la productividad humana de la que inferimos su evolución cognitiva. Así, las innovaciones instrumentales observadas en Homo habilis (probable precursor del Modo 1 hace alrededor de 2'6 Ma), tuvieron una continuidad de cerca de 1'6 Ma, hasta los nuevos artefactos y técnicas del Homo ergaster y erectus, constructores de bifaces y hachas de mano con el Modo 2. Sin embargo, sabemos que, antes de unos 700 ka de éstas innovaciones, Homo ergaster ya existía, es decir, hubo que esperar muchos miles de años antes de que éste mostrara, a partir del registro de herramientas, un comportamiento instrumental nuevo y, probablemente, también sociocognitivo.

Si el Modo 2 hubiera surgido por selección de procesos conductuales derivados de adaptaciones genéticas –como cualquier otro evento de Selección Natural– la evolución filética y la sustitución de una tecnología más eficiente por otra, hubiesen tenido un reflejo sincronizado en el registro fósil.

En cualquier caso, sería más simple suponer que se trata, como cualquier otro avance tecnológico que conocemos, de un proceso cognitivo inherente a la capacidad humana, cuyo origen o motor nunca se puede buscar en su exteriorización; el efecto no puede ser la causa del fenómeno.

Precisamente este es el modus operandi de la Selección Artificial: en sucesivas CTAs se seleccionan los más gregarios e inteligentes, hasta que filogenéticamente la mayoría de la población adquiere la capacidad cognitiva que procura, en última instancia, los avances técnicos que ofrecen mayor eficacia biológica. Por el contrario, mediante la presión de la Selección Natural son, por definición, los que poseen más eficacia biológica los que se convierten, en primera instancia, en una población cada vez más mayoritaria.

Es otra muestra de que la eficacia bélica de la tecnología, imperante en cada época y en cada grupo de homínidos, es un factor de selección más determinante que la propia eficacia biológica.

La rápida difusión del Modo 2 por Europa

Por tanto, el Modo 2, de acuerdo con los datos actuales, llegó a Europa, probablemente desde África, hace apenas 500 ka. Es decir, muy tarde: 1 Ma después de su aparición en África y con un retraso respecto al Próximo Oriente de 900 ka y a Asia Oriental de 300 ka.

Sin embargo, una vez en Europa, el Modo 2 se expandió por el continente con una increíble rapidez, apareciendo industrias representativas en todas las latitudes de norte a sur y de este a oeste. Así, los conjuntos industriales de los yacimientos de Boxgrove (Inglaterra) – con 450 ka–, Notarchirico (Italia) –alrededor de 640 ka–, Fontana Ranuccio (Italia) –en 455 ka–, Atapuerca-Galería (España) –en torno a 450 ka–, Korolevo IV (Ucrania) –650 ka, sin confirmar–, Aragó (Francia) –también con 650 ka–. Y el más antiguo, Carrière Carpentier en Abbeville (Francia) –con 690 ka con un margen de error de más o menos 1 ka.

A partir de 500 ka en Europa encontramos industrias con grandes instrumentos sobre canto, placa o sobre lasca de gran formato, como hendedores y bifaces, intensamente configurados y muy versátiles para su uso en diferentes actividades, claramente adscritos al Modo 2. Y aunque no aparecen este tipo de instrumentos en todos los yacimientos del Pleistoceno medio europeo, creando dificultad a la hora de distinguir industrias correspondientes al Modo 1 o Modo 2, está generalmente admitido que sea por el carácter atemporal del Modo 1, comentado anteriormente.

La paradoja de la rápida difusión del Modo 2, una vez arribado al continente, es salvada con varias hipótesis que, en principio, pueden ser excluyentes.

La primera postula que se debe a una difusión de información, como producto del comercio y del intercambio social, ya que se supone un tipo de difusión más rápida que la tradicional migración de poblaciones: el asentamiento territorial de grupos requiere de más tiempo que la simple transmisión de ideas y objetos. Pero este cambio cualitativo tan drástico solo puede deberse a la aparición previa de unas redes de intercambio relativamente densas, fomentadas por una alta demografía, un sistema de subsistencia ligado a desplazamientos regulares y una estrategia de comunicación basada en el lenguaje, que en modo alguno pueden surgir espontáneamente, sino por la emergencia de importantes adaptaciones biológicas y conductuales. Pero ¿qué presión selectiva actúa previamente a la rápida difusión cultural para que surjan éstas redes de intercambio más eficientes? Si el motor de la adaptación es la ventaja biológica que procura una industria más moderna, ¿cómo surge antes la adaptación –concretada en mejores redes sociales– que la presión selectiva que se supone es la ventaja tecnológica? Y ¿por qué tardaron en aparecer estas redes sociales nada menos que un millón de años desde que emergió el Modo 2 en África? ¿Por qué no aparecen, en la Europa de hace 500 ka, evidencias en los registros arqueológicos de los nativos aculturizados, sino solo de Homo heidelbergensis? ¿por qué se produce la excepción al principio general en la Antropología de identificar culturas distintas con grupos también distintos? ¿Cómo puede la aculturación procurar cambios biológicos en las poblaciones nativas? Estas son cuestiones que plantean fenómenos y entidades más raras y por tanto, la carga de la prueba radica en quien la postula.

La segunda hipótesis parte de la existencia de un vacío importante de restos humanos entre 800 y 500 ka en Europa. Según dicen, es posible que, tras las primeras oleadas de poblamiento europeo, a partir de 800 ka, el continente quedara prácticamente desierto hasta la llegada de una nueva población hace 500 ka, procedente de África y con la industria del Modo 2. La velocidad en la difusión cultural quedaría ligada a la rápida ocupación de nichos ecológicos abandonados por poblaciones que fracasaron en su explotación. Pero esto iría en contra de parte de la comunidad científica que apuesta porque H. heidelbergensis es una forma derivada de H. antecessor, por tanto, para ellos, es una especie autóctona europea. Tampoco tenemos evidencias de migraciones de fauna hacia Europa por estas fechas [117], lo que ayuda a descartar supuestos cambios climáticos que presionaran y condicionaran la emigración tanto de humanos como de otros mamíferos. Tampoco explica el por qué se extinguen esas poblaciones del Pleistoceno inferior europeo, como los H. antecessor, H. georgicus y H. cepranensis. Tampoco explica por qué se inició tan tarde el Modo 2 en Europa y, sobre todo, no muestra la existencia de ninguna presión selectiva al existir poblaciones, en las mismas épocas en la que supuestamente se extinguen estas europeas, tanto en Asia como en África, en las que el Modo 1 era aún la tecnología única.

Aquí planteamos una tercera hipótesis, quizás la más simple, que no requiere mayor prueba porque es el paradigma adoptado por la teoría de la Selección Artificial: comenzado el Pleistoceno Medio en Europa surge, en una pequeña población de homínidos que desarrollan el Modo 2, una mutación genética que rápidamente se hace mayoritaria dentro del grupo. Esta anomalía genética convierte a sus portadores en más inteligentes, y/o más gregarios, y/o más guerreros, de tal forma que, con mayor probabilidad, vencen en todas las CTAs en las que participan. Con la ocupación de los territorios conquistados se produce un incremento demográfico del grupo y una difusión rápida de su tecnología, el Modo 2.

Con ello se explica la rapidez en la expansión cultural, que dependería directamente, entre otras cosas, de la ventaja que otorgue la mutación en la CTA –a mayor eficacia bélica, mayor número de victorias, mayores conquistas y mayor rapidez en la difusión del Modo 2–. También explica porque el registro arqueo-paleontológico en la Europa de hace 500 ka este ocupado exclusivamente por el Homo heidelbergensis, probable ancestro del neandertal, como portador de la mutación, y no de otras especies anteriores, que se extinguieron en estas CTAs. Y explica también la falta de correlación entre la emergencia de los avances tecnológicos y la expansión territorial de grupos y culturas, ya que esta última dependería en mayor medida de los avances bélicos biológicos o culturales.

Otras armas más modernas

Otra arma, quizá no menos importante, pudo ser el hueso largo, como se visionó en la genial obra de Stanley Kubrick "2001: una odisea del espacio". No hay palabras capaces de describir la exaltación del momento en que el primate, en realidad un actor, Dan Richter, jubiloso por haber derrotado a su enemigo, golpea una y otra vez, en cámara lenta, con el hueso cuya utilidad acaba de descubrir, hasta lanzarlo por los aires: en una transición de millones de años en un segundo, ese hueso, primer signo de inteligencia, se transforma en la manifestación última del hombre inteligente, una nave espacial en ruta hacia la Luna.

Del hueso largo se pudo pasar al palo, al mazo, a la lanza,… una larga lista de armas cada vez más letales y tecnológicamente más avanzadas que requieren poseer unas capacidades intelectuales y manufactureras superiores en cada invención.

Un salto tecnológico importante debió de ser la utilización mecánica de una fuerza de propulsión, que ponía un objeto intermedio fabricado por el hombre –propulsor, arco, honda– entre el brazo del lanzador y el proyectil. El efecto devastador se multiplicó, ya que aumentaron la distancia y la precisión de los impactos. Su uso debió de entrañar, además, nuevas estrategias y tácticas de combate.

Según Guilaine y Zammit [87], el arco pudo inventarse a finales del Paleolítico superior, hace unos 12 ó 10 ka, aunque otros lo retrotraen al Solutrense, hace unos 20 ka, ya que en este época se desarrollaron puntas de pedúnculo y aletas susceptibles de insertarse en varillas de madera. Aunque las pequeñas puntas de La Gravette, de hace 25 ka, también pudieron actuar como puntas de flecha.

Ya en épocas históricas, la primera muestra de pólvora la produjeron los chinos en el siglo IX d.C., y el estribo, el adminículo para poner el pie, subir al animal y cabalgar, formaba ya parte de la dotación del soldado chino en el siglo IV d.C. Con independencia de su origen más antiguo, los estribos eran usuales en el siglo V d.C. entre diversos pueblos montados asiáticos y en particular entre los ávaros (pueblo nómada emparentado con los hunos), quienes los difundieron por Persia en el siglo VI d.C., desde donde, a su vez, la invención se trasmitió rápidamente al Imperio Bizantino. El estribo proporciona ventajas al jinete: facilita la monta y la estabilidad lateral, y hace más fácil golpear con espada y maza, o cargar con lanza pesada sujeta entre el costado y el antebrazo.

El fuego griego era un arma incendiaria, utilizada por el Imperio bizantino y creada en el siglo VI, aunque su mayor uso y difusión se daría tras las primeras cruzadas en el siglo XIII. Los bizantinos la utilizaban con frecuencia en batallas navales ya que era sumamente eficaz al continuar ardiendo incluso después de haber caído al agua. La misma representaba una ventaja tecnológica, y fue responsable de la salvación de Bizancio en dos asedios árabes, con lo que aseguró la continuidad del Imperio, constituyendo así un freno a las intenciones expansionistas del Islam, y evitando la posible conquista de Europa Occidental desde el Este.

Otro ejemplo de salto en la tecnología militar está en la aparición, en la segunda mitad del siglo XIX, del "rifle de repetición", que permitía disparar varias veces sin necesidad de efectuar una recarga, desalojando el casquillo o cartucho usado y reemplazándolo por uno nuevo mediante un movimiento de palanca, que evidenció más la brecha tecnológica entre los conquistadores estadounidenses y los guerreros nativos que lucharon por su independencia durante la última fase de las Guerras Indias. Al Winchester, como fusil de repetición más popular, se le conoce en los Estados Unidos como "el arma que conquistó el Oeste".

Otro ejemplo de la ventaja de la innovación militar fue la aparición de la bomba atómica. Los bombardeos atómicos sobre Hiroshima y Nagasaki (ciudades de Japón) fueron lanzados por Estados Unidos el 6 de agosto y el 9 de agosto de 1945, respectivamente. Estas han sido las dos únicas bombas atómicas con uso militar no experimental de la historia mundial. En pocos segundos, ambas ciudades quedaron devastadas. Se calcula que en Hiroshima, la bomba mató a más de 120.000 personas de una población de 450.000 habitantes, causando otros 70.000 heridos y destruyendo la ciudad casi en su totalidad. En Nagasaki, el número de víctimas causadas directamente por la explosión se estima en 50.000 mortales y 30.000 heridos de una población de 195.000 habitantes. A estas víctimas hay que sumar las causadas por los efectos de la radiación nuclear. De una población de 645.000 habitantes, el número de víctimas pudo sobrepasar las 400.000 o 500.000, de ellas, 200.000 o 250.000 mortales (los datos difieren según diversas fuentes). El lanzamiento de estas bombas supuso la rendición de Japón formalizada el 2 de septiembre, en la bahía de Tokio, en la cubierta del acorazado Missouri.

De hecho, cada avance tecnológico de los que tanto nos enorgullecemos ha sido usado para —o ha tenido su origen en— la guerra. A lo largo de la Historia y de la Prehistoria, las innovaciones armamentísticas han supuesto para sus inventores una ventaja tan grande en combate que les ha convertido en merecedores de un premio tan importante como la supervivencia de si mismo y de sus genes, el premio a la inteligencia.

9. Encefalización

Encefalización acelerada: estrés genético

El cerebro de los humanos actuales es más grande que el de cualquier especie en relación con las dimensiones del resto del cuerpo. Son 1.350 gramos de materia gris, que marcan la diferencia con el resto de seres vivos. Lo asombroso es que hace 3 Ma, el cerebro de nuestro supuesto predecesor Australopithecus africanus pesaba sólo 420 gramos. Cuando cualquier otra adaptación mucho más simple, como las pezuñas en los ongulados, han necesitado un periodo de evolución mucho mayor.

Así el Hyracotherium o Eohippus está considerado como un ancestro del caballo, del rinoceronte y del tapir, que vivió hace de 60 a 45 Ma y era un pequeño mamífero herbívoro del tamaño de un zorro, que tenía cuatro dedos en las patas delanteras y tres en las traseras con almohadillas similares a las del perro. Para desarrollar los cascos del actual caballo hay que remontarse hasta el Pliohippus, considerado como el "abuelo" del caballo moderno, que evolucionó a tener un solo dedo, y que vivió hace unos 15 Ma. Es decir, la Selección Natural tardó más de 30 Ma en desarrollar los cascos de los caballos, mientras que la Selección Artificial tardó menos de 3 Ma en "fabricar" el cerebro humano.

En recientes trabajos de E.M. Rubin, del Laboratorio Nacional Lawrence Berkeley, en California, han comparado las enormes bases de datos disponibles sobre el genoma humano con las de otros vertebrados, incluido el chimpancé, y han encontrado 110.549 secuencias de genes que representan rasgos específicos en nuestra especie. De ellas 992 mostraban un grado de mutación excesivo en nuestra especie en comparación con las demás. De ellas seleccionaron 49 que tienen la mayor tasa de mutación en nuestra especie, denominándolas HAR,

Human Accelerated Region, es decir, regiones aceleradas en el humano, descritas por primera vez en agosto de 2006 [51]. Estas regiones han sufrido una evolución significativamente acelerada en nuestra línea evolutiva y se asocian con genes implicados en las conexiones interneuronales y otras que son determinantes en la organización de la corteza cerebral

Una de esas secuencias HAR, a la que llamaron HAR1, ha sufrido la mayor tasa de mutación en nuestra especie. Mientras que en los 310 Ma que separan a la gallina del chimpancé sólo dos de las 118 bases de esa secuencia han mutado, en nuestro genoma son 18 bases las que se difieran del chimpancé. La singularidad de estas secuencias en el ser humano actual y su posible vinculación con procesos relacionados con el desarrollo y estructura del cerebro han llevado a Rubin y sus colaboradores a pensar que esas secuencias han dado lugar, de forma acelerada, a las capacidades cognitivas únicas del ser humano.

Creemos que esta hiper-aceleración en la encefalización humana es tan importante que difícilmente se pueda explicar por la ocurrencia de un solo fenómeno, sino más bien, por muchos, y todos actuando en el mismo sentido, la de acelerar la aparición de mutaciones positivas para la encefalización y su posterior expansión como alelos mayoritarios en la población. O también por la existencia de un solo fenómeno, la CTA, que genera una serie de sinergías y efectos, todos ellos tendentes a procurar esta aceleración, entendiendo la CTA como un fenómeno multifactorial.

Uno de estos factores acelerantes de la hominización es el estrés genético. Ya Barbara McClintock, Premio Nobel de Fisiología o Medicina en el año 1983, dijo que en respuesta a situaciones ambientales de estrés, el genoma se modifica, lo que han confirmado otras investigaciones.

Así, en 2002 y 2006, Lucht, Moliner y otros [52], estudiando a las plantas de Arabidopsis, concluyeron que la recombinación somática es una respuesta general al estrés en plantas, que consiste en la generación de nuevas secuencias genómicas heredables obtenidas mediante la recombinación de otras anteriores, y que determinados factores ambientales conducen a un aumento en la flexibilidad genómica incluso en sucesivas generaciones —no tratadas—, y así pueden aumentar el potencial de adaptación.

Este fenómeno también se puede observar con las resistencias bacterianas a los antibióticos. Hasta ahora, la explicación de estas resistencias seguía un darwinismo ortodoxo: entre todas las bacterias, unas pocas —tal vez sólo una en mil millones— son ya resistentes a los antibióticos. Si la persona toma un antibiótico, muere la mayoría de las bacterias, y sólo sobreviven las rarísimas resistentes, que proliferan sin impedimentos. Sin embargo, ahora se sabe que el fármaco no sólo selecciona, sino que también crea resistencias nuevas que luego se heredan en las sucesivas generaciones de bacterias.

Los antibióticos, de un modo u otro, perturban la existencia de la bacteria, y según la acepción usada por los biólogos, la estresan, y ésta, ante el riesgo de morir, reacciona desactivando los sistemas que normalmente vigilan que la replicación del ADN sea precisa, sin errores. El resultado es que la bacteria acumula una enorme cantidad de mutaciones —errores— en sus genes. Literalmente, el microbio genera millones de variantes de sí mismo. Por azar, algunas de ellas resultan ser resistentes al antibiótico en cuestión, y entonces empiezan a proliferar.

Este fenómeno que se ha comprobado para las bacterias y para las plantas, puede extrapolarse a todos los seres vivos. Nuestros ancestros, por la proliferación de las CTAs, debían de sufrir muchos momentos de máximo estrés, muy superior a la de cualquier otro mamífero. A las situaciones de miedo a ser devorado por un depredador, o de pasar épocas de hambruna, o de competencia sexual, propias de todos los animales, los homínidos tenían que soportar el temor añadido de, en cualquier momento, ser atacados y aniquilados por un grupo rival. Contra ello, la única defensa que poseían es la elección como moradas de cavernas inaccesibles con recónditas y diferentes entradas y escapatorias. Muchas de ellas tan inexpugnables, que hasta tiempos muy recientes no han podido ser descubiertas, donde siempre se elegían los habitáculos y lugares interiores para habitar en los sitios más escondidos y difíciles de encontrar de las cuevas.

Como ejemplo más reciente tenemos la ciudad subterránea de Derinkuyu, cuyo primer nivel pudo ser excavado por los hititas alrededor del año 1400 a.C., con 20 niveles subterráneos, que podían albergar a 10.000 personas. Esta ciudad fue utilizada como refugio para protegerse de las frecuentes invasiones que sufrió Capadocia.

Innumerables castillos, fortines, fortificaciones, murallas, alcazabas, bunker, torres, recintos amurallados, y demás construcciones defensivas destacan en todos los espacios donde el ser humano ha habitado alguna vez.

Tanta dedicación a la defensa propia es una muestra del estrés al que nuestros ancestros se veían sometidos. La participación en combates, sobre todo si se sufría una derrota, debía de mermar en gran medida el número de componentes del grupo y, con ello, sus posibilidades de supervivencia a corto plazo. Todo ello sería propicio para aumentar progresivamente las replicaciones erróneas en nuestro ADN, favoreciendo la aparición de adaptaciones positivas para la aceleración de la encefalización.

Antropofagia y construcción de nicho

Por otro lado, el proceso de encefalización nos convirtió progresivamente en más carnívoros. Si los Australopitecos se supone que podrían ser carroñeros y en su dieta se incluiría algo de carne, la aparición en nuestra evolución de grandes cerebros requirió que los homínidos cambiaran de dieta, para convertirse en más carnívoros.

La explicación de ello la dieron Leslei Aiello y Peter Wheeler en 1995 [53], que retomaron las observaciones hechas un siglo antes por sir Arthur Keith en el sentido de que en los primates existía una relación inversa entre el tamaño del cerebro y el del estómago. Aiello y Wheeler señalaron que dado que el cerebro es uno de los órganos más costosos en el metabolismo de los individuos, un aumento de su volumen solo sería posible a cambio de la reducción de otro órgano con similar consumo de energía, el tubo digestivo. El cerebro representa el 16 por ciento de la tasa metabólica basal del organismo humano, y el tubo digestivo prácticamente lo mismo, el 15 por ciento.

Aiello y Wheeler concluyeron que la expansión cerebral que se produjo en el Homo sólo fue posible con un acortamiento del tubo digestivo. Como la carne es un alimento de más fácil asimilación que los vegetales, los carnívoros necesitan un tubo digestivo más corto que los herbívoros para metabolizar el alimento. El aumento del cerebro supuso un gasto energético extra, y para compensarlo había dos soluciones en nuestra evolución. Una era aumentar la tasa metabólica basal de todo el organismo, incrementando el gasto energético global, poco viable porque tenemos la tasa que le corresponde a un mamífero de nuestro tamaño, y la otra era reducir el consumo de otro órgano para equilibrar la economía energética del cuerpo, el tubo digestivo, compensación más viable porque solo hacía falta mejorar la alimentación aumentando la proporción de nutrientes de alta calidad, de fácil asimilación y con mayor poder calorífico, como los que se encuentran en las grasas y proteínas animales.

Aunque debe de quedar claro que volvernos más carnívoros fue una condición necesaria, pero no suficiente para lograr la mayor encefalización. Pudo ocurrir que primero necesitáramos aumentar nuestra capacidad cerebral por la presión de la Selección Artificial, y luego, los que tenían un consumo basal más bajo por el acortamiento del tubo digestivo pudieron contar con una ventaja evolutiva sobre los demás, ya que necesitaban de menos energía para mantener sus funciones vitales, entre ellas la aumentada capacidad cerebral.

O quizás, al revés, un grupo de Homos evolucionó al acortamiento del tracto digestivo, lo que hizo posible el aumento cerebral. En este sentido Aiello y Wheeler insisten en que el cambio de dieta no produjo automáticamente un aumento del tamaño del cerebro, si no que simplemente era necesario que nos hiciéramos carnívoros para poder ser más inteligentes.

Con la generalización de las CTAs parte de ese aumento en la ingesta de carne pudo proceder de la antropofagia, lo que significa que se debió de aumentar enormemente la presión selectiva que nos condujo hacia la encefalización.

Parece ser que el exocanibalismo era habitual y se practicaba de forma general entre los Homos, aunque se desconoce la proporción media de carne humana y animal que se ingería, lo cierto era que los menos capacitados eran canibalizados por los más inteligentes.

Al aumentar las necesidades de carne con el acortamiento del tubo digestivo, se debió de aumentar también el número de episodios de canibalismo y de contiendas entre los Homos, con lo que, a su vez se producía una aceleración en el proceso de selección de los más inteligentes, favoreciendo la evolución a una nueva etapa filogenética de incremento progresivo del encéfalo, que se podría traducir a un nuevo acortamiento del tubo digestivo, entrando con ello en un círculo vicioso de procesos que se retroalimentan recíprocamente, y que se puede definir como:

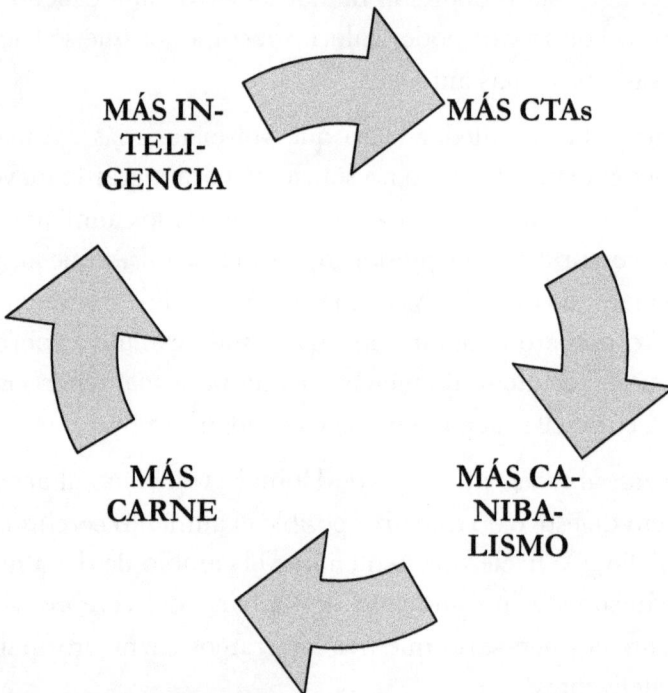

**MÁS IN-
TELI-
GENCIA**

MÁS CTAs

**MÁS CA-
NIBA-
LISMO**

**MÁS
CARNE**

Esta espiral incrementa progresivamente la presión selectiva de las CTAs, acelerando a su vez el proceso de encefalización y el máximo nivel de canibalismo.

Por otra parte, la actuación progresiva e intensiva de la Selección Artificial nos ha hecho cada vez más inteligentes y, por tanto, más capacitados para lo que en Biología se denomina "construcción de nicho", que es la alteración del hábitat propio por parte del organismo.

En Biología, este proceso de modificación del entorno suele llevar aparejado objetivos específicos muy dispares para el organismo, tales como el cuidado de las crías, el mejor manejo de recursos, un incremento de la seguridad, etc. Como parece evidente, es un fenómeno muy extendido por todo el mundo animal: las presas de los castores, los nidos de las aves, las telas de araña, o los hormigueros, son algunas de las construcciones de nicho más comunes. Ahora bien, hay que tener en cuenta que en el caso de los homínidos, en la construcción de nicho intervienen procesos cognitivos inherentes a la capacidad humana, mientras que en el resto de los animales solo son adaptaciones genéticas por Selección Natural de procesos conductuales.

Esta modificación del entorno biológico e inorgánico entraña métodos de retroceso o aceleración de la adaptación genética. Si bien la Teoría de la evolución natural señala el proceso de eficiencia biológica de un organismo en un hábitat determinado, la construcción de nicho, en cuanto modificación de dicho hábitat, puede suponer un cambio de variables en la adaptación al medio.

Concretamente para el hombre, la generalización de las grandes invenciones, como la fabricación de instrumentos, la vestimenta, el dominio del fuego, la agricultura, la ganadería, la medicina, la construcción, etc., nos han procurado un escudo o protección contra los cambios incontrolados de nuestro entorno, aminorando progresivamente los efectos de la Selección Natural sobre nuestro proceso adaptativo.

Los tres fenómenos: estrés genético, retroalimentación del canibalismo y construcción de nicho, son factores que solo se pueden explicar por la existencia de las CTAs, y a su vez, ayudan a explicar uno de los misterios más confusos y discutidos en la Biología y la Antropología: ¿cómo el órgano más complejo de la Naturaleza, el cerebro humano, pudo desarrollarse y evolucionar en tan corto periodo de tiempo?

La velocidad en la encefalización humana solo es comparable a la que se consigue mediante la selección artificial de organismos domésticos o cultivados. Mediante técnicas de control reproductivas, el ser humano dirige, consciente o inconscientemente, la evolución de las especies, en la que las preferencias humanas determinan los rasgos que permiten la supervivencia. Por ejemplo, el perro (Canis lupus familiaris) es una subespecie doméstica del lobo (Canis lupus), según la comparación de los mapas genéticos de ambas especies. La evidencia fósil más antigua de un perro domesticado fue encontrada en 2008 en la cueva Goyet de Bélgica, correspondiente a unos 31'7 ka y al parecer asociado a la cultura auriñaciense del Homo sapiens. En apenas 32 ka, mediante apareamientos selectivos, a veces muy endogámicos, hemos logrado más de 300 razas distintas de perros, y algunas tan distantes como el Gran Danés y el Chihuahueño, con un peso cincuenta veces mayor uno que otro.

Evolución excluyente en Cuello de Botella

En Biología se dice que una población o especie ha sufrido una situación de cuello de botella cuando ha experimentado un drástico descenso en el número de miembros en algún momento del pasado, llegando en algunos casos a estar al borde de la extinción. Como consecuencia, los ejemplares de las generaciones posteriores al cuello de botella presentan una escasa variabilidad genética. Los cuellos de botella aceleran de forma considerable la deriva genética y la evolución de las especies que los experimentan, pues se produce una selección intensiva de determinados caracteres que pasan a ser mayoritarios en los individuos supervivientes, mientras que otros menos favorables se reducen o desaparecen por completo.

En el reino animal tenemos un ejemplo de ello en lo ocurrido al guepardo hace aproximadamente 10 ka, que estuvo a punto de extinguirse, víctima de su propia incapacidad para defender las presas que obtenía, e incluso sus propias crías. Estaba acostumbrado a que los carroñeros de mayor envergadura o fuerza –como la hiena, el babuino o incluso el león o el leopardo– le robaran las piezas de caza, por lo que el guepardo se ha debido de habituar a cazar en las horas centrales del día, cuando los otros felinos duermen a la sombra de los árboles. Según los estudios genéticos más recientes, su reproducción en aquella época se produjo desde un grupo muy reducido, lo que en la actualidad les concede a todos un mapa genético muy parecido.

Las causas que provocan la aparición del cuello de botella en cualquier especie pueden ser muy variadas y dispares. Desde un cambio climático drástico que afecte al nicho ecológico propio, una extinción de las presas de las que se alimente, un aumento de los depredadores o, incluso, un cataclismo o catástrofe natural que provoque una disminución abrupta del número de individuos que forman parte de la especie.

En el caso humano, aunque se ha sugerido frecuentemente la existencia de Cuellos de Botella, no se han podido demostrar. Nosotros, más bien, apostamos, en el caso humano, por un proceso evolutivo muy particular y único en el reino animal que se asemeja al efecto que causaría un Cuello de Botella prolongado y persistente en el tiempo, motivado por la existencia de las CTAs, que ha potenciado la selección intensiva de las adaptaciones genéticas que favorecen los atributos de la inteligencia, el gregarismo, el tribalismo, el efecto muchedumbre y, en fin, todas aquellas adaptaciones que propiciaban situaciones ventajosas en el campo de batalla para aquellos que las poseían, convirtiéndose en caracteres mayoritarios en los ganadores de las distintas contiendas, que eran precisamente los que trasmitían sus genes a las siguientes generaciones.

Por el contrario, otros caracteres que pudieron evolucionar exitosamente en otros linajes o especies se reducen o desaparecen por completo, por el hecho de que los portadores de éstos genes menos efectivos para la CTA sucumbían en el campo de batalla, sin dejar descendencia, perdiéndose o reduciéndose dichos genes con mucha más velocidad que lo haría si se tratase de una Selección Natural no excluyente.

Efectivamente, además de intensiva, la selección genética humana se ha caracterizado por ser excluyente, en el sentido de eliminar de nuestra evolución aquellos genes que no eran potencialmente propicios para la CTA, aunque pudieran serlo para la adaptación al nicho ecológico natural propio de cada clan o tribu ancestral. Por ejemplo, un grupo aislado podría desarrollar una mutación o ventaja genética que le facilitara la supervivencia o la procreación, como la abertura nasal más ancha y hacia adelante en los neandertales, que surgió como adaptación natural para salvaguardarse de las gélidas temperaturas imperantes en Europa. Pero por el simple hecho de no ser una adaptación ventajosa para la CTA, otro clan o tribu filogenéticamente más favorecido para guerrear, como los Homo sapiens, podría exterminarlo, haciendo que esa adaptación ventajosa llamada prognatismo desapareciera para siempre en nuestro genoma.

Esto explica, por un lado, que la línea evolutiva que muestran los restos fósiles de nuestros antepasados no sea lineal y continua, sino llena de abruptos cambios, extinciones y pasos atrás, que han desconcertado a más de un antropólogo, que no hablan ya de "árbol genealógico" para la evolución humana, sino más bien de un "arbusto espinoso" y, por otro lado, también explica, la escasa especialidad que caracteriza al Homo sapiens para adaptarse a un medio o nicho ecológico en concreto, al contrario que el resto de los animales.

Una jirafa está especializada en comer de las altas ramas de los árboles de la sabana africana; un tigre puede camuflarse mejor que ningún otro espécimen en los territorios de vegetación densa, como selvas lluviosas o taigas; las cabras montesas caminan por las cotas montañosas de entre 500 y 2500 metros de altura por donde ningún otro animal puede hacerlo; mientras que la anatomía del Homo sapiens no está especializada en nada, ni en comer de altas ramas, ni en el camuflaje, ni en trepar, ni en volar, ni en nada. No nos hemos adaptado a ningún ecosistema en concreto, por lo que se suele decir que la principal especialización del hombre es su inespecialización, lo que nos supone una importante plasticidad biológica al liberarnos de caracteres especializados ligados a un medio concreto. Hemos desarrollado un alto grado de especialización para la CTA, y como ésta se puede desarrollar en cualquier lugar o medio, no estamos especializados en ninguno.

El principio de Hardy-Weinberg nos demuestra que para que una mutación adaptativa ventajosa prospere y se haga mayoritaria en las siguientes generaciones, la población debe de ser pequeña en cuanto a número de miembros, si no es así, el efecto de la mutación se diluye entre los numerosos miembros de la población y se hace inapreciable. Y esto es precisamente lo que ocurría con la Selección Artificial, ya que si surgía una mutación ventajosa para la CTA en algún clan o tribu aislado, ésta nueva adaptación prosperaba dentro del mismo grupo, por ser de tamaño reducido, y como proporcionaba una ventaja en el combate, se eliminaba el resto de clanes a los que tarde o temprano el clan mutante se enfrentaba, produciéndose una expansión del nuevo gen en detrimento de todos los demás genes no propicios para la CTA.

La endogamia

La diversidad genética se refiere a la cantidad total de posibles combinaciones genéticas que una pareja macho-hembra puede producir. Los científicos creen que una mayor diversidad genética se corresponde con mayores posibilidades de supervivencia y reproducción exitosa debido a la mayor variedad de herramientas genéticas con que un organismo cuenta para combatir los desafíos naturales, tales como las enfermedades, que de otra manera lo debilitarían o matarían. Por eso la Selección Natural ha preservado la hibridación entre distintas poblaciones como una de las adaptaciones positivas más importantes que existen en la mayoría de las especies, de tal forma que la mezcla de linajes es normal entre los animales.

Pero el tipo particular de evolución humana en Cuello de Botella corre el peligro de soportar los efectos negativos que se dan en los casos de endogamia persistente. La endogamia supone la reproducción entre individuos de un mismo linaje con el objetivo de defender la homogeneidad del grupo, de manera que éste se mantenga siempre igual a sí mismo y perfectamente diferenciable de todos los demás. La unidad del clan es la razón suprema por la que se acaba imponiendo estas soluciones que finalmente pueden llevar a la degeneración biológica y, por tanto, de los comportamientos.

En Biología se conoce como Efecto Fundador a las consecuencias derivadas de la formación de una nueva población de individuos a partir de un número muy reducido de éstos. Para los miembros de esta nueva población y sus descendientes es como si el resto de los individuos de su especie hubiesen desaparecido, por lo que sus particularidades son muy similares a las que experimenta una especie tras un Cuello de Botella. Si el número de individuos iniciales era excepcionalmente bajo (4 o 5, una sola pareja) se dice que la población presenta un Efecto Fundador Extremo.

Además de la baja diferenciación genética entre los individuos, las poblaciones con efecto fundador pueden presentar alelos raros en exceso o carecer de otros comunes en la especie original, ya que la población se ha originado a partir de una pequeña muestra de individuos que no era representativa de la diversidad genética original.

El efecto fundador se da con frecuencia en las poblaciones de animales y plantas de las islas oceánicas, descendientes de unos pocos cientos —o decenas— de colonizadores iniciales. No obstante, con el devenir de los siglos, la ausencia de competidores y la gran variedad de nichos sin explotar pueden causar radiaciones masivas de la especie original y formar varias nuevas. Tal es el caso de los lémures de Madagascar o los pinzones de las Islas Galápagos, descendientes de unos pocos individuos de una misma especie que colonizaron las islas en tiempos remotos llegando desde el continente.

La especie humana ha presentado a lo largo de la historia distintas poblaciones con efecto fundador, debido al aislamiento de minorías en el seno de la sociedad tanto de forma voluntaria como obligada. Dos ejemplos claros de poblaciones humanas con efecto fundador son:

* Los Mlabri de las selvas de Tailandia son probablemente la única comunidad humana con fundador extremo que se conoce. Según la historia relatada por una tribu vecina —que, al contrario que ellos, es sedentaria y practica la agricultura— los Mlabri son los descendientes de un niño y una niña que fueron abandonados río abajo hace 1 ka. En 2005 se realizaron pruebas de ADN a varios individuos de la tribu que arrojaban conclusiones concordantes con esta historia: 58 de los 300 Mlabri existentes presentaban cierta secuencia genética idéntica, algo nunca visto en otra población humana, y de acuerdo con la genética, descendían de una sola mujer inicial y menos de 4 hombres, quizás uno solo.

* Los Amish —menonitas— de Lancaster (Pennsylvania). En esta comunidad religiosa y extremadamente conservadora de Estados Unidos, está presente con frecuencia inusitada un gen escasísimo en el resto de la población mundial, que en estado de homocigosis provoca una combinación de enanismo y polidactilia. Desde que se formó en 1770, la comunidad Amish ha presentado 61 casos con esta anomalía genética, prácticamente los mismos que el resto del mundo. De los 17.000 Amish que hay en el mundo, el 13% porta o manifiesta el gen afectado como consecuencia de que entre los 12 individuos fundadores, uno de ellos era portador del mismo.

Estos son casos de efecto fundador documentados en nuestra historia, pero a lo largo de los millones de años de evolución humana han podido ser muchos más que desconocemos.

En un reciente estudio publicado en la revista PLoS ONE [74], realizado por la Facultad de Medicina de la Universidad de Stanford —Estados Unidos— se ha descubierto que las variantes genéticas asociadas a un mayor riesgo de desarrollar diabetes tipo 1 y artritis reumatoide podrían haber sido seleccionadas positivamente en etapas previas de nuestra evolución. Los investigadores escogieron siete enfermedades de conocido origen genético para comprobar su implicación concreta en el desarrollo de los trastornos: diabetes tipo 1, diabetes tipo 2, artritis reumatoide, hipertensión, enfermedad de Crohn, cardiopatía coronaria y trastorno bipolar.

De ellas, identificaron que entre la mayoría de los nucleótidos polimórficos simples –los SNPs, por sus siglas en inglés, que son una forma de mutación puntual que ha sido lo suficientemente exitosa evolutivamente para fijarse en una parte significativa de la población de una especie– asociados a la diabetes tipo 1, 80 se habían asociado recientemente al incremento de la prevalencia a través de la selección positiva. De estos, 58 estaban asociados con un mayor riesgo de desarrollar la enfermedad, y 22 eran protectores frente a ella. Del mismo modo, los SNPs asociados con un mayor riesgo de artritis reumatoide también habían sido fruto de la selección positiva –más SNPs que aumentan el riesgo en comparación con los protectores–. En el resto de enfermedades, los niveles de SNP estaban equilibrados, excepto para la enfermedad de Crohn, que la tendencia era la contraria.

"¿Por qué el ser humano desarrolla variantes genéticas que le predisponen a la muerte?, teniendo en cuenta que, sin insulina, un diabético tipo 1 moriría antes de llegar a la adolescencia", se pregunta Atul Butte, uno de los colaboradores del estudio, profesor de biología oncológica pediátrica y experto en bioinformática del Hospital Lucile Packard de San Francisco. Por Selección Natural se podría entender si éstas SNPs, que han favorecido la predisposición a padecer artritis y diabetes, a su vez hubiesen ofrecido otras ventajas "desconocidas" al ser humano en etapas previas de su evolución, teniendo en cuenta que en esas etapas eran mucho más dañinas por no tener cura ni remedios médicos contra ellas. Es difícil, por no decir imposible, poder imaginar una ventaja para la supervivencia y la procreación que sean aportadas por las enfermedades de la diabetes o la artritis. Más fácil sería asumir que la emergencia de éstos SNPs fueron favorecidos, al igual que ocurrió con la anomalía genética comentada de los Amish, por la deriva genética provocada por la escasa hibridación genética existente en las distintas poblaciones de homínidos.

Contra la endogamia

Y es que la tendencia a la endogamia es otra de las características específicas del ser humano que se entronca con el instinto de unidad del grupo necesario para la victoria en combate. En nuestra sociedad no solemos darnos cuenta, hasta que se pretende transgredir la norma, de que casi siempre elegimos como pareja a personas de similar clase social, de la misma etnia, del mismo grupo,... nos gustan inconscientemente más los similares. La endogamia es principalmente un mecanismo de cohesión grupal, aunque también se ha empleado para el mantenimiento de los privilegios de determinados grupos sociales elevados, realezas, castas superiores, etc., o un mecanismo de mantenimiento de las distancias sociales.

No obstante, en contra del endogámico también existe el matrimonio exogámico, que obliga a buscar pareja fuera del grupo que lo practica: de la unidad familiar, grupo doméstico o de los grupos de parentesco, tengan la envergadura que tengan, es, por tanto, prescriptivo, obligatorio. Las ventajas son que reduce los conflictos por el acceso sexual dentro del grupo y que es una forma de establecer alianzas entre los grupos de cada uno de los contrayentes.

Como ejemplo de ello en la actualidad tenemos que en el norte de la India hay reglas de matrimonio exogámico que afectan a toda una aldea con lo que se aseguran la pacificación de una gran zona. La regla de la exogamia tiene relación con el tabú del incesto que es el elemento subyacente en los intercambios de mujeres. Los esquimales dejan sus mujeres para hacer amigos y esperan que se la dejen cuando sean ellos los que van de visita. Otros pueblos establecen turnos de rotación para ser huéspedes de los otros, con todos los beneficios que la hospitalidad conlleva. Los miembros de algunas tribus australianas deben escoger su pareja en otra tribu diferente.

Pero aparte de estas reglas de exogamia, culturales por naturaleza, para evitar los efectos genéticos perversos provocados por la tendencia innata a la endogamia han debido de existir otros mecanismos naturales que hicieran prevalecer la variabilidad genética como adaptación más favorable para la supervivencia y procreación del grupo, ya que sin duda éstas serían preservadas por la Selección Natural. Entre los chimpancés, las monas, cuando llegan a una determinada edad adulta, abandonan el grupo y se integran en otro distinto, con lo que la variabilidad genética queda asegurada. Éste se ha preservado como un comportamiento adaptativo más positivo que cualquier otro, ya que el intercambio de genes entre grupos convierte a sus portadores en individuos más fuertes en la lucha por la vida. Actualmente no poseemos ningún vestigio que nos sugiera que haya existido un comportamiento innato parecido en nuestra evolución, aunque quizás, en los primeros tiempos en los que nos separamos filogenéticamente de los demás antropomorfos, hace más de 6 Ma, disfrutamos de alguna adaptación parecida a la de los chimpancés, que hemos perdido con el devenir de los tiempos y la tensión hacia la endogamia favorecida por la existencia de la CTA.

Otras formas de acabar con la endogamia han podido ser los amores imposibles, donde parejas de grupos distintos y hasta enfrentados, se enamoran y logran mezclar sus genes a pesar de las fuerzas encontradas. Este fenómeno, donde el amor triunfa sobre el odio tribal, ha sido una inagotable fuente de inspiración de artistas a lo largo de la Historia, destacando sobre todo la obra universal de Romeo y Julieta, primera tragedia urbana y contemporánea de Shakespeare, escrita en torno al año 1595, y basada en un poema narrativo en versos pareados de Arthur Brooke, aparecido en 156, relato de una historia de amor fatal, inspirada en parejas reales de la Antigüedad −Troilo y Crésida, Antonio y Cleopatra− o personajes de fábula −Otelo, Cimbelino−.

Y por otro lado, la presión selectiva tan fuerte que hemos soportado los humanos en nuestra evolución, con el cambio de nicho ecológico y un proceso que nos ha procurado un profundo cambio morfológico, han hecho que la endogamia, y su efecto perverso de disminuir la diversidad genética, se vea compensado en gran medida.

A esta conclusión se puede llegar después de examinar los trabajos del Dr. David Coltman, un genetista evolucionista de la Universidad de Alberta, y de sus colegas Renaud Kaeuffer y Denis Réale, de la Universidad de Québec en Montreal, Canadá, cuando observaron la población de muflones de la Isla de Haute descendientes de dos muflones originarios de Córcega, tomados del Zoológico Vincennes en París, en 1957. El muflón es una especie fuerte y prolífica. Estas ovejas son capaces de producir un promedio de cinco camadas en su vida de cuatro años. La población de muflones de la Isla de Haute tuvo su pico máximo de crecimiento –unos 700 individuos– en los años setenta, y desde entonces ha oscilado entre 200 y 600 individuos. Para Coltman "lo increíble es que los modelos de degeneración genética predicen que la diversidad genética en estos animales debería haberse perdido con el transcurrir del tiempo, pero hemos encontrado que en realidad se ha mantenido". Él cree que el ambiente rudo de Isla de Haute, con sus fríos inviernos, escasos recursos, y los parásitos que crecen en el pasto, se ha levantado como una poderosa fuerza de Selección Natural, que las condiciones extremas de estos seis kilómetros cuadrados insulares de terreno escarpado, batido constantemente por el viento, han actuado como muro de contención ante la degeneración genética debido al proceso de selección que ejercen sobre la población de muflones, favoreciendo a los que cuentan con una mayor diversidad genética, en detrimento de los que han perdido una parte de ella.

Lo mismo pudo ocurrir en el proceso de evolución de los homínidos, ya que la adaptación a un nuevo nicho ecológico debió de suponer una presión selectiva tan fuerte o más que la ejercida sobre el muflón de la Isla de Haute.

El síndrome de Estocolmo

También poseemos una adaptación psicológica que podría ser otro de los fósiles evolutivos que demuestran la existencia de esa compensación a los efectos de la endogamia, y es el llamado Síndrome de Estocolmo.

El Síndrome de Estocolmo es un estado psicológico en el que la persona retenida contra su propia voluntad desarrolla una relación de complicidad, de identificación con el raptor, un vínculo en el sentido de que el secuestrado empieza a tener sentimientos de simpatía, de agrado por su secuestrador. En ocasiones, los prisioneros pueden acabar ayudando a los raptores a alcanzar sus fines.

El síndrome ha sido llamado de este modo desde el robo del banco Kreditbanken en Norrmalms (Estocolmo), Suecia, que transcurrió desde el 23 al 28 de agosto de 1973. En este caso, las víctimas –tres mujeres y un hombre– defendieron a sus captores incluso después de terminado su secuestro, que duró seis días. Mostraron también una conducta reticente ante los procedimientos legales. Se dice incluso que una de las mujeres secuestradas se habría comprometido con uno de los captores. El término fue acuñado por el criminólogo y psicólogo Nils Bejerot, colaborador de la policía durante el robo, al referirse al síndrome en una emisión de noticias. Fue entonces adoptado por muchos psicólogos en todo el mundo.

La teoría de la Selección Artificial defiende que éste síndrome es un fenómeno universal, que caracteriza el comportamiento de toda la especie humana, que tiene su origen en el genoma humano, ya que ha sido preservado por sus efectos adaptativos en la evolución humana.

Efectivamente, el síndrome de Estocolmo debió de ser una mutación que surgió en algún clan prehistórico que salvó la vida a sus portadores, ya que, si este clan mutante fue derrotado en algún enfrentamiento tribal, los ganadores tomarían rehenes o prisioneros, cosa muy habitual en todas las guerras. Se supone que, al no disponer de los medios necesarios para retener prisioneros, como cuerdas, grilletes o jaulas, los prisioneros debían de ser mujeres y niños en su mayor parte, porque eran los menos peligrosos y menos propensos a la huida… Como decimos, por la escasez de medios, los prisioneros se verían obligados a convivir con sus captores y, al activarse el síndrome de Estocolmo, asimilarían rápidamente la cultura y la idiosincrasia propia de sus captores. En cuestión de días los capturados daban señales inequívocas de simpatía y de unión con el grupo en el que estaban retenidos, de tal forma que éstos se veían obligados a adoptar al preso como uno más del grupo. Al contrario, los que no poseían los genes que potenciaban este fenómeno, no llegaban nunca a integrarse al grupo captor, por lo que eran eliminados o, en el mejor de los casos, abandonados a su suerte en el momento en el que el clan tuviera que trashumar.

Los portadores de los genes que transmitían este fenómeno eran los supervivientes, que conseguían dos cosas: primero, preservar el gen del síndrome para las generaciones futuras, ya que éstos se mezclaban con los del clan victorioso, y en segundo lugar, y más importante, se conseguía la hibridación de genes, aliviando los efectos perversos de la tendencia endogámica dominante.

Decimos que es un fenómeno universal porque para que ocurra solo se tienen que cumplir una serie de circunstancias ambientales que sumergen a la víctima en un estado psicológico especial, en el que se maximiza la volubilidad subjetiva del concepto propio de grupo de referencia, para intercambiar casi de inmediato dicho concepto por el propio de los captores.

Estas condiciones son:

A. La presencia de una amenaza que se percibe como un riesgo contra la supervivencia física o psicológica de la persona y la creencia de que el abusador cumplirá con esa amenaza.

B. La presencia de pequeños gestos de aparente amabilidad por parte del abusador hacia la víctima.

C. El aislamiento de cualquier otro perspectiva diferente de la del abusador.

D. La percepción de la incapacidad de escapar a la situación.

Actuando conjuntamente estos condicionantes sobre un individuo, existen muchas posibilidades de que se active el Síndrome de Estocolmo. Hoy día, como ha enunciado el psicólogo Nils Bejerot, este fenómeno aparece en los casos en los que existe abuso sobre las víctimas, como el ejercido sobre sus rehenes, miembros de una orden de culto, niños con abuso psicológico, prisioneros de guerra, prostitutas, prisioneros de campos de concentración, víctimas de incesto,...

Uno de los casos más famosos de este fenómeno es el de Natascha Kampush, una joven austriaca que fue raptada en marzo de 1998 a la edad de 10 años por Wolfgang Priklopil, un electrotécnico de 44 años. Durante 8 años estuvo retenida en el sótano de la casa de Wolfgang, a las afueras de Viena, y finalmente logró escapar por un descuido de su raptor en agosto de 2006, a la edad de 18 años. Cuando Wolfgang se enteró de que Natascha había escapado, se suicidó arrojándose a las vías al paso de un tren. Natascha fue educada por su secuestrador, quien la llevó alguna vez a hacer la compra al supermercado y quien la llevó también de vacaciones. En Natasha se activó el Síndrome de Estocolmo, ya que cuando se enteró de que su captor se había suicidado se echó a llorar. Además, admitió que llegaron a tener relaciones sexuales consentidas, y declaró lo siguiente: "No tengo la impresión de que me hayan robado la juventud".

Otros casos famosos incluyen rehenes de aviones y otras personas secuestradas, como Patricia Hearst, hija del influyente y poderoso editor William Randolph Hearst, quien, después de haber sido retenida por una organización terrorista –el Ejército Simbiótico de Liberación–, se unió a ellos varios meses después de haber sido liberada.

También el cine ha reflejado este fenómeno en películas como "Un hombre llamado Caballo" (1970), donde el actor Richard Harris protagoniza una cinta épica cuidadosamente documentada, un retrato muy realista de la vida de los Sioux americanos a comienzos del siglo XIX. Cuando un Lord inglés resulta capturado por una tribu de indios Sioux, es ofrecido como sirviente a la anciana madre del jefe (Dame Judith Anderson). Poco a poco va adaptándose al estilo de vida de la tribu y se enamora de la hermana del jefe. Pero antes de ser aceptado con honores como un miembro más del pueblo, ha de resistir el Voto del Sol, un ritual salvaje que va más allá de lo que nadie pueda imaginar en un mundo civilizado.

O en la obra cinematográfica más moderna, "El último samurái" (2004), donde en la década de 1870, el capitán Nathan Algren –Tom Cruise– es contratado por el joven emperador de Japón para preparar el primer ejército de reclutas moderno de Japón. Pero cuando los asesores del emperador tratan de erradicar a los samuráis como parte de los preparativos para un gobierno más occidentalizado y favorable al comercio, Algren es hecho prisionero y se encuentra inesperadamente impresionado e influido por los samuráis, con los que termina, después de un breve periodo de convivencia con ellos en calidad de prisionero, convirtiéndose en uno más, vistiéndose como uno de ellos y luchando juntos contra las tropas del emperador.

Similarmente, los efectos del sistema de las "novatadas" en la introducción a grupos –tales como fraternidades y las hermandades de mujeres– se han comparado al fenómeno. En la antropología cultural un síntoma similar común es la captura de la novia.

Lealtad a un abusador más poderoso, a pesar del peligro en que esta lealtad pone a la víctima del abuso, es lo común entre las víctimas de maltrato de genero y abuso de niños –infantes dependientes–. En muchos casos las víctimas eligen seguir siendo leales a su abusador, y eligen no dejarle, incluso cuando se les ofrece una colocación segura en hogares adoptivos o casas de seguridad.

En resumen, el de Estocolmo es un fenómeno universal porque ha sido preservado por la evolución como adaptación positiva para salvaguardar la vida de los prisioneros de las CTAs y para paliar los efectos negativos de la tendencia a la endogamia. Con el devenir de los milenios, ha desaparecido en gran parte la causa de la selección que motivó la aparición de la adaptación, pero no así el fenómeno, que sigue existiendo aunque se manifieste en circunstancias diferentes a las que lo originaron.

Ventaja cualitativa y tamaño de la población

Como hemos indicado, por la existencia de las CTAs, nuestra evolución fue muy distinta a la de cualquier otra especie. En primer lugar, la hemos caracterizado como un proceso evolutivo intensivo, ya que eran preservadas solamente las mutaciones positivas sobre unos genes muy específicos, los que favorecían a sus portadores para vencer en la CTA. Los clanes que conseguían imponer sus habilidades guerreras, porque disponían de una nueva capacidad proveniente de la variación de un gen, podían expandir dicha mutación más rápidamente, porque en cada combate se apoderaban de los medios de subsistencia de sus adversarios derrotados, como fuentes de agua, zonas de recolección y de caza, incluso su propia carne al practicar canibalismo.

Aun los clanes derrotados podrían haber evolucionado en otros derroteros, preservando quizás otras mutaciones positivas adquiridas por Selección Natural durante cientos o miles de años, tarde o temprano, al enfrentarse con el clan mutante "más guerrero" y ser derrotados, todas esas mutaciones positivas "no guerreras" desaparecían de inmediato, al ser eliminados sus portadores sin que pudieran tener más descendencia.

Es por ello que a este tipo de evolución la llamamos excluyente, ya que elimina otras posibles mutaciones positivas acaecidas en otros grupos que, si bien han proporcionado adaptaciones ventajosas a sus portadores en otros medios y tiempos, ésta no ha sido la adaptación hegemónica, la que verdaderamente aportaba ventajas en el combate.

La otra característica que hemos comentado es la aceleración en el proceso evolutivo. Los clanes mutantes que lograban imponer su superioridad en cada batalla, podían expandirse libremente gracias a los sitios de recolección, de caza y fuentes recuperadas a los clanes vencidos como dijimos, pero, a su vez, lograban una rápida expansión de sus propios genes gracias a la tendencia endogámica ancestral que nos caracteriza. Los genes mutados propicios para la guerra eran rápidamente pasados a las siguientes generaciones como genes mayoritarios, sin tener que pasar por el proceso propio de expansión de la mutación entre el resto de la población, como sucede con las mutaciones positivas seleccionadas naturalmente.

Efectivamente, las mutaciones positivas naturales primero deben de aparecer en alguna generación, para después extenderse a través de las siguientes generaciones, poniéndose a prueba en cada una de ellas, para demostrar, en cada caso, que su portador dispone de una adaptación favorable al nicho ecológico propio de la especie en concreto, y que esa adaptación es la mejor de todas las demás adaptaciones y que, por ello, le confiere al portador una ventaja superior que los demás para la procreación y la supervivencia en el medio propio de la especie.

Por ello, la velocidad de expansión de una mutación positiva natural depende de dos parámetros muy significativos. Por un lado, el tamaño de la población por la que debe de extenderse y, por otro, la cantidad de ventaja adaptativa o cualidad de la adaptación que esa mutación confiera a su portador, para que triunfe en la batalla particular de cada individuo por la vida, que podemos medir en términos de eficacia biológica. De tal forma que, si una mutación se debe de extender entre un número muy pequeño de individuos, por ejemplo dos individuos (Efecto Fundador Extremo), la mutación pasa y se hace mayoritaria en la siguiente generación, mientras que si el número que compone la población es mayor, digamos, millones de individuos, extender la mutación puede suponer un proceso mucho más largo, incluso podría nunca llegar a imponerse como mayoritaria entre las siguientes generaciones, ya que, debe de competir generación tras generación con todos los individuos, para demostrar que la nueva adaptación que porta cada individuo es verdaderamente ventajosa sobre todas las de los miembros coetáneos de la población.

Por otro lado, la eficacia biológica que confiere la mutación también es sumamente importante para determinar la velocidad en su propagación, ya que, una mutación que codifique una pequeñísima ventaja, como por ejemplo, nadar un poco más deprisa a un depredador como el león, no es tan vital como una mutación positiva que salve a su portador de una extinción inevitable de su grupo. La primera puede llegar a ser inapreciable, y por tanto ni siquiera se haga mayoritaria nunca, y la segunda se hará mayoritaria en la próxima generación porque los que la poseen serán los únicos supervivientes.

Las mutaciones que conferían ventajas en las CTAs gozaban de las dos características para la expansión acelerada en sus grados extremos. Por un lado, la cantidad de ventaja o eficacia biológica era máxima, puesto que otorgaba a sus portadores la victoria en cada batalla, la supervivencia frente al grupo adversario que era exterminado, y por otro lado, la población por la que se debía de expandir la mutación era minoritaria, ya que en principio se partía de un grupo pequeño que, con la ocupación de los territorios conquistados podía crecer en número, y con la alta consanguinidad de sus miembros, propia de una endogamia persistente, se aseguraba la rápida expansión de la mutación.

Evolución cuántica

La evolución cuántica es un término acuñado por el eminente paleontólogo George Gaylord Simpson en el marco de su teoría del ritmo del cambio evolutivo. Él observó que algunos linajes en el registro fósil evolucionaron con extrema lentitud, mientras que otros lo hicieron más rápidamente, y que aunque la mayor parte de los linajes filogenéticos se mantienen estables durante largos períodos de tiempo, otros, por el contrario, muestran un patrón fluctuante en su descendencia evolutiva. El término "evolución cuántica" designa a aquellas líneas evolutivas donde se observa un ritmo de especiación rápido. En Biología se denomina especiación a la serie de procesos que originan una nueva especie.

Simpson fundamentó el mecanismo causal de la evolución cuántica en la teoría de la deriva genética de Sewall Wright [54]. Creía que las transiciones evolutivas más importantes aparecerían cuando pequeñas poblaciones −aisladas del flujo genético− se fijasen en combinaciones genéticas inusuales. Esta fase no adaptativa –por deriva genética– dirigiría a un grupo poblacional –por Selección Natural– desde un pico adaptativo estable a otro, dentro del paisaje adaptativo.

Por la presión selectiva de las CTAs, se puede decir que este tipo de evolución es la que han seguido nuestros ancestros. Solo habría que cambiar los términos equivalentes de "pequeñas poblaciones" por poblaciones fuertemente endogámicas y con un tamaño efectivo pequeño, y "combinaciones genéticas inusuales" por lo que hemos dado en llamar genes excluyentes. Las poblaciones en un principio son pequeñas, y al ser tan endogámicas, ejercen el mismo efecto que las poblaciones formadas por pocos individuos, donde la deriva genética es fácil que aparezca. Posteriormente, al existir poca hibridación, el número de componentes genéticamente parecidos puede hacerse enorme. Y cuando en dicha población aparezca una mutación excluyente, ésta se hace más rápidamente mayoritaria que si actuara la selección natural, ya que confiere una ventaja en combate a sus portadores, que los hace ganar en todas las CTAs.

En biología evolutiva, los paisajes adaptativos –introducidos por primera vez por Sewall Wright en 1932– se utilizan para visualizar las relaciones entre genotipos –o fenotipos– y éxito reproductivo.

Según Wright, los organismos procuran ocupar óptimos locales o picos adaptativos (puntos A, B ó C, en la imagen de abajo). Para evolucionar a otro pico más alto, las especies tendrán primero que pasar por un valle de estadios intermedios menos adaptativos. Esto puede suceder por deriva genética si la población es suficientemente pequeña.

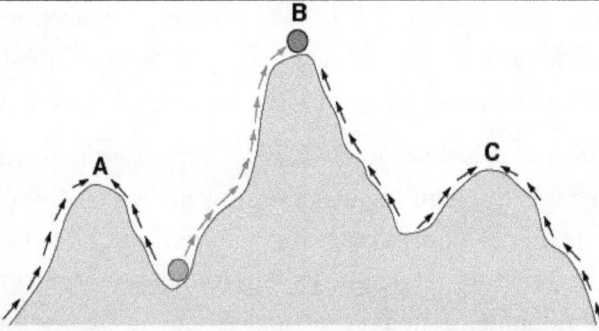

Esquema de un paisaje adaptativo. Las flechas indican el flujo preferente de una población en el paisaje; los puntos A, B y C son óptimos locales. La bola gris indica una población que se mueve desde una aptitud muy baja hasta lo alto de un pico. Ilustración de C.O. Wilke, 2001.

La transición entre un óptimo local –por ejemplo A– y un óptimo global –por ejemplo B– podría verse obstruida o vedada porque la población tendría que pasar por estados menos adaptativos para hacer la transición. La Selección Natural solo trabaja para llevar a la población al punto óptimo más cercano, a subir y no bajar en este paisaje adaptativo. Wright argumentaba que las poblaciones se dividían a menudo en subpoblaciones más pequeñas, donde la deriva podía causar diferencias en la frecuencia alélica y conducirse a través de valles de aptitud en el paisaje adaptativo para luego escalar una montaña de aptitud más grande. Según la teoría de los equilibrios en movimiento de Wright, el flujo genético saliente de esta subpoblación podría contribuir a que toda la población original se adaptara a este nuevo pico más alto.

Traduciendo esta teoría general de la biología evolutiva a nuestra evolución en particular, se podría decir que, por la deriva genética existente en estos pequeños grupos de homínidos fuertemente endogámicos, se pasaría por periodos de menor adaptabilidad –valles– relativamente cortos en términos de evolución de especies, donde el clan, aún con menos adaptación, debía de sobrevivir durante un periodo lo suficientemente largo para que el proceso pueda concluir en un punto de mayor adaptabilidad que el anterior –pico–.

En estos periodos "valles" el grupo estaría relativamente menos adaptado para la CTA que los demás y, por tanto, o rehuiría de la batalla consciente de su debilidad, o perdería gran parte de sus guerreros en cada enfrentamiento. En todo caso, si lograba no ser aniquilado, el grupo permanecería con una población pequeña efectivamente, sin posibilidades de expansión.

El tamaño efectivo no tiene que coincidir con el número total de individuos de la población, sino que tiene que ver más con el número de individuos que dejan descendencia, y disminuye cuando hay cantidades desiguales de machos y hembras con capacidad reproductora. El tamaño efectivo de la población se obtiene de la siguiente fórmula:

$$N = 4\frac{♀ ♂}{♀ + ♂}$$

Donde ♀ es el número de hembras y ♂ el número de machos.

Por ejemplo, un bando en el que una batalla deje una proporción de 1 a 9 de hombres y mujeres reduce la población efectiva al 36% de la población total.

El bajo tamaño poblacional efectivo les hace más vulnerables a los efectos de la deriva genética, con la que se produce un cambio en las frecuencias alélicas dentro de la población y se reduce la variación genética dentro de ella. Se puede dar el caso fácilmente que un alelo alcance la frecuencia de 1, y se dice que el alelo se ha fijado, o cero, cuando el alelo desaparece por completo en la población.

Esta variación genética puede conferir una ventaja a la población por fijar o hacer que un gen excluyente se haga mayoritario. Posteriormente, con la participación del clan en las CTAs como vencedor por la mayor adaptabilidad conseguida, la nueva adaptación se expandiría rápidamente.

Por ejemplo, un individuo de un clan de australopitecos participante en una reciente batalla, con pocos machos en relación con las hembras, y que, por si fuera poco, sufre de una mutación genética que codificara un acortamiento del tubo digestivo y que, por tanto, sufriría una desventaja con respecto al resto de sus compañeros. En cualquier población suficientemente grande, esta adaptación se perdería por ser perjudicial para la supervivencia. Los individuos que la padecían tendrían que cambiar de dieta, se sentirían más débiles y al final tendrían menos descendencia. Sin embargo, por tratarse de un clan eficazmente pequeño, la deriva genética podría hacer que los alelos que codificaran esa anomalía digestiva se hicieran mayoritarios en las futuras generaciones del clan. Con lo que el clan se sentiría cada vez más débil, y seguiría rehuyendo de cualquier enfrentamiento con clanes vecinos. Pero con ello se posibilitaría la aparición de una nueva adaptación ventajosa que, si no hubiese existido previamente el acortamiento del tracto digestivo, no hubiera emergido, como es el aumento del cerebro. Esta nueva adaptación, que dota al clan de mayor inteligencia, sin duda que si es ventajosa en las CTAs, con la que el clan procuraría entrar en la mayor cantidad posible de CTAs para expandirse y progresar.

La teoría de Wright necesita de una fisión de la población original en subpoblaciones para después producirse una fusión de todas ellas, en que la nueva adaptación se expande y se convierte en mayoritaria en las generaciones posteriores. Por ello, las poblaciones en las que un cambio significativo de su nicho ecológico las lleve a la división y casi extinción, es el caldo de cultivo favorito de la denominada evolución cuántica de Simpson. Las poblaciones en las que una epidemia, un cambio climático, la aparición de un nuevo depredador o cualquier otra circunstancia que merme significativamente su número de individuos, normalmente, en primer lugar se subdivide en unidades menores aisladas geográficamente y, si antes de extinguirse definitivamente, tienen la suerte de que aparezca en una de sus subdivisiones una nueva adaptación ventajosa contra ese cambio nefasto en su nicho ecológico, esta nueva adaptación se expandirá rápidamente al resto de la población por el fenómeno de la evolución cuántica, logrando la salvación de la especie.

Este tipo de evolución supone un gran salto evolutivo en un periodo de tiempo relativamente pequeño, de un pico a otro pico mayor en el paisaje adaptativo, pero es esporádico porque supone la existencia de una gran presión selectiva previa que casi lleve a la eliminación de la población, fenómeno muy poco frecuente en la historia evolutiva de cualquier especie. Sin embargo, en el caso de la evolución humana, es un proceso endémico y persistente por la existencia de las CTAs.

Efectivamente, la fisión ha existido siempre por los efectos de las derrotas en las CTAs, y la fusión de las poblaciones era reemplazada por la sustitución por eliminación de todos las demás clanes que se enfrentaban en las CTAs, dejando al clan ganador el terreno libre para su expansión y la de su nueva adaptación.

Si no fuera por la existencia y gran influencia de las CTAs, ni existiría la fisión, ni tampoco la fusión o, en nuestro caso particular, la sustitución de las poblaciones, porque cada clan o tribu seguiría ocupando su nicho ecológico sin dejar que lo ocupe otro, al estar naturalmente bien adaptado, aunque fuera en un pico local inferior en el paisaje adaptativo.

Nuestro escaso acervo genético

Como no podía ser de otra forma, aparte de los cambios morfológicos externos y los procesos conductuales heredados de nuestros ancestros, que hemos comentado anteriormente, y que nos distinguen inequívocamente del resto del reino animal, en el genoma humano han quedado evidencias de este modo de evolucionar tan característico y peculiar, que denota la gran influencia de las CTAs sobre nuestra evolución.

Así, en un estudio comparativo entre los genes de los humanos y de los chimpancés, se ha descubierto que los genes que han mutado positivamente han sido 153 y 233, respectivamente. Es decir, en el chimpancé, desde el momento en que se separó de nuestra evolución, hace unos 6 Ma (o más), han mutado positivamente más del 50% de genes que nosotros.

Este trabajo [35] no es el primer intento de examinar la selección positiva que promueve la permanencia de mutaciones ventajosas en humanos y chimpancés. Sin embargo, todos los esfuerzos anteriores se concentraron en identificar genes específicos bajo la selección positiva, y no en comparar sus números. En este análisis de cerca de 14.000 genes, el grupo de Jianzhi Zhang, profesor de ecología y biología evolutiva, no sólo buscó el número de estos genes, sino que también incluyó tres importantes mejoras respecto a enfoques anteriores.

La primera mejora permitió a los investigadores determinar con mayor exactitud qué diferencias entre el hombre y el chimpancé respondían a cambios genéticos en el linaje humano, y cuáles otras se debían a cambios en el linaje del chimpancé. Esto fue posible porque compararon ambos grupos con el genoma del mono macaco –Macaca mulatta–, recientemente secuenciado, mientras que otros investigadores debían basarse en el genoma del ratón, a falta de uno mejor, para establecer las comparaciones.

La segunda mejora fue usar un método estadístico diferente al que se utilizó en los análisis anteriores, un método que es menos propenso a indicar que la selección positiva se produjo cuando en realidad no lo hizo.

La tercera y más importante mejora es que los investigadores adoptaron medidas para asegurar la "calidad" de las secuencias de genes que analizaron. La calidad de la secuencia es una indicación de cuán cercana a la realidad es la secuencia obtenida.

La hipótesis defendida por el mismo autor del trabajo, Jianzhi Zhang, dice que podría ser que hasta hace unos pocos miles de años existían muchos más chimpancés en la Tierra que humanos, de modo que los monos tuvieron un mayor acervo genético y por tanto, más oportunidades para el cambio. Para él, éstas observaciones son explicables por la reducción de la eficacia de la selección natural en los seres humanos debido al menor tamaño efectivo a largo plazo de la población, refutando la visión antropocéntrica de que una gran mejora en la selección darwiniana subyace en los orígenes humanos.

Para la teoría de la Selección Artificial, el menor número de mutaciones, en nuestro caso, pudo deberse, no al número absoluto de miembros de cada especie, que es actualmente indemostrable, sino al número relativo de individuos que hibridaban sus genes, que influye también en el tamaño efectivo de la población. De tal forma que en los homínidos, aún pudiendo ser considerablemente mucho más numerosos que los chimpancés, si no había mezcla de sus genes con otros grupos externos por los fenómenos antes descritos de tribalismo, monogamia y una endogamia persistente en el tiempo, el resultado hubiera sido el mismo, un menor acervo genético que el de los chimpancés, que tienen la costumbre de que las monas, cuando se hacen adultas, cambian de grupo.

No podemos olvidar que los humanos somos innatamente endogámicos, mientras que los chimpancés son todo lo contrario, exogámicos. Por tanto, esta hipótesis encaja perfectamente con la teoría de la Selección Artificial si cambiamos el término de número absoluto de miembros de una especie –población total–, por el más apropiado, el de número relativo de individuos de la especie que efectivamente combinan sus genes –población efectiva–

El menor acervo genético no solo nos caracteriza a los sapiens, también a otras especies de homínidos extintas, como han puesto de manifiesto científicos del Instituto Max Planck de Antropología Evolutiva de Leipzig, en Alemania [55], que lograron secuenciar el genoma mitocondrial completo extraído de un hueso de neandertal de hace 38 ka proveniente de una cueva de Vindica, en Croacia, que estaba "excepcionalmente libre de contaminación de ADN del hombre moderno", señaló el genetista Svante Paäbo.

La investigación apunta a que el último ancestro común de neandertal y sapiens vivió hace unos 600 ka, con una posibilidad de error de 140 ka.

Los datos indican que el tamaño de población efectivo de los ancestros comunes, el número de individuos necesario para producir la cantidad de diversidad genética observada dentro de una población, fue similar a la de los humanos actuales, incluso menor. Según los científicos, esto sugiere que los primeros homínidos, como los neandertales, podrían haberse expandido a partir de poblaciones de pequeño tamaño, como nosotros.

Pocas especies en la Naturaleza tienen un acervo genético tan pequeño como el de los sapiens y neandertales, únicos homínidos a los que ha sido posible realizar estas pruebas en su ADN, por lo que si consideramos endémica la degradación génica en todas las especies de homínidos, motivada por la fuerte consanguinidad en las relaciones sexuales, se puede explicar fácilmente nuestra evolución acelerada, intensiva y excluyente, que nos caracteriza, como más adelante veremos.

La teoría de la Selección Artificial sugiere que las mutaciones en el ser humano se han centrado siempre sobre los mismos genes, los genes "excluyentes", que promueven adaptaciones positivas para vencer en las CTAs. De tal forma que un mismo gen haya podido sufrir, de forma recurrente e intensiva, más de una mutación positiva en periodos sucesivos de la evolución.

Otras posibles mutaciones que seguro se habrán producido sobre otros genes "no excluyentes", que incluso han podido procurar adaptaciones positivas naturales, se han perdido para siempre, por el carácter endogámico de los homínidos, y porque las poblaciones sobre las que han recaído han sido exterminadas en las CTAs en los que han participado.

La evolución de nuestro cerebro

El mayor número de genes mutados en el chimpancé con respecto al ser humano se explicaría, no porque éstos hayan sufrido más mutaciones, sino porque los cambios en nuestra evolución se han centrado, de forma sucesiva y recurrente, sobre los mismos genes. Esta teoría es la que parece tener más fundamento, sobre todo a raíz de varias investigaciones que han descubierto cómo creció el cerebro durante nuestra evolución.

Hacia 2002 Geoffrey Woods y Cristopher Walsh, de las Universidades de Leeds y Harvard, descubrieron un gen cuyas mutaciones desencadenan la microcefalia humana, una enfermedad hereditaria que frena durante el desarrollo embrionario el crecimiento de la corteza cerebral. En las víctimas de la microcefalia, el cerebro se reduce a 400 centímetros cúbicos, prácticamente igual que el de Lucy, la hembra Australopithecus afarensis.

El profesor Woods y sus colaboradores observaron que las mutaciones de ese gen llamado ASPM originaban una incorrecta producción en los tejidos fetales de una proteína, que es fundamental para la proliferación de las neuronas en la corteza cerebral. La curiosidad empujó al equipo de Woods a rastrear las bases de datos que almacenan los genomas descifrados del ratón, el gusano común y otras especies para escrutar la estructura de ese gen en diferentes animales. Con sorpresa, observaron que la proteína codificada por el gen ASPM tiene un tamaño superior en aquellas criaturas con un cerebro proporcionalmente grande. Pronto sospecharon que la expansión de nuestro cerebro podía estar asociada a otras mutaciones en el gen ASPM de efecto inverso: una mayor generación de neuronas en el córtex cerebral. Para confirmar esta hipótesis, el equipo de Walsh decidió desarrollar en su laboratorio de Harvard ratones transgénicos a los que se introduciría el gen humano ASPM para comprobar si efectivamente desarrollan un cerebro más grande.

El estudio original publicado en "Nature Genetics" [57] despertó el interés de otros científicos que investigan la evolución de nuestro desproporcionado cerebro. En diciembre de 2003, el mismo Jianzhi Zhang, de la Universidad de Michigan, aportó en "Genetics" [58] más evidencias que implican el gen ASPM. Zhang comparó la secuencia de unidades bioquímicas del gen humano con la de los genes homólogos en chimpancés y orangutanes, así como en otras especies más lejanas a nosotros (perros, hámster y monos rhesus).

El resultado de ese análisis comparativo fue esclarecedor: el gen humano ASPM muestra una tasa de modificaciones estructurales muy superior a la detectada en nuestros parientes más cercanos, los chimpancés y orangutanes.

En un estudio publicado en marzo de 2004 en la revista "Human Molecular Genetics" [56], el investigador Bruce T. Lahn, de la Universidad de Chicago, confirma este extremo y cuantifica en quince los cambios sustanciales ocurridos en la estructura del gen ASPM, aquéllos que por conferir ventajas biológicas se extienden a toda la población, desde que nuestra especie y los chimpancés siguieron distintos rumbos evolutivos. Se sabe que existen otros genes implicados en la microcefalia humana y puede que ASPM no sea el único determinante del tamaño de nuestro cerebro, pero a la luz de los hallazgos de los últimos años su participación habría sido decisiva.

Otra interesante investigación del Howard Hughes Medical Institute [59] que analizó la historia de 214 genes relacionados con el desarrollo del cerebro y de sus funciones centrándose en cuatro especies, humanos, macacos, ratas y ratones, concluyó que estos genes evolucionaron mucho más rápido en los humanos que en otros primates e incluso que en los mamíferos. A través de análisis informático, los investigadores identificaron 214 secuencias de genes ortólogos, es decir, originarios de un mismo gen ancestro y que codifican funciones similares en estas especies diferentes. En el estudio, los científicos contaron el número de mutaciones en la secuencia de ADN y lo relacionaron con el tiempo en que se han producido esos cambios, obteniendo así una tasa de evolución de cada gen. Determinaron las velocidades de evolución de estos genes midiendo la relación existente entre el número de sustituciones genéticas no sinónimas –que son las que se traducen al nivel de secuencias de proteínas– y sinónimas –que son las que no modifican la secuencia de las proteínas–. De esta forma descubrieron que los genes relacionados con el cerebro evolucionaron mucho más deprisa en humanos que en macacos y que en ratas y ratones. Los resultados revelaron una relación más importante en el ancestro del hombre que en el del macaco, a partir de la separación evolutiva sufrida hace 20 Ma. La relación se acrecienta en el momento de la separación evolutiva entre el hombre y el chimpancé. La selección de una mayor inteligencia, y por tanto de cerebros más grandes y complejos, ha sido mucho más intensa en la evolución humana que en la evolución de otros mamíferos, señala el estudio.

En consecuencia, ha podido establecerse que los genes que intervienen en la función y el desarrollo cerebral han evolucionado mucho más rápidamente en el caso de los humanos que en el de los primates no humanos u otros mamíferos, como consecuencia de un proceso de selección único. De hecho, la evolución humana se caracteriza por un incremento drástico del tamaño del cerebro y de su complejidad.

Otro descubrimiento de este trabajo es que un número relativamente grande de genes ha contribuido a la evolución del cerebro humano. Hasta ahora se discutía si en la evolución cerebral habían intervenido pocas mutaciones en unos pocos genes, muchas mutaciones en pocos genes o muchas mutaciones en muchos genes. El estudio del Howard Hughes Medical Institute es concluyente al respecto: en la evolución del cerebro humano probablemente están implicadas cientos, si no miles, de mutaciones en tal vez cientos o miles de genes, e incluso esta es una estimación conservadora.

La evolución de las aptitudes cognitivas del ser humano ha necesitado de un gran número de mutaciones que han afectado a un gran número de genes, lo que ha dado como fruto un proceso único realizado en un periodo de tiempo que ha sido mucho más corto de lo habitual como consecuencia de un proceso selectivo excepcionalmente intenso y muy diferente con respecto a los procesos habituales de adquisición de características biológicas.

En el caso de la evolución humana, la tendencia evolutiva se ha trasformado de golpe, variando la temporalidad tradicional. Los análisis de los genes implicados en la función y el desarrollo cerebral, así como en el sistema nervioso, de cuatro especies distintas, han dado como resultado el descubrimiento de que estos genes mostraban aumentos mucho más significativos en la evolución de sus proteínas en el caso de los primates que en el de los roedores. Además, esta tendencia era más pronunciada en el subconjunto de los genes implicados en el desarrollo del sistema nervioso.

Por otro lado, entre los primates, la aceleración de la evolución proteica era más prominente en los humanos. En lo que se refiere a los genes relacionados con el cerebro, el ritmo de evolución de la raza humana también ha sido mucho más rápido que el de las otras especies.

Aunque confiesan no saber a que es debida esta evolución acelerada, la investigación sugiere, siguiendo la tendencia general, que el hecho de que los humanos se hayan convertido progresivamente en especies más sociales es lo que ha provocado que las capacidades cognitivas sean cada vez más ventajosas.

El género Homo apareció hace 2 Ma. La expansión importante del cerebro comenzó hace aproximadamente medio millón de años y la aparición de seres humanos anatómicamente modernos surgió hace 150 ka. Esta rápida evolución se debió a un fuerte proceso de selección genética, señala ahora la investigación del Instituto Hugues.

Los humanos tuvimos que adaptarnos a un cambio de nicho ecológico. Evolucionamos de animales cuadrúpedos y arborícolas a animales de sabana y bípedos, de animales polígamos, herbívoros y frugívoros, a seres omnívoros y monógamos, que debían de adaptarse a un nuevo medio mucho más inhóspito y severo, obligados a evolucionar rápidamente para sobrevivir. Sin embargo, el número total de genes mutados positivamente ha sido menor que en nuestros parientes vivos más cercanos, los chimpancés: esto parece cuando menos contradictorio.

Pero lo más paradójico de este fenómeno no es que la selección en nuestra evolución se haya centrado en unos genes muy específicos, como éstos estudios han demostrado, sino que cualquier otra mutación sobre cualquier otro gen ha desaparecido de nuestro acervo genético. Las mutaciones de genes son totalmente aleatorias, cada gen tiene teóricamente las mismas probabilidades de variación de una generación a otra generación y, por aplicación de las más elementales fórmulas estocásticas, en nuestra evolución han debido de aparecer mutaciones positivas sobre otros genes que no se han hecho mayoritarias y se han extinguido. Han debido de aparecer más genes mutados positivamente que los encontrados en los chimpancés, que han disfrutado de una menor presión selectiva, más genes mutados para que la adaptación al nuevo medio sea más eficaz, como ocurre en cualquier selección biológica natural de cualquier especie.

Sin embargo, la insólita evolución humana ha despreciado cualquier mutación positiva natural, que sin duda ha debido de surgir en cualquier momento, si ésta no se traducía en un aumento de las características humanas, como son el gregarismo, el belicismo o la inteligencia. Lo que quiere decir que los individuos que portaban éstas otras mutaciones naturales positivas, por muy ventajosas que fueran para la vida y la procreación de sus portadores, se extinguían, y no por causas naturales, puesto que debían de estar más dotados que los demás que no poseían esa ventaja natural, sino por otras causas, que no pueden ser otras que la exterminación violenta por parte de otros grupos más dotados para la CTA.

Cualquier tipo de Selección Natural no excluiría mutaciones positivas que aparecieran en la evolución filogenética de una especie, máxime cuando esa nueva adaptación biológica signifique una ventaja para la supervivencia y la procreación del individuo en un nuevo nicho ecológico, porque ello significaría negar de pleno la misma Teoría de la Selección Natural.

Solo la Teoría de la Selección Artificial es capaz de explicar el fenómeno de la evolución excluyente humana por la existencia de las CTAs, sin negar los mismos fundamentos de la teoría de la evolución darwiniana, si no más bien al contrario, complementándola y reforzándola en un punto donde la teoría más aceptada y extendida de la evolución pudiera tener una laguna explicativa.

10. Autómatas celulares

Autómata celular como modelo de evolución

Si construimos varios modelos sobre los distintos tipos de evolución de los que hemos estado haciendo comentarios aquí, podemos compararlos y establecer o analizar cuál de ellos se aproximaría más al que ha seguido la especie humana. Conociendo el origen y el final de esa evolución, es decir, conociendo el genoma del primer espécimen de homínido que se separó de la evolución del chimpancé y el genoma humano actual, podemos calcular qué tipo de selección se hubo de dar para alcanzar tal resultado en un determinado tiempo. Aplicando cada modelo de evolución al genoma del primer homínido, al final del periodo considerado obtendremos un genoma distinto, según qué modelo empleemos. Aquél que se aproxime más al genoma humano actual nos mostrará cuál ha sido el camino emprendido por la evolución del hombre.

En la práctica, para evitar complicaciones, partiremos de unas hipótesis o supuestos de partida que ahorren cálculos. Aunque sean excesivamente simplistas y, por tanto, irreales, bastarán para llegar a resultados en nuestro estudio, porque lo que haremos es comparar un modelo de tipo de evolución con otro modelo de tipo de evolución, y en todos partimos de los mismos supuestos. Las diferencias en los resultados de los modelos comparados nunca serán imputables a éstos supuestos de partida, que son iguales en cada modelo, si no a los diferentes criterios de selección que caracterizan a cada modelo.

Estos modelos serán muy parecidos a los autómatas celulares (ACs) lineales probabilísticos, cuyo precursor fue John von Neumann a finales de la década de 1940. Son autómatas celulares porque son modelos matemáticos que representan un sistema dinámico que evoluciona en pasos discretos y autónomamente sobre un reticulado de celdas. Son lineales y probabilísticos porque forman un conjunto ordenado de celdas de una cuadrícula unidimensional –reticulado–, que varían de un paso a otro según una función de transición que incluye valores estocásticos.

En realidad el AC es un juego de cero jugadores, lo que quiere decir que su evolución está determinada por el estado inicial y no necesita ninguna entrada de datos posterior. Con ellos se puede observar cómo patrones complejos pueden provenir de la implementación de reglas muy sencillas.

Para nuestro estudio construiremos un AC con una retícula unidimensional de celdas, en las que cada una de ellas puede tener hasta 100 estados, cualquier número entero positivo entre 0 y 99. El vecindario está constituido, para cada celda, por ella misma y por las nueve celdas adyacentes en la misma fila. Es decir, diez celdas lineales formarán un subconjunto. A la primera celda del subconjunto, empezando por la izquierda, la llamaremos "A", a la segunda "B", ..., y a la décima "J".

La función de transición de cada AC es que en la siguiente generación, solo una de las diez celdas –por selección radio button– elegida aleatoriamente, suma un entero al estado anterior, mientras que las nueve restantes no suman, o suman cero. Si en una misma línea de celdas colocamos N subconjuntos de diez celdas, en la siguiente transición, que figurará en la siguiente línea de celdas de la retícula, tendremos los N subconjuntos del estado anterior, más N subconjuntos en los que una de sus diez celdas ha aumentado un entero. De éstos 2N subconjuntos se eliminarán la mitad, N, según diferentes criterios de selección, dependiendo del AC que apliquemos. Sobre los N subconjuntos seleccionados se procederá de la misma forma, hasta 130 transiciones o pasos.

Por ejemplo, si ponemos 3 celdas por subconjunto en lugar de 10, y N=3, tendremos:

Paso n: A15B12C00 A20B30C23 A00B99C21

Para el siguiente paso o línea se generará otros 3 subconjuntos iguales a los anteriores, pero con un entero sumado a una de sus celdas, elegida al azar, por ejemplo:

A15B12C01 A20B31C23 A01B99C21

De los 6 subconjuntos, el AC elegirá 3, según un criterio de selección que determinará el tipo de AC con el que trabajemos. Por ejemplo, se seleccionará:

Paso n+1: A20B30C23 A20B31C23 A01B99C21

Que será el segundo subconjunto del paso n más el segundo y tercer subconjunto derivado. Los otros tres subconjuntos, el primer y tercero originales y el primero derivado, se eliminan para siempre. A partir de este paso n+1 se continuará de la misma forma.

La nomenclatura de los ACs

Utilizaremos la siguiente nomenclatura:

Unidad Genética (UG): Es la celda del AC, designada con una letra mayúscula, entre "A" y "J", y representa a un gen o grupo de genes cuya mutación suponga una adaptación ventajosa al nicho ecológico propio de la especie. A esta mutación adaptativa, positiva o ventajosa la llamaremos M+ a partir de ahora.

Más concretamente, la UG representa a un conjunto mínimo de sustancia génica que es capaz de producir una M+ que se extienda por la mayoría de los individuos de la especie, y que puede coincidir con un gen, un conjunto de genes o, incluso, un amino ácido crítico en la codificación del cambio de un gen, pero que, en cualquier caso, es la mutación mínima necesaria para que el grupo que la porta se beneficie de una nueva adaptación positiva al medio o nicho ecológico en el que vive.

Quedan excluidos de este análisis, tanto las mutaciones neutras o negativas de estos genes elegidos que no supongan una nueva adaptación o mejora, como los genes en los que cualquier variación, de cualquier tipo, no supongan una adaptación ventajosa, por ser genes con efectos no significativos para la adaptación de la especie a su nicho.

Cada letra mayúscula que nombra a una UG, dentro de una celda, irá seguida de dos dígitos, que son los estados que puede adoptar la celda, del 00 al 99, que nos informarán del número de M+ que ha sufrido y acumula hasta ese paso discreto. La UG "A00" no ha sufrido M+, mientras que la "A15" ha pasado ya por quince M+. Mientras más alto sean los dígitos, más M+ ha desarrollado la UG, y por tanto, mejor adaptado estará su portador al nicho en concreto.

Esto lo representaremos así:

A99>A98>....>A01>A00

Donde A99 representa que la función que codifica la UG "A" ha alcanzado la máxima eficiencia en la adaptación a su nicho, mientras que A00, será cuando la UG no haya pasado ninguna M+, y su portador no esté nada adaptado en cuanto a la función que expresa esa UG.

Prioridad de la UG: Como hemos dicho, cada UG codificará una función o adaptación distinta en los especímenes portadores, y cada una de estas adaptaciones tendrá una importancia relativa distinta para la supervivencia y procreación del individuo. De tal forma que convendremos que el orden alfabético establecerá el orden de importancia de las UGs, y así, la función que codifica la UG "A" es más importante para la adaptación al medio que la expresada por "B", y ésta más que "C",... y lo representaremos así:

A>B>C>....>J

Como norma general, en todos los ACs diferentes que estudiaremos vamos a convenir que, en la UG "A", es donde se encuentran todos los genes que expresan los comportamientos, aptitudes y adaptaciones específicamente humanas, como puede ser la inteligencia superlativa o el habla, y aquellas otras dotes superiores que han convertido al hombre en el dominador de todas las especies sobre la Tierra. Por ello, cada uno de los ACs que estudiaremos, dará una prioridad especial a esta UG, por estar entre los que verdaderamente han supuesto una diferenciación con el resto de los animales. A esta UG "A" claramente pertenece, entre otros muchos, el gen ASPM que tiene que ver con el tamaño del cerebro, ya que las quince M+ ocurridas en la estructura del gen ASPM, descubiertas por Lahn, nos han procurado un mayor cerebro y, por tanto, mayor inteligencia. También podríamos incluir las 49 secuencias de genes HAR, denominadas así por E.M. Rubin, como las que poseen la mayor tasa de mutación en nuestra especie.

Grupo evolutivo (GE): Es el subconjunto de diez celdas, y representa un grupo de población natural o especie cuyos miembros pueden cruzarse entre sí y producir descendencia fértil, pero no lo hacen con los integrantes de otros GEs.

En paleontología tiene más sentido el concepto evolutivo de especie de George Gaylord Simpson (1902-1984), y es al que más se aproxima nuestro GE, por el que una especie es un continuo de poblaciones que se suceden en el tiempo y siguen una trayectoria evolutiva propia, independiente de las demás, y que se prolonga en el tiempo. Pueden existir hibridaciones esporádicas entre varios GEs, pero lo verdaderamente importante es que haya continuidad genética entre generaciones, y que el aislamiento se mantenga.

Entre las especies biológicas existen casos de hibridación en los que se produce descendencia fértil y que permanecen como unidades genéticas y evolutivas independientes, pero en nuestros cálculos, por simplicidad, obviaremos tal posibilidad, considerando que forman un nuevo GE más adaptado que los originales.

Cada GE estará representado por las diez UGs –celdas– más importantes para la adaptación del GE al nicho ecológico. Y cada UG irá seguida de los dos dígitos que indican el número de M+ sufridas por esa UG. De tal forma que:

A00B00C00D00F00G00H00I00J00

representará al GE de partida de cada AC, en el que ninguna UG ha experimentado M+. Por el contrario, el GE que llamamos:

A99B99C99D99F99G99H99I99J99

es el mejor adaptado al nicho ecológico concreto de todos los posibles.

Grupo Mejor Adaptado (GMA): Si en cada transición o paso tenemos N GEs, decimos que la dimensión del nicho ecológico es N, y que cada GE compite para ocupar un sitio en él. Y el GMA será el GE mejor adaptado en cada paso discreto, dependiendo del AC elegido.

Para nuestro estudio supondremos que nosotros, hoy por hoy, formamos un GMA, es decir, que somos la especie mejor adaptada a nuestro nicho ecológico en este momento, y esto es así, obviamente, porque no existe otra especie humana coetánea distinta de la nuestra.

El GMA no se debe de confundir con la especie más perfectamente adaptada al nicho, a la que hemos dado en llamar A99B99C99D99F99G99H99I99J99, ya que ésta última es el objetivo utópico a alcanzar en cada AC, mientras que el GMA representa a un GE que virtualmente existe, y que es la mejor adaptada en un paso discreto del camino evolutivo, con respecto al resto de GEs coetáneos con él.

Paso Evolutivo (PE): Es el paso discreto del AC. Definiremos el PE como el tiempo necesario para que en un GE surja una M+ y se extienda en las siguientes generaciones entre la mayoría de los descendientes de dicho GE y, al mismo tiempo, sea ocupado todo el nicho ecológico por los miembros pertenecientes a los GEs mejor adaptados.

Como hemos dicho, la probabilidad de que una UG sufra una M+ es la misma en todos los casos. Es decir que si hemos establecido en diez las UGs que componen un GE, la probabilidad de mutación de cada UG es de 1/10 en cada PE.

Por razones eminentemente prácticas también supondremos que el total de PEs dados por la especie humana desde su separación evolutiva de los chimpancés hasta hoy han sido de 130, es decir, que cada PE necesita de 46 a 53 ka, o también, entre 2.500 y 3.000 generaciones.

Pero, como antes indicamos, si suponemos que estas hipótesis de partida permanecen inalteradas de un AC a otro, podemos realizar comparaciones entre ellos, sabiendo que en la variación de los resultados por la aplicación de uno o de otro AC, no van a influir estos parámetros, establecidos a priori como fijos e inmutables, o lo que es lo mismo, los cambios en los resultados de cada aplicación, de cada AC, serán imputables a las variaciones en los criterios de selección inherentes a cada AC, ya que todos los demás parámetros permanecen inalterados. Las conclusiones serán citeris paribus, si todo lo demás no cambia.

El funcionamiento de los ACs

El funcionamiento de los distintos ACs que aquí planteamos será el siguiente:

1°) Se partirá del primer GE que representa el ancestro común entre humanos y chimpancés:

A00B00C00D00F00G00H00I00J00

2°) A este GE se le aplicará una fórmula por la que una de sus diez UGs experimentará una M+, elegida aleatoriamente con la misma posibilidad de ocurrencia para cada UG, un 10%, con lo que, aparte del GE original obtendremos un nuevo GE, mejor adaptado al nicho ecológico que, por ejemplo será:

A00B00C00D00F00G00H00I00J01

Donde la UG llamada "J" ha experimentado una M+, haciendo que este GE nuevo esté mejor adaptado que el anterior y, por tanto, ocupará todo el nicho ecológico en este segundo PE.

Para elegir "J" en lugar de "A", "G", o cualquier otra UG, el programa ha generado un número aleatorio comprendido entre 0 y 1. Previamente se había asignado que si dicho número estuviera comprendido entre 0'9 y 1, la M+ correspondería a la UG "J", si estuviera comprendido entre 0 y 0'1 correspondería a "A", si entre 0'1 y 0'2, a "B", y así sucesivamente.

El número de GEs que puedan ocupar el nicho ecológico dependerá de la presión selectiva que queramos imponer en nuestros ACs, de tal forma que si son pocos los GEs habrá más presión, si son muchos, habrá menos presión selectiva en el nicho ecológico.

Optaremos, también por razones prácticas, por incluir diez GEs en cada nicho ecológico, aunque después haremos exactamente los mismos cálculos suponiendo que el Nicho Ecológico solo admite siete GEs (mayor presión selectiva) y doce GEs (menor presión selectiva).

Este primer PE acabará con diez GEs iguales que serán:

A00B00C00D00F00G00H00I00J01

3°) En el segundo PE se hará el mismo proceso: de cada GE anterior se obtendrá dos GEs, una igual a si mismo y otro en el que aleatoriamente una UG haya sufrido una M+, y el resto de UGs permanecerá inalterado, por lo que tendremos veinte GEs.

Como el nicho ecológico solo puede estar ocupado por diez GEs, habrá que eliminar diez, o seleccionar los diez GEs mejor adaptados. Aquí es donde cada AC actuará de una forma diferente, procediendo según un criterio de selección que generarán las diferencias en cuanto a resultados finales.

4°) En el tercer PE y sucesivos, se procederá de igual forma. A los diez GEs seleccionados en el paso discreto anterior se les aplicará una fórmula aleatoria por la que se crearan diez nuevos GEs, cada uno de ellos con una M+ extra al de origen. De entre los veinte GEs disponibles, los diez GEs originales del paso anterior y los que han sufrido una M+ extra en una UG elegida aleatoriamente, se volverá a hacer una selección, según el criterio empleado en cada AC, eligiéndose diez que pasaran al siguiente PE. Hasta llegar al PE 130, donde aparecerán los 10 GEs que representan los GEs contemporáneos a nosotros.

La sencillez del esquema algorítmico y el poder englobar todas las funciones más significativas del proceso de evolución natural es la causa que ha motivado la elección de este programa.

Efectivamente, por un lado integra la selección necesaria que existe por la limitación de recursos naturales, por la que solo los mejor adaptados pueden sobrevivir; en nuestro programa, se produce una selección de diez sobre veinte GEs posibles en cada PE. Por otro lado, representa fielmente la cadencia regular y la aleatoriedad en la aparición y expansión de mutaciones positivas, y la ocupación por parte de los mejor adaptados de los sitios vacantes que aparecen en el nicho ecológico, representado todo ello por los PEs definidos anteriormente como cronológicamente iguales por simplicidad. Por otro lado, representa el orden de prelación de genes en la eficacia para la adaptación, al suponer que el orden alfabético de las UGs es igual a este orden de importancia génico en la adaptación. Y por fin, desarrolla la posibilidad de comparación adaptativa de GEs distintos al numerar correlativamente las M+ que se han sucedido sobre las mismas UGs, de tal forma que el AC recoge la eficacia en la adaptación de cada GE.

Este programa desarrolla quizás de la forma más simple posible los fenómenos de la Selección Natural, de la cadencia en la aparición de mutaciones, de la prelación de genes y de la eficacia de cada especie en la adaptación, obteniendo el mínimo común de cada proceso, para después obviar su influencia en los resultados al aplicar estos fenómenos con los mismos parámetros y de igual forma a cada AC que vamos a comparar.

Los ACs naturales y los artificiales

Los distintos ACs que vamos a aplicar, con el programa de ordenador propuesto, son los de Selección Natural y los de Selección Artificial, y si cada uno de ellos lo aplicamos de forma intensiva o normal, tendremos cuatro ACs distintos a comparar:

1º) AC de selección Natural Intensivo.

2°) AC de selección Natural no Intensivo.

3°) AC de selección Artificial Intensivo.

4°) AC de selección Artificial no Intensivo.

ACs naturales: Normalmente, en la Naturaleza, según la teoría darwiniana, los más adaptados son los elegidos para seguir viviendo y expandir sus genes. Por definición, en nuestro programa informático, un GE está más adaptado que otro cuando posee más M+, es decir, cuando la suma algebraica de los dos dígitos que acompañan a cada UG es mayor. El programa en cada PE solo tiene que sumar dichos dígitos, ordenar de mayor a menor los GEs, primero por la suma global de sus dígitos y después por orden alfabético, ya que hemos convenido que la UG "A" prevalece sobre la "B", y esta sobre la "C", etc., para después elegir los diez primeros y desechar el resto que no pasarán al siguiente PE.

Por ejemplo, para un GE con 3 UGs, en lugar de 10 que son los empleados en nuestro programa, sería este orden de prioridad:

A10B02C21>A09B00C24>A32B00C00>A00B31C00

Las sumas de M+ en cada GE son, respectivamente, 33, 33, 32 y 31; como los dos primeros suman igual, prevalece "A10" sobre "A09".

Esta es la selección que normalmente se produce en todas las especies de la Naturaleza.

Pero en algunos casos puede existir una selección intensiva sobre determinados genes que hacen que la posibilidad de supervivencia sea mayor si las mutaciones positivas se suceden sobre unos genes en concreto más que sobre otros. Son casos parecidos a lo que en Biología se conocen como cuellos de botella, comentados anteriormente, en los que las especies han sufrido en el pasado una disminución drástica del número de individuos por diversos motivos, produciendo una aceleración considerable de la deriva genética y la evolución de las especies que los experimentan, pues se produce una selección intensiva de determinados caracteres que pasan a ser mayoritarios en los individuos supervivientes, mientras que otros menos favorables se reducen o desaparecen por completo. Es un fenómeno que sucede cuando se seleccionan solo un grupo de genes que codifican una función tan importante para el espécimen en su adaptación al nicho ecológico que es capaz de ser seleccionada en detrimento de otros especímenes que han adquirido más M+ sobre otro tipo de UGs menos importantes para la adaptación a ese nicho en concreto. Por ejemplo, una especie que desarrolle una mutación sobre un gen que le haga adaptarse a un cambio súbito de su nicho ecológico será seleccionado sobre otra especie, aunque ésta otra posea muchas más adaptaciones en general, pero no haya podido sobrevivir a ese cambio drástico en su nicho.

En nuestro programa basta con establecer el orden alfabético de UG en cada GE para establecer ese orden de prevalencia natural entre genes, de tal forma que, al ordenar de este modo los genes que se agrupan en la UG "A", se eligen prioritaria e intensivamente sobre los "B", y éstos sobre los "C", ... Un mayor número de M+ sobre "A" es más importante para establecer el orden de selección que el número global de M+ en cada GE.

En el ejemplo anterior se establecería este orden

A32B00C00>A10B02C21>A09B00C24>A00B31C00

Donde el primer GE prevalece sobre los siguientes por tener más M+ sobre la UG "A", a pesar de tener menos M+ globales.

ACs artificiales: En la Naturaleza puede ocurrir que una mutación sobre un determinado gen produzca en su portador una adaptación positiva que le capacite para poder eliminar o exterminar al resto de especies que no poseen esa ventaja evolutiva y que ocupan un sitio en su mismo nicho ecológico, con lo que deja un sitio vacante que puede ocupar la especie mutante.

Esta es la selección que hemos dado en llamar Artificial, y que en nuestro programa informático se va a caracterizar por la existencia de unas UGs, normalmente las de mayor prevalencia para la adaptación, que llamaremos UGs excluyentes, y que se distinguirán de las demás en que cualquier M+ que ocurra sobre éstas UGs excluyentes dotarán a su GE del poder de eliminar y ocupar el sitio de todas los GEs que tengan un número de M+ menor en éstas UGs excluyentes.

En el ejemplo anterior, si consideramos la UG "A" como la excluyente, el orden de prevalencia de los GE será el mismo que el establecido para la Selección Natural intensiva, es decir:

A32B00C00>A10B02C21>A09B00C24>A00B31C00

Pero por tener el primer GE más M+ sobre la UG "A" que hemos considerado como excluyente, procederá al desplazamiento de todos los demás GE, apareciendo en el siguiente PE un solo GE, ocupando el sitio dejado por los demás, de esta forma:

A32B00C00>A32B00C00>A32B00C00>A32B00C00

Si la aleatoriedad en la aplicación de la M+ en el siguiente PE hace que ninguna UG excluyente sufra una M+, no se procederá a la sustitución y eliminación del resto de los GEs, si no que se seleccionará, intensivamente o no, según el caso, entre todos los GEs, sin exclusión por parte de los mejor adaptados.

Se puede suponer, como ha ocurrido en las guerras históricas, que pueblos con ejércitos igual de poderosos, o fuerzas militares parejas, mantienen un entente más o menos cordial o agresivo, un estado de tensión político y militar entre los grupos, que se prolonga en el tiempo hasta que las fuerzas se desequilibran, y es cuando unos pueden vencer a los otros. Como ocurrió durante la "Guerra fría" entre 1945 y 1991. En nuestros modelos, esto lo traducimos como que dos o más GEs pueden coexistir dentro del mismo nicho sin excluirse una a otro en PEs sucesivos, mientras tengan una capacidad de lucha parecida, o igual número de M+ excluyentes, en cuanto aparezca una M+ que desequilibre las fuerzas, el GE más adaptado al CTA excluirá y sustituirá a los demás.

Por ejemplo, después de algunos PEs sin que la UG "A" haya mutado, podemos encontrarnos, partiendo del ejemplo anterior para la Selección Artificial no intensiva:

A32B09C03>A32B10C01>A32B01C10>A32B02C00

En todos los GEs la UG "A", excluyente, tiene 32 M+, por tanto ninguna desplaza a la otra. Por ser un tipo de selección no intensivo, se ha establecido la ordenación según el número de mutaciones globales de cada GE, en este caso, 44, 43, 43 y 34, respectivamente. El segundo y tercer GE, al tener las mismas M+ globales, prevalece B10 sobre B01.

Si la selección fuera artificial e intensiva, el orden alfabético sería el preferente, de esta forma:

A32B10C01>A32B09C03>A32B02C00>A32B01C10

Donde las M+ en la UG "B" son las que mandan, con la premisa de que no se haya producido ninguna M+ en la UG "A" ya que excluiría a todas los demás GEs.

Expresión de los resultados en los ACs

Ya solo nos queda "clickear" y ver los resultados. Pero al considerar 130 PEs, tenemos el problema de tener que mostrar 1300 GEs, y si no 2600 si consideramos también los GEs no seleccionados en cada PE. Y tampoco nos enseñaría gran cosa por que lo que nos interesan son tendencias o medias, y no datos estocásticos demasiado sesgados.

Así que volveremos a simplificar para mostrar los resultados. Por un lado, para evitar que sea excesivamente tendencioso, aplicaremos diez veces cada AC en diez muestreos sucesivos, con distintas series de números aleatorios, y sólo mostraremos algunos resultados que nos interesan, y de ellos obtendremos una media. Los datos que expresaremos serán:

El GMA en el último PE, el 130, es decir, la especie mejor adaptada después de aplicar cada AC para poder compararla con los demás GMAs surgidos en los demás ACs, e incluso, con nuestro propio genoma, que se supone al que representa.

El número de GEs distintos que ocupan el nicho ecológico, también en el último PE, ya que al final pueden quedar desde un solo GE, el GMA en este caso, o hasta diez GEs diferentes.

La cantidad de UGs que no han sufrido una M+ en el GMA del último PE, es decir, el número de UGs del GMA final que sigue mostrando unos dígitos de "00", por no haber prosperado ninguna M+ en él.

El total de M+ acaecidas en el GMA final, que es la suma global de todas las M+ habidas en cada UG.

El número de M+ ocurridos en la UG "A" del GMA final, que hemos definido como la que engloba todas las características exclusivamente humanas y a la que todos los ACs le han dado una prioridad especial en cuanto a su adaptabilidad a nuestro nicho ecológico. Un GMA con mayor número de M+ en la UG "A" representará una mayor aproximación al ser humano actual.

Para terminar diremos que también hemos considerado aplicar los ACs artificiales para la existencia de dos o de cinco UGs excluyentes entre los GEs, que representan un 20 ó un 50% de las UGs totales, para poder realizar comparaciones con la incidencia de este parámetro.

Todo ello está resumido en el CUADRO N° 1, para un nicho ecológico donde caben diez GEs, y después de 130 PEs.

CUA-DRO N° 1	RESUMENES DE MUESTREOS PARA UN NICHO ECOLOGICO CON CAPACIDAD PARA 10 GRUPOS (EN 130 PASOS)				

TIPO DE SELECCIÓN	NATURAL		ARTIFICIAL			
	NO INTENSIVA	INTENSIVA	NO INTENSIVA		INTENSIVA	
Número de genes excluyentes	0	0	2	5	2	5
Especie o raza Mejor Adaptada (EMA)	A21B03C1 5D12E14F 06G10H16 I15J18	A43B12C0 9D09E01F 05G02H04 I03J05	A82B32C0 2D02E02F 04G00H02 I01J03	A85B30C1 3D01E01F 00G00H00 I00J00	A87B31C0 3D02E04F 03G00H00 I00J00	A87B31C1 0D02E00F 00G00H00 I00J00
N° de especies distintas y coetáneas	9	9	5	1	1	1
Genes no mutados en EMA	0	0	1	5	4	6
Total de mutaciones en EMA	130	93	130	130	130	130
Mutaciones del Gen "A"	21	43	82	85	87	87
Especie o raza Mejor Adaptada (EMA)	A20B14C1 4D10E10F 23G09H09 I08J13	A40B11C0 5D07E09F 02G03H04 I05J04	A83B29C0 3D00E02F 05G02H01 I03J02	A89B28C1 2D00E00F 00G01H00 I00J00	A94B24C0 3D00E01F 03G01H00 I01J03	A94B24C0 9D02E01F 00G00H00 I00J00
N° de especies distintas y coetáneas	10	7	1	1	1	1
Genes no mutados en EMA	0	0	1	6	2	5
Total de mutaciones en EMA	130	90	130	130	130	130

Mutaciones del Gen "A"	20	40	83	89	94	94
Especie o raza Mejor Adaptada (EMA)	A18B16C1 0D14E14F 12G13H14 I11J08	A44B16C0 4D05E06F 07G07H05 I03J03	A80B32C0 4D04E04F 00G02H03 I00J01	A83B36C0 8D02E01F 00G00H00 I00J00	A86B31C0 2D00E03F 02G03H01 I02J00	A86B31C0 9D01E03F 00G00H00 I00J00
N° de especies distintas y coetáneas	10	7	1	1	1	1
Genes no mutados en EMA	0	0	2	5	2	5
Total de mutaciones en EMA	130	100	130	130	130	130
Mutaciones del Gen "A"	18	44	80	83	86	86
Especie o raza Mejor Adaptada (EMA)	A18B14C1 6D13E11F 12G10H12 I12J12	A46B10C1 0D06E04F 03G04H06 I03J03	A84B30C0 3D02E02F 04G00H01 I03J01	A90B25C1 3D00E01F 00G00H00 I00J01	A80B32C0 2D04E02F 01G01H02 I02J04	A80B32C1 2D04E02F 00G00H00 I00J00
N° de especies distintas y coetáneas	10	9	3	1	1	1
Genes no mutados en EMA	0	0	1	5	0	5
Total de mutaciones en EMA	130	95	130	130	130	130
Mutaciones del Gen "A"	18	46	84	90	80	80
Especie o raza Mejor Adaptada (EMA)	A21B09C1 1D13E16F 12G14H10 I07J17	A49B11C0 4D04E02F 02G10H06 I05J02	A88B30C0 1D02E01F 00G03H01 I03J01	A78B39C0 8D04E00F 01G00H00 I00J00	A92B23C0 2D02E00F 04G02H02 I02J01	A92B23C1 1D04E00F 00G00H00 I00J00
N° de especies distintas y coetáneas	10	7	1	1	1	1
Genes no mutados en EMA	0	0	1	5	1	6
Total de mutaciones en EMA	130	95	130	130	130	130
Mutaciones del Gen "A"	21	49	88	78	92	92

Especie o raza Mejor Adaptada (EMA)	A20B16C1 4D13E13F 07G06H12 I18J11	A42B15C0 7D05E07F 03G03H04 I05J02	A79B36C0 2D03E02F 03G01H02 I02J00	A79B32C1 6D00E02F 00G01H00 I00J00	A96B22C0 0D04E01F 00G02H03 I01J01	A96B22C0 9D02E00F 00G00H00 I00J01
Nº de especies distintas y coetáneas	10	9	1	1	1	1
Genes no mutados en EMA	0	0	1	5	2	5
Total de mutaciones en EMA	130	93	130	130	130	130
Mutaciones del Gen "A"	20	42	79	79	96	96
Especie o raza Mejor Adaptada (EMA)	A17B12C0 8D11E14F 10G16H12 I08J22	A45B14C0 5D03E04F 06G06H07 I01J02	A94B25C0 2D04E00F 01G00H01 I02J01	A89B33C0 6D01E00F 00G00H00 I01J00	A77B34C0 4D01E05F 02G02H03 I01J00	A77B34C1 5D04E00F 00G00H00 I00J00
Nº de especies distintas y coetáneas	10	10	1	1	1	1
Genes no mutados en EMA	0	0	2	5	1	6
Total de mutaciones en EMA	130	93	130	130	129	130
Mutaciones del Gen "A"	17	45	94	89	77	77
Especie o raza Mejor Adaptada (EMA)	A16B13C1 3D14E06F 09G15H12 I15J17	A41B11C0 6D05E07F 08G05H05 I04J03	A75B43C0 3D04E01F 00G02H00 I01J01	A86B28C1 2D03E01F 00G00H00 I00J00	A91B26C0 1D05E01F 02G02H00 I00J02	A91B26C1 0D01E01F 01G00H00 I00J00
Nº de especies distintas y coetáneas	10	10	1	1	1	1
Genes no mutados en EMA	0	0	2	5	2	4
Total de mutaciones en EMA	130	95	130	130	130	130
Mutaciones del Gen "A"	16	41	75	86	91	91
Especie o raza Mejor Adaptada (EMA)	A22B18C1 0D17E08F 09G13H16 I06J11	A43B14C1 1D03E08F 07G03H01 I04J03	A86B28C0 2D01E01F 04G01H03 I02J02	A87B24C1 6D01E01F 00G00H00 I00J01	A78B37C0 1D04E02F 02G05H00 I01J00	A78B37C1 0D04E01F 00G00H00 I00J00

N° de especies distintas y coetáneas	10	7	1	1	1	1
Genes no mutados en EMA	0	0	0	4	2	5
Total de mutaciones en EMA	130	97	130	130	130	130
Mutaciones del Gen "A"	22	43	86	87	78	78
Especie o raza Mejor Adaptada (EMA)	A19B12C1 6D17E13F 13G10H06 I12J12	A41B18C1 0D03E05F 04G03H02 I04J03	A96B21C0 3D01E05F 01G00H01 I01J01	A82B36C0 7D03E02F 00G00H00 I00J00	A85B33C0 5D00E01F 00G01H02 I01J01	A85B33C1 0D02E00F 00G00H00 I00J00
N° de especies distintas y coetáneas	9	9	1	1	1	1
Genes no mutados en EMA	0	0	1	5	2	6
Total de mutaciones en EMA	130	93	130	130	129	130
Mutaciones del Gen "A"	19	41	96	82	85	85

MEDIA DE 10 MUESTRAS	NATURAL		ARTIFICIAL	
	NO INTENSIVA	INTENSIVA	NO INTENSIVA	INTENSIVA
Número de genes excluyentes	0	0	2	5	2	5
N° de especies distintas y coetáneas	9,8	8,4	1,6	1	1	1
Genes no mutados en EMA	0	0	1,2	5	1,8	5,3
Total de mutaciones en EMA	130	94,4	130	130	129,8	130
Mutaciones del Gen "A"	19,2	43,4	84,7	84,8	86,6	86,6

Conclusiones de la comparación entre ACs

Las conclusiones a las que llegamos, citerus paribus, son:

1°) El número de GEs distintos y coexistentes que se producen con el AC natural, tanto intensivo como no intensivo, tiende al máximo que el Nicho Ecológico permite, 8'4 y 9'8, respectivamente.

Mientras que el AC Artificial, por el contrario, tiende a que solo exista un GMA en cada PE. Ello es así porque una M+ en una UG excluyente elimina y reemplaza al resto de GEs, y solo en el hipotético caso en que en un PE previo no se haya dado una M+ en una UG excluyente, pueden coexistir varios GEs diferentes en el siguiente PE. Las posibilidades de que ello ocurra disminuyen cuanto mayor es la proporción de UGs excluyentes, en nuestro cuadro son 1'6 y 1 para un 20% (2 sobre 10) de UGs excluyentes, mientras que cuando las UGs excluyentes pasan a ser el 50% (5 sobre 10) el GMA acapara todo el Nicho Ecológico: solo existe un GE.

Hoy día solo existe una especie humana no extinta sobre la Tierra, la nuestra, la Homo sapiens sapiens, y anteriormente, que se sepa, han coexistido muy pocas especies y durante un corto periodo de tiempo; como los Neanthertalenses y nuestra especie durante 10 ka en Eurasia o algunos Parántropos y Homos anteriormente en África. Esta falta de ramificaciones en la evolución humana, con tan pocas especies coexistentes y tan poca diversidad biológica son la causa irremediable de la aparición de las UGs excluyentes en los ACs artificiales. Mientras que si aplicamos los ACs naturales, incluyendo el de selección intensiva, este fenómeno, que se aprecia en todas las etapas evolutivas del hombre, solo se puede justificar con fenómenos externos al modelo principal, como catástrofes naturales, cataclismos, cambios drásticos del clima, cambios forzosos de dieta, cuyos defensores tienen que salvar dos importantes escollos: la demostración de su existencia, en el momento histórico y en el lugar geográfico requerido, y, de más difícil justificación si cabe, el hecho de que estos fenómenos naturales hallan provocado cuellos de botella solo en nuestra evolución y no en ninguna otra especie que ha evolucionado paralelamente.

2°) Todas las UGs han mutado en los GMAs seleccionados por los ACs naturales, tanto intensiva como no intensiva, aunque vemos que las UGs menos favorables, la UG "I" y la "J" sobre todo, tiene un menor número de mutaciones en la natural intensiva, ya que como es normal, se han seleccionado más intensamente las UG "A", "B", "C", ..., y por este orden.

Por el contrario, las UGs no mutados son normales en los GMAs seleccionados por todos los ACs artificiales. En estos ACs, las UGs no excluyentes apenas sufren M+, porque todas las M+ se concentran en las UGs excluyentes, sobre todo en el modelo con cinco UGs excluyentes en la que de media no han mutado 5'3 y 5 de las UGs, según sea intensiva o no la selección. En casi todos los muestreos las UGs con M+ igual a "00" se dan en las UGs no excluyentes.

Retomando los estudios del grupo del profesor Zhang, que descubrieron que los chimpancés tienen considerablemente más genes seleccionados positivamente que los humanos, y si consideramos que los chimpancés han seguido un tipo de evolución parecido al AC natural no intensivo, como todas las especies, podemos concluir que los ACs artificiales explican por sí mismos este paradójico fenómeno. Las M+ serán acaparadas por las UGs excluyentes, quedando el resto de UGs no excluyentes prácticamente inalteradas, como el resto de UGs neutras que no ofrecen una ventaja adaptativa.

Si del estudio de Zhang se desprende que el chimpancé ha mutado positivamente el 50% más de los genes que los humanos, el AC de los propuestos que más se acerca a este hecho es el de selección artificial no intensiva para 5 UGs excluyentes, que presenta el resultado de cinco UGs no mutadas de media en los GMAs, es decir, el 50% de las UGs totales posibles no ha variado. Lo que indica que la presión excluyente de las UGs ha debido ser alta (de 5 UGs sobre 10 posibles) para que un número tan alto de UGs necesarias para la adaptación a nuestro nicho ecológico no hayan mutado. Haciendo la salvedad de que nuestros modelos no son extrapolables, pero si comparables entre si.

Las UGs no mutadas de media en el AC natural intensivo no existen. Todas las UGs presentan alguna M+, aunque las UG menos intensivas (de la "F" a la "J") han mutado menos que las demás, ya que la Selección Natural ha privilegiado las M+ en las UGs más favorables para la adaptación. Examinando la evolución de los GMAs en cada muestreo realizado sobre este AC, observamos que en el PE número 63, de media, cuando ya se ha realizado casi la mitad del camino evolutivo total, es cuando dejan de aparecer las UGs con el "00", o lo que es lo mismo, sin ninguna M+. Mientras que en todos los ACs artificiales en el PE número 130, que hemos definido como el presente, aún quedan UGs no mutadas.

De nuevo el AC natural intensivo deja de explicar este fenómeno y debe de buscar soluciones complementarias en otros hechos de difícil demostración, como extinciones masivas de humanos en ciertas áreas geográficas y su posterior recolonización, parecidas a la que el propio Zhang indica que aconteció hace unos 2 Ma. Pero, haciendo hincapié, si se quiere obviar la existencia de las CTAs y de la guerra, y su influencia en la evolución humana, ¿cómo explicar esas extinciones masivas y esas recolonizaciones que periódicamente se han debido de producir para incidir de tal manera en nuestro genoma?

3°) Otro parámetro comparable entre estos modelos es el total de M+ que se recogen en el GMA final, y que tienen que ver con la eficacia de cada AC. Vemos que en la practica totalidad de los ACs se han recogido el máximo número de M+ posibles, 130, correspondiente a los mismos que han surgido en los 130 PEs recorridos, a excepción del AC natural intensivo, que solo han podido recoger 94'4 M+ de media en los 10 muestreos realizados, es decir, el GMA pierde un 27'4% de las M+ que se han generado en la evolución, por lo que podemos considerarlo el modelo menos eficaz de todos.

Es así porque el AC Natural intensivo prima las M+ que se dan sobre determinados UGs, despreciando otras que pueden surgir en

GEs con más alto nivel de M+ globales. Por ejemplo, si partimos de estos dos GE:

A02B00C00D00>A00B00C00D02

El PE siguiente podría ser:

A03B00C00D00>A02B00C00D00>A00B00C01D02 >A00B00C00D02

Que son los dos GE anteriores más otros dos que han surgido de ellos por una M+ en la UG "A" y "C", respectivamente.

Si el corte de selección que se da en este AC Natural intensivo es hasta el segundo GE, extinguiéndose los otros dos GE, se seleccionaría un GE con 2 M+ globales sobre otro, el tercero con 3 M+, y este GE con menos M+ puede convertirse en GMA por el proceso aleatorio de recaer un mayor número de M+ sobre la UG "A".

En los ACs no intensivos, tanto en la Selección Natural como la Artificial, no es posible que esto ocurra, puesto que precisamente priman los GEs con mayor número de M+ globales, de tal forma que los GEs con menos M+ quedaran excluidos por sistema en cada PE.

Los GMAs hallados por el AC artificial intensivo presentan de media 129'8 y 130 M+, muy cercanos a la máxima eficacia. Aunque si pueden tener pérdidas de M+, nunca con la frecuencia de las que se producen en el AC natural intensivo, ya que las UGs excluyentes limitan en gran medida el efecto intensivo del modelo.

4°) Lo más importante es el número de M+ que presentan los GMAs de cada AC para determinar cuál de ellos es el que consigue una mayor aceleración en la evolución de los caracteres plenamente humanos que están codificados en la UG "A", como hemos dado en llamarla, y a la que todos los modelos planteados le han dado un cierto grado de prevalencia en la selección.

En primer lugar, hacer notar que todos los ACs han logrado el objetivo de procurar el máximo número de M+ para la UG "A", excepto el AC natural no intensivo, donde la única ventaja otorgada a la UG "A" ha sido la prioridad en caso de empate en número de M+, lo que no ha debido de ser lo suficientemente preferente, ya que existen tres GMAs que poseen UGs con más M+ en una UG distinta de "A".

En segundo lugar, pero mucho más importante para nuestro estudio, los ACs artificiales han conseguido los máximos niveles de M+ para la UG "A", con 86'6 y 84'7 M+, para la selección intensiva y para la no intensiva, respectivamente. En esta carrera le sigue el AC natural intensivo, con 43'4 M+ de media, y por último, el AC natural no intensivo, con 19'2 M+. O en otras palabras, el proceso evolutivo de la hominización es dos veces más veloz si se elige un AC artificial intensivo en vez de uno natural intensivo.

El tamaño del nicho influye en la aceleración

A las mismas conclusiones, o parecidas, podemos llegar si construimos otros modelos iguales en los que el único cambio será el número de GEs que quepan en el nicho ecológico. Así, en el CUADRO 2 lo hemos construido para el supuesto en que en el Nicho Ecológico solamente quepan siete GEs, y el CUADRO 3, se establece para doce GEs, representando un entorno más benévolo para la supervivencia.

CUA-DRO N° 2	RESUMENES DE MUESTREOS PARA UN NICHO ECOLOGICO CON CAPACIDAD PARA 7 GRUPOS (EN 130 PASOS)				

MEDIA DE 10 MUESTRAS	NATURAL		ARTIFICIAL			
	NO IN-TENSI-VA	INTEN-SIVA	NO INTENSIVA		INTENSIVA	
Número de genes excluyentes	0	0	2	5	2	5
N° de especies distintas y coetáneas	7	6,7	2	1	2,1	1
Genes no mutados en EMA	0	0	0,3	4,1	0,7	3,8
Total de mutaciones en EMA	130	96,7	130	130	128,6	129,9
Mutaciones del Gen "A"	18,2	39	69,3	68,5	86,9	68,9

CUA-DRO N° 3	RESUMENES DE MUESTREOS PARA UN NICHO ECOLOGICO CON CAPACIDAD PARA 12 GRUPOS (EN 130 PASOS)				

MEDIA DE 10 MUESTRAS	NATURAL		ARTIFICIAL			
	NO IN-TENSI-VA	INTEN-SIVA	NO INTENSIVA		INTENSIVA	
Número de genes excluyentes	0	0	2	5	2	5
N° de especies distintas y coetáneas	12	11,6	1,3	1	1,4	1
Genes no mutados en EMA	0	0,3	1,1	5,1	3,2	5,1
Total de mutaciones en EMA	130	93,8	130	130	129,6	130
Mutaciones del Gen "A"	18,7	44,8	86	85,8	93,6	92,1

Con ello hemos establecido dos parámetros como variables para medir su incidencia sobre los resultados:

1°) Uno de ellos es el parámetro de la presión selectiva natural que la hemos vinculado al número de GEs que el Nicho Ecológico es capaz de albergar, estableciendo tres modelos diferentes con un nicho para siete, para diez y para doce GEs —en sendos Cuadros que adjuntamos—. Con ello comprobamos que la presión selectiva y el tamaño del nicho ecológico no influye ni en el número de especies distintas que coexisten al mismo tiempo —en la Selección Natural sigue tendiendo al máximo posible y en la Artificial a un solo GE—, ni influye en las UGs no mutadas en el GMA —en los tres modelos éstas no existen en la Selección Natural mientras que en la Artificial prácticamente sólo son las UGs no excluyentes las que no mutan—, ni influye en el total de M+ que se acumulan en el GMA de cada modelo —todos presentan la máxima eficacia al no perder ninguna M+, excepto el Modelo de Selección Natural intensiva, que sigue perdiendo más del 25% de la M+ que surgen en cada PE—. La incidencia más significativa la encontramos en el número de M+ de la UG "A", las que expresan las características "humanizantes". Si comparamos las variaciones de este parámetro entre el modelo Natural y el Artificial, ambos en selección intensiva, para los tres tamaños calculados de nicho, tenemos:

Mutación de "A"	NATURAL IN-TENSIVA	ARTIFICIAL INTENSIVA	% varia
Número de genes excluyentes	0	5	
Para un Nicho de 7 GE	39	68,9	77%
Para un Nicho de 10 GE	43,4	86,6	100%
Para un Nicho de 12 GE	44,8	92,1	106%

En otras palabras, a medida que aumenta el nicho ecológico, la velocidad de mutación de la UG principal aumenta más en el modelo de Selección Artificial que en el Natural, y ello debido a que la sustitución de los GEs por el aumento de M+ en la UG "A" se realiza por un mayor número de GEs cuando el nicho es mayor, y por tanto, a más cantidad de GEs sustituidos, más posibilidades de que una M+ recaiga en la UG "A" de nuevo. Con ello podemos decir que la velocidad de la hominización estará favorecida por el mayor tamaño del nicho ecológico y por el mayor número de exclusiones y sustituciones de poblaciones que se generen, o lo que es igual, a mayor cantidad de CTAs, más velocidad en la hominización.

2°) El otro parámetro que hemos establecido como variable para medir su incidencia en los resultados es el de la presión excluyente artificial, y lo hemos vinculado al número de UGs excluyentes que hemos establecido en cada uno de los ACs artificiales, tanto intensiva como no intensiva. Y hemos comprobado que todas las proporciones entre los distintos modelos continúan invariados para cada dimensión de nicho, excepto el total de UGs no mutadas en cada GMA, y es que existe una relación directa entre las UGs excluyentes y las no mutadas: si la proporción de UGs excluyentes es mayor, mayor será la probabilidad de que recaiga una M+ en una de ellas, desplazando todos los demás GEs que pudieran tener M+ en UGs no excluyentes. A medida que aumente el número de genes que favorecen la inteligencia o la victoria en la CTA en proporción al resto de genes que están capacitados para codificar otras adaptaciones positivas, la cantidad de éstos últimos que no muten tenderá a aumentar.

Comparación entre los ACs y nuestro genoma

A la vista de los tres cuadros que representan los resúmenes de los datos de la aplicación de los modelos numéricos de Selección Natural y Artificial, bajo unas determinadas hipótesis de partida, y sobre todo, observando en cada cuadro la "Media de 10 Muestras" obtenidas para evitar en parte las desviaciones por efecto de la aleatoriedad de las muestras, y comparándolos, no ya entre sí como hemos hecho hasta ahora, sino con la estructura de nuestro genoma, podemos llegar a unas conclusiones muy relevantes:

La primera conclusión es que la falta de diversidad de especies humanas que hayan cohabitado en un mismo lugar, actualmente y en tiempos pretéritos, no puede ser explicada por ningún modelo de Selección Natural. Todos los sistemas de Selección Natural, ya sean intensivos o no, tienden a la máxima diversidad biológica, ya que por definición, favorecen la permanencia de las adaptaciones positivas y, con ellas, de las diferencias filogenéticas y la especiación. Incluso las colonizaciones de islas oceánicas por parte de unos pocos individuos en los que los efectos de la deriva genética son máximos, terminan en una radiación adaptativa o inflorescencia de especies diversas y distantes morfológicamente de la original.

Por el contrario, la Selección Artificial tiende a garantizar la supervivencia y procreación de una sola especie, que elimina y sustituye a todas las demás. Inevitablemente, cualquier especie que está beneficiada de una adaptación excluyente, tarde o temprano terminará por eliminar a las demás que no posean esa ventaja, siendo la coexistencia de especies o linajes distintos un fenómeno temporal y raro, como ocurre y ha ocurrido en nuestra prehistoria.

La segunda conclusión es que los modelos de Selección Natural tampoco son capaces de explicar, por sí mismos, la escasez del número de genes mutados en el ser humano en comparación con otras especies, como el chimpancé, mientras que la Selección Artificial lo hace perfectamente, dependiendo del porcentaje de genes excluyentes con respecto al total de los que pueden ofrecer adaptaciones positivas. Esta relación, que la hemos dado en llamar el parámetro de la presión excluyente artificial, demuestra que ha mayor número relativo de genes excluyentes, mayor es la velocidad en la evolución humana.

Con ello se explica la fuerte aceleración de la encefalización humana en nuestra evolución si la comparamos con la evolución natural de cualquier otra especie. Y es que el creciente nivel tecnológico nos ha procurado la posibilidad de utilización de adaptaciones extracorpóreos que han disminuido enormemente nuestra dependencia con el medio y, a su vez, han reducido el número de genes no excluyentes que podrían codificar adaptaciones positivas, aumentando el índice de presión excluyente artificial. O en otras palabras, invenciones como el fuego, la vestimenta, la construcción de moradas, fabricación de utensilios e instrumentos, etc., no solamente han provocado el efecto acelerador de la construcción de nicho, comentado anteriormente, si no que también, han convertido a genes o conjuntos de genes que pudieran habernos procurado una adaptación positiva, en genes neutros a la hora de producir mutaciones positivas, con lo que aquellos que hemos llamado excluyentes se han convertido en los genes proporcionalmente mayoritarios, posibilitando una mayor aceleración en su evolución.

La tercera conclusión es que la Selección Natural, si se realiza de forma intensiva, no garantiza que todas las mutaciones positivas lleguen a formar parte de la especie mejor adaptada al nicho ecológico en cualquier momento. Es una selección que "desperdicia" mutaciones que podrían beneficiar a su portador, en aras de acumular más mutaciones sobre determinados genes. Esto, en principio, parece una contradicción, porque nuestra especie, que domina sobre todas las demás, no puede estar menos evolucionada que cualquier otra. La especie más perfecta en la Naturaleza no puede haber usado un sistema de evolución ineficaz.

Y por otra parte, y no menos importante, si la evolución natural del ser humano intensificara la selección de adaptaciones, como la encefalización o la inteligencia social, en detrimento de otras adaptaciones positivas que se perderían para siempre, habría que demostrar y explicar, en cada caso, por qué se da este fenómeno, que es contrario a la Selección Natural darwiniana, y que sólo surge en determinados procesos puntuales como los cuellos de botella en la evolución de las especies.

Sin embargo, los modelos de Selección Artificial si garantizan el máximo nivel de evolución posible y la mejor adaptabilidad al nicho, que es lo que parece haber ocurrido en nuestra evolución, sin la necesidad de recurrir a ningún acontecimiento dietético, climático, geográfico o cataclísmico.

Como cuarta conclusión, la más trascendente, diremos que la Selección Artificial, sobre todo si es intensiva, garantiza la máxima aceleración posible en el proceso de encefalización del hombre, y es mucho más rápida que en la Selección Natural intensiva, ya que en el mismo intervalo temporal los genes que son más importantes e intensivos pueden mutar positivamente el doble de veces.

En los ancestrales clanes de homínidos, con fuerte endogamia y mucho altruismo recíproco, se conseguía el mismo efecto que se da en una población pequeña con poca presión por la selección, con ello predominaba la deriva genética, por la cual en generaciones sucesivas los alelos menos frecuentes se perdían y se fijaban más rápidamente los más frecuentes, de tal forma que el tiempo que tomaba el que todos los individuos de la población tuvieran un alelo mutado positivamente era relativamente corto. Posteriormente, con el estallido de las CTAs y de las guerras, la exclusión y la sustitución de los clanes no aptos, por éstos otros más inteligentes y más dotados para la guerra, era cuestión de tiempo, y mientras más CTAs hubiera y más sustituciones de poblaciones se produjeran, más posibilidades tendrían los genes mutados de expandirse entre un mayor número de individuos y, a su vez, más probabilidades que, de nuevo, se produjera una mutación positiva sobre éstos genes excluyentes, iniciándose de nuevo el proceso.

El AC Artificial explica todo fácilmente

Quizás con un ejemplo se verá más claro. Imaginemos un clan ancestral de homínidos unidos por fuertes vínculos y muy endogámico, perteneciente a la especie mejor adaptada y más evolucionada del momento, donde en un individuo surge una mutación, por ejemplo, en al gen ASPM, originada por una incorrecta producción de una proteína en los tejidos fetales, y que es fundamental para la proliferación de las neuronas en la corteza cerebral, aumentando la proteína codificada por el gen y con ello expresando un cerebro proporcionalmente más grande y una mayor generación de neuronas en el córtex cerebral. Esta mutación, por el efecto predominante de la deriva genética, se convierte rápidamente en mayoritaria entre los individuos de las siguientes generaciones dentro del clan en cuestión. Como la nueva adaptación es mayor inteligencia, este clan se convierte en vencedor en todas las CTAs en los que participa, eliminando a los vencidos y apropiándose de sus recursos vitales, favoreciendo la procreación y supervivencia de sus miembros y la expansión progresiva del gen mutado. Y lo que en el modelo de Selección Artificial hemos visto es que, a mayor número de clanes no mutados que existan dentro del nicho ecológico –tamaño del nicho– mayor cantidad de CTAs en los que el clan mutado puede vencer, y mayores posibilidades de expansión del nuevo gen, aumentando a su vez la probabilidad de que una nueva mutación recaiga sobre el mismo.

Siguiendo con el ejemplo, y en el caso contrario, si el tipo de Selección fuera Natural intensiva en lugar de Artificial, algunos de los clanes que no hubiesen sufrido la mutación del gen ASPM antes descrita se extinguirían por causas naturales, aunque la adaptación al nicho ecológico fuera mejor que la de nuestro clan más inteligente, y aunque hayan sufrido un mayor número de mutaciones positivas sobre otros genes que expresan otras ventajas adaptativas, como por ejemplo, mejor adaptación a la dieta o a las condiciones climáticas. Y estos clanes podrían extinguirse aunque en etapas anteriores estuvieran perfectamente adaptados, incluso con su menor nivel de inteligencia.

Por ello, en cada una de las innumerables mutaciones positivas –y por insignificantes que éstas fuesen– de las que surgen en un gen intensivo, como los que expresan mayor inteligencia, favorecen el habla, o, en definitiva, nos distancian del resto de los animales, habría que explicar y demostrar qué acontecimientos extraordinarios han acaecido para que poblaciones exitosamente adaptadas se extingan, y clanes con un mayor número de mutaciones positivas queden peor adaptados que otros. Y habría que descartar cualquier proceso de selección natural, como pueda ser la competencia interespecífica –competencia natural por los mismos recursos entre distintas especies– porque estaríamos hablando de la extinción de unas poblaciones que están mejor adaptadas que otras –con más mutaciones positivas globales–, proceso totalmente contrario a la selección natural darwiniana. Y con todo y con ello, no se lograría explicar la aceleración en la encefalización del hombre con la eficacia que lo hace cualquier sistema de Selección Artificial, ya que el carácter intensivo de la Selección Natural sólo es capaz de justificar una velocidad en la evolución del doble de la Selección Natural normal teórica, como hemos comprobado con los modelos anteriores, mientras que la artificial puede justificar mucha más velocidad.

Es poco probable que para que se seleccione tan rápidamente una mutación sobre un gen "humanizante" y se haga mayoritario en las siguientes generaciones, tenga que ocurrir una catástrofe natural, un cataclismo o un cambio ambiental que extinga de golpe a todos los homínidos que no han sufrido tal mutación, seleccionándolos quirúrgicamente, y sin que ocurra lo mismo con el resto de animales coetáneos. Y es que en la Naturaleza, la Selección Natural intensiva se produce cuando existen los Cuellos de Botella y, no hay que olvidar, que esta disminución drástica de homínidos no puede ser considerada como un fenómeno dirigido para la extinción de determinados individuos elegidos de antemano, sino que es un fenómeno natural, completamente aleatorio, como puede serlo un cambio de clima, el estallido de un volcán o un terremoto.

Si no fuera así, y si hubiera existido un dirigismo inteligente, que propiciara la selección de los homínidos más "humanizados", y la extinción de los más "animalizados", tendríamos que explicar qué fenómeno es ese, cómo afecta a nuestra evolución y por qué no ha influido en la evolución de otros animales. Pero, por un lado, obviando la existencia de la guerra y las CTAs, ya que si no estaríamos hablando de Selección Artificial y no de Selección Natural intensiva y, por supuesto, haciendo que la explicación de esos fenómenos selectivos no se desvíen del concepto definido por Karl Raimund Popper de falsabilidad, ya que si no, estaríamos abandonando el camino científico, para entrar en aquellos otros más erráticos, donde las teorías no dejan opción a la posibilidad de ser refutadas.

En resumen, si descontamos que en la evolución del hombre ha tenido una enorme incidencia las CTAs y las guerras, más incluso que la Selección Natural, estaremos encontrando una respuesta razonable y científica a innumerables interrogantes, que hasta ahora permanecían sin respuesta, como ¿por qué somos una especie única?, ¿por qué tan pocas especies fósiles extintas de homínidos han coexistido?, ¿por qué tenemos tan pocos genes mutados positivamente? y ¿cómo nuestra evolución ha creado un órgano tan complejo, el cerebro humano, en tan poco tiempo?

11. Otros paradigmas

La tesis del mono asesino

Raymond Dart junto con Louis Leakey y Robert Broom forma la terna de paleoantropólogos pioneros en buscar los orígenes del hombre en el continente africano, contra la opinión de la comunidad científica de su tiempo.

Dart en 1925 descubrió el cráneo de un individuo de unos seis años, que llamó Niño de Taung, por la localidad de Taung en Transvaal. Lo identificó como un homínido, por presentar caracteres intermedios entre el hombre y el mono, pero su trabajo no fue reconocido, y los antropólogos lo clasificaron como un mero antropoide, próximo a los chimpancés y a los gorilas. Sólo doce años después, cuando Robert Broom descubrió otro ejemplar adulto de la misma especie en la cueva de Sterkfontein, el descubrimiento de Dart fue aceptado, y ambos ejemplares fueron clasificados como Australopithecus africanus, primeros fósiles de la subfamilia australopitécidos, perteneciente a la familia homínidos.

Dart fue también el primero en postular la incidencia de la agresividad sobre nuestra evolución. En 1953 publicó un artículo sobre "la transición predatoria entre el mono y el hombre" [5], en la que argumentaba que la violencia era la fuerza que había dado origen a la humanidad. Sostenía que era incorrecto afirmar que el hombre había creado las armas; en realidad, las armas eran las que habían creado al hombre.

Para Dart, nuestros ancestros en el África arcaica eran una raza de simios cazadores, carnívoros y caníbales que se habían impuesto gracias a sus armas. Los australopitecos, según Dart, no tenían instrumentos de piedra tallada, sino que se valían de armas hechas con huesos, dientes y cuernos de animales, una industria que denominaba "osteo-donto-querática", en referencia a estos tres tipos de materiales. El instinto cazador habría llevado a los primeros homínidos a abandonar los árboles y fabricar sus propias armas, adquiriendo más inteligencia y la postura erguida, más guerrera. En aquellos tiempos, la tesis era tan atrevida que el editor de la revista de Miami que publicó el artículo especificó que sólo se refería a los ancestros de bosquimanos y negros, para evitar reacciones encontradas entre sus lectores.

En treinta y nueve artículos científicos, publicados entre 1949 y 1965, Raymond Dart revisó la evidencia de los restos fósiles de las cuevas sudafricanas, en especial la de Makapansgat, donde los restos de australopitecos africanos estaban entremezclados con gran número de cráneos de papión y con millares de fragmentos óseos de otros animales. De los restos de 58 papiones comprobó que las fracturas hundidas de muchos de los cráneos indicaban que éstos habían sido golpeados por algún tipo de cachiporra empleada principalmente por atacantes que se valían preferentemente de la mano derecha. También en los restos fósiles de los australopitecinos de la cueva observó señales de violencia. Parecía que los instintos de matar de nuestros antepasados no se limitaban a papiones y otros animales, sino que también eran asesinos.

Los seguidores de Dart fueron muchos, como Konrad Lorenz, Robert Ardrey, Desmond Morris, Anthony Storr y Niko Tinbergen. Entre sus libros más conocidos están: Sobre la agresión, African Génesis, El contrato social, Aventuras con el eslabón perdido, El zoo humano, El mono desnudo y Acerca de la guerra y la paz en los animales y el hombre. Todos pertenecientes a la corriente que postula la agresividad humana como innata.

Por ejemplo, Robert Ardrey (1908-1980), guionista de cine y escritor de divulgación científica, escribió en 1963 en "African Genesis": "Ese destacable asesino, el Australopithecus africanus, el último animal antes del hombre, nuestro directo antecesor, un predador con instinto de matar y una afinidad genética y cultural con las armas"... "Concluir que la obsesión humana por adquirir status social y posesiones materiales no está relacionada con los instintos animales de dominio y territorio sería enviar las nociones de la evolución a un punto muerto"... "Si la pelea es solamente entre individuos, entonces las cualidades de misericordia y altruismo no contribuirán en nada al éxito del competidor. Pero si la pelea es entre sociedades, entonces el miembro de la tribu exitosa debe desarrollar dos respuestas emocionales: amistad y cooperación reservada para los miembros de su sociedad, y hostilidad y enemistad para los enemigos de la tribu oponente"... "Ningún hombre puede reclamar el camino de la guerra como algo bueno; éste, simplemente ha sido nuestro camino. Ningún hombre puede evaluar la eterna lucha armada sino como el gasto y la tontería más erróneos. Estos han sido simplemente nuestros medios de siempre para finalizar lo que arbitramos. Cualquier hombre puede sugerir razonables alternativas al uso de las armas. Pero no somos criaturas tan razonables, excepto bajo nuestra propia mirada"

Frente a esta corriente, surgieron los no menos numerosos e importantes autores que se encuadran dentro de la teoría ambientalista, que postula que la agresividad en el hombre es una consecuencia cultural, en el que las circunstancias que lo rodean son más importantes que la herencia a la hora de catalogar a un ser humano como violento. Consideran que los caracteres hereditarios agresivos apenas influyen. La violencia se impone en la conducta del ser humano por la acción cultural y un entorno propicio a la agresión.

Posteriormente, en 1983, Bob Brain demostró que los homínidos a los que se refería Dart no eran los ocupantes de las cuevas de Sudáfrica, sino presas aportadas por leopardos, que junto con los restos de papiones, gacelas y otros herbívoros formaban los restos de los festines de éstos predadores. Y las supuestas fracturas craneales provocadas por las cachiporras de los homínidos, en realidad fueron practicadas, post mortem, por la presión de los sedimentos que cubrían los huesos. Y recientemente, estudios de babuinos relacionados por Ron Clarke y Lee Berger, y la identificación de marcas específicas en el cráneo del niño de Taung, han demostrado que este niño de Taung pudo haber sido muerto y comido por una gran ave de presa.

La falta de pruebas, la implicación de éstas teorías, según muchos, con el darwinismo social y la ola de antisemitismo y racismo que desembocaron en la II Guerra Mundial, y los nuevos postulados, más éticos y políticamente más correctos, de los ambientalistas, relegaron a esta teoría al ostracismo y al olvido.

En su tiempo, muy denostadas fueron las tesis de Dart, llegando a designarla despectivamente como la teoría del mono asesino. Sin embargo, hallazgos posteriores han constatado que el canibalismo ha existido desde los orígenes de la humanidad llegando a convertirse en una práctica generalizada durante todo el Neolítico, como antes comentamos y que, por tanto, las CTAs si existieron. Que están surgiendo nuevos paradigmas que conectan la emergencia del altruismo parroquial con las guerras más modernas y, en fin, nuevos descubrimientos genéticos y arqueológicos, que están dando una base científica muy poderosa a aquellos postulados de Dart.

La antítesis del mono social y la síntesis

Como antítesis a la tesis de Dart, surgió otra, a la que nosotros llamaremos, por homología con la anterior, la teoría del mono social. Para los autores que la defienden la clave y el motor de la evolución humana fueron las habilidades sociales y la cooperación dentro del grupo, a las que Robin Dunbar y Leslie Aiello [64] ligan el incremento del neocórtex. Para ellos el desarrollo de la "inteligencia social" estará ligado al aumento de tamaño y la reorganización del cerebro humano. Otra autora, Dean Falk [65], relaciona esas modificaciones cerebrales con una capacidad más concreta: el lenguaje. El aumento de la habilidad y de la inteligencia social va de la mano del incremento de las capacidades lingüísticas, por lo que es evidente lo complementario de ambas hipótesis.

Esta teoría evolutiva parte de la lógica funcional del intercambio social, para el que existe un mecanismo cognitivo común, cuyo desarrollo no requiere estimulación cultural, porque las situaciones que implican intercambio social han constituido, según dicen, una presión selectiva duradera e intensa sobre los homínidos, de modo que se han desarrollado adaptaciones complejas en respuesta a ellas, que constituyen un fenómeno antiguo, universal y fundamental de la vida social de todos los humanos. La idea principal es que la capacidad cognitiva evolucionó para manejar una cada vez más complicada vida social. El argumento radica en que, entre las prácticas y necesidades de aprovisionamiento de los primates en general, no existe ninguna que exija una mayor capacidad cognitiva, a excepción de los requisitos de una vida en grupo. Para ellos, la reorganización de las estructuras cerebrales humanas son una adaptación a un entorno social cada vez más exigente.

Pero hay que considerar que la CTA ejerce mucha más presión selectiva que el intercambio social y que exige de unas mayores habilidades cognitivas. Además, estas teorías sustentan su base en la influencia exclusiva de la Selección Natural sobre la evolución humana, por lo que no pueden explicar el por qué existe una sola especie de homínido, si la biodiversidad y la especiación son fenómenos consustanciales con la Selección Natural, ni cómo se ha producido una gran aceleración en nuestra encefalización, si todas los demás órganos de las demás especies han soportado una evolución más lenta, ni por qué poseemos tan pocos genes mutados positivamente, en comparación con otros animales.

Tampoco la teoría del mono social, por si misma, puede dar una explicación del bipedismo, ni de la excelente visión estereoscópica, ni de la mano acortada, ni de la sensibilidad epicrítica de la palma de nuestra mano, ni de la guerra, ni del canibalismo, ni del tribalismo, ni del altruismo parroquial, ni de la endogamia, ni del fenómeno de masas, ni del síndrome de Estocolmo, ni del superávit de encefalización sobre el resto de animales sociales, ni del arte, ni del contrato sexual, etc. Para esta teoría, todos éstos fenómenos son extrínsecos sin origen cierto o conocido.

La teoría que aquí defendemos si que da una explicación simple a la emergencia de todos los universales humanos. Posteriormente, las estructuras mentales resultantes de esta Selección Artificial han sido utilizadas para actividades que no guardan relación con su función original, es lo que en la Psicología Evolucionista se denomina exaptaciones. Las nuevas funcionalidades no son el factor original de selección. Es decir, nuestro cerebro se creó para la CTA, aunque en los últimos milenios se ha utilizado para actividades más elevadas como el arte, la escritura, la ciencia, la organización de complejas estructuras sociales, etc, actividades que nos han separado definitivamente del resto de los animales.

Por eso, tanto la teoría del mono social como la del mono asesino, se pueden considerar las dos caras de la misma moneda, y una sin la otra, aunque parezcan contradictorias, no pueden explicar la esencia y la evolución del hombre por si solas, simplemente porque se complementan entre si.

La tesis del mono asesino es válida si la aplicamos a las relaciones externas del grupo, de un grupo contra el resto de grupos, mientras que la del mono social solo es válida para las relaciones sociales dentro de dicho grupo.

Como comentamos, cada ser humano se encuentra subjetivamente vinculado a un conjunto de individuos, al que se siente fuertemente unido por lazos de pertenencia, y al que llamamos grupo de referencia, que no tiene que coincidir necesariamente con el grupo de pertenencia original y que además puede variar con el tiempo. Las relaciones de los individuos dentro de este grupo están marcadas por el máximo nivel de cooperación, de altruismo y de división del trabajo, porque se ha demostrado que es el sistema grupal más eficaz contra un entorno exterior conflictivo.

Por el contrario, las relaciones del grupo de referencia con respecto al resto de grupos externos cumplen con la EEE de máximo conflicto y agresión, como ya comentamos, fruto de un proceso evolutivo propio y exclusivo del ser humano que nos ha llevado a la generalización de las CTAs y de las guerras, y que nos ha encauzado en un acelerado proceso evolutivo hacia el máximo nivel de inteligencia.

En palabras de la dialéctica hegeliana, la síntesis de ambas teorías sería la propuesta de la teoría de la Selección Artificial, que por homología con la tesis y antítesis anteriores, llamaremos la del mono guerrero. Y es que recoge y aúna las aportaciones de ambas teorías para dar una explicación más completa del paradójico comportamiento del ser humano. Por un lado, con la teoría del mono social, se explica la cooperación y altruismo de los humanos como una adaptación a un mundo exterior de máxima conflictividad, en el que sólo podían sobrevivir los grupos más numerosos e integrados, y en el que el lenguaje, la inteligencia social y la cooperación son los pilares básicos que sustentan las sociedades humanas. Por otro lado, con la teoría del mono asesino, se explica la defensa del grupo y la existencia de las CTAs como motor de nuestra evolución.

Cavernícolas con grandes cerebros, ¿para qué?

Mención especial, por no haberse hecho hasta ahora, merece la paradoja de la excesiva encefalización potencial, que caracteriza al ser humano.

En genética de poblaciones, el principio de Hardy-Weiberg establece que la composición genética de una población permanece en equilibrio mientras no actúe la selección natural ni ningún otro factor, y no se produzca ninguna mutación. Es el principio de economicidad aplicado a la evolución de las especies, merced al cual, cualquier atributo sobre el que se deja de dar presión selectiva, deja de evolucionar para adaptarse a su nicho. Por ello, la presión selectiva sobre nuestro cerebro debió de ser enorme, ya que en relación con la masa corporal, es uno de los mayores de todo el reino animal. Además, el consumo de energía metabólica –como, la producida por la "combustión" de la glucosa– que requiere el cerebro es de un 20% de toda la energía corporal. La cabeza de Homo sapiens, para contener tal cerebro, es muy grande, aún en el feto y en el neonato, razón principal por la cual los partos son difíciles y por ello, el neonato humano está muy incompletamente desarrollado en el momento del parto, y totalmente desvalido durante los primeros años de vida, en los que necesita seguir desarrollando su cerebro. En este periodo también requiere de estimulación y afecto, de otro modo la organización de algunas de las áreas del cerebro pueden quedar atrofiadas, somos seres altriciales.

Es casi seguro que, ya hace 200 ka, los Homo sapiens tenían un potencial intelectual equivalente al de la actualidad. Pero para que se activara tal potencial tardaron milenios: el primer registro de conducta artística conocido se data hace sólo unos 75 ka, los primeros grafismos y expresiones netamente simbólicas fuera del lenguaje hablado se datan hace sólo entre 40 y 35 ka, las primeras escrituras datan de hace entre 5.5 ó 5 ka, en el Valle del Nilo o en la Mesopotamia asiática. Por tanto, existe una diferencia temporal entre la emergencia de las potencialidades cognitivas de nuestro cerebro y las supuestas presiones selectivas que lo moldearon.

Y lo mismo sucede con otras especies de homínidos extintas, donde se aprecia una clara falta de sincronización entre evidencias arqueológicas y paleontológicas, como puso de manifiesto Ian Tatersall [104] para el caso de Homo habilis y Homo erectus o ergaster.

El primer investigador en darse cuenta de este desfase, aunque en su carácter espacial o sincrónico, fue precisamente el codescubridor, con Darwin, de la teoría de la Selección Natural, Alfred Russel Wallace, quien no creía ni por asomo que nuestras facultades mentales hubieran surgido por Selección Natural. Para él, los pueblos salvajes no necesitaban, para el tipo de vida que llevaban, una inteligencia superior. Sin embargo reconocía, a pesar del racismo imperante en la época victoriana, que eran muy inteligentes, que se amoldaban rápidamente a las culturas más desarrolladas cuando entraban en contacto con ellas y, pese a que no necesitaban nada de ello en sus vidas de cazadores recolectores, tenían la capacidad innata de cantar muy bien y tocar el piano, porque sus gargantas y sus dedos eran de la misma o mejor calidad que los nuestros.

Wallace sostenía que la lucha por la vida no prepara a las especies para el futuro, sino que hace que sobrevivan los más aptos únicamente para el momento presente. No podía comprender cómo los salvajes tenían las mismas capacidades que los pueblos más adelantados, si no les servía para nada y no les proporcionaba ninguna ventaja. No podía entenderse simplemente por Selección Natural. Por ello, buscó una explicación no científica, entre los intrincados vericuetos del espiritismo.

Si Wallace aún viviera, las teorías del mono social no le hubieran resuelto sus dudas existenciales. Es más, se preguntaría que si hace 200 ka teníamos las mismas o parecidas capacidades sociales que actualmente, todo este dispendio de esfuerzo evolutivo, de recursos energéticos, y de inseguridad en un entorno hostil ¿eran necesarios para mantener una vida social? ¿Nos fue necesaria para sobrevivir como cavernícolas todos estos cambios evolutivos?

El cerebro humano contiene 100.000 millones de neuronas, cada una de ellas interconectadas a más de 100.000 dendritas. Desde el punto de vista de su estructura y su funcionamiento, el cerebro se organiza en unidades discretas o módulos que crean nuestros estados mentales y nuestros pensamientos cognitivos. Como dice Kalil, R.E., el cerebro es un órgano del tipo "o lo usas o lo pierdes". El acto de aprender es uno de los acontecimientos que estimulan la multiplicación de las conexiones dentríticas y las ramas terminales del cerebro, y su no utilización resulta tan devastadora para el potencial de la mente como la no utilización del cuerpo para el potencial físico. Y si hoy tenemos unas capacidades sociales suficientes para sobrevivir en macro estructuras sociales complejas, ¿para qué las requerían nuestros ancestros trogloditas que vivían en pequeños grupos? ¿Por qué se murieron sin descendencia, o con menor éxito reproductivo, unos individuos que estaban capacitados para desarrollar un nivel de competencia social muy superior al que en ese momento necesitaban?

Finlay, Darlington y Nicastro [103] piensan que el hecho de que las capacidades mentales de los últimos homínidos más modernos se hayan "alojado" en el neocórtex se debe a que es precisamente este área la última estructura en haber evolucionado neurológicamente. El crecimiento exponencial de estas seis capas de neuronas que recubren los lóbulos frontales y prefrontales, con respecto a otras áreas cerebrales, se debe a su localización en el desarrollo embriológico del tubo neuronal en los vertebrados. Y es que el crecimiento de cada estructura cerebral puede predecirse a partir del orden de la neurogénesis que, a su vez, se deriva de la estructura axial básica del cerebro en desarrollo. Este orden está evolutivamente muy conservado en los mamíferos. Por tanto, el neocórtex sería el mejor candidato para ser aprovechado en las nuevas demandas sociocognitivas, y no tanto la reorganización de las estructuras cerebrales, que derivarían de procesos filogenéticos mucho más antiguos que la aparición moderna de la complejidad social.

La vida en grupo es común en muchas especies. Sin duda necesita un grado de coordinación y organización superior a la de los animales que viven aislados, y se ha observado que los mamíferos que viven en sociedades complejas –como simios y delfines– tienen cerebros mayores que los mamíferos solitarios de tamaño similar. Incluso Aiello y Dunbar [64] pudieron demostrar que, entre las diferentes especies de primates, el tamaño relativo del neocórtex respecto del resto del encéfalo está en función directa del tamaño de los grupos sociales que forman esas mismas especies. Sobre todo los chimpancés han desarrollado unas habilidades para detectar el estado mental de los otros y, a partir de ello, organizar y gestionar su propia conducta en su entorno social. Esta capacidad de comprensión de las necesidades y estados del otro ha sido denominada "teoría de la mente", como atribución al otro de creencias, conocimientos, intenciones,... se ha llegado a explicar como la emergencia de un módulo para el dominio específico de lo social, basado en la experiencia. Y parece existir, según el etólogo Colmenares, una correlación estadística entre grado de corticalización y estructura social.

Las habilidades necesarias para lo que Andrew Whiten y Richard Byrne han denominado "inteligencia maquiavélica" [66], usando la hipocresía y la falta de escrúpulos en sociedad, están basadas en una buena memoria, para recordar organigramas sociales, en intuir las intenciones de los otros para adelantarse a sus actos, y en valorar y representar situaciones hipotéticas; es decir, en pensar.

Pero, según esta tendencia, en ninguna otra especie, salvo en la humana, se ha necesitado tal grado de cerebración y de corticalización para poder tener una compleja vida social. Habría que preguntarse ¿por qué no evolucionaron de forma parecida otras especies sociales?, ¿por qué otras especies han requerido mucho menos gasto en adaptación evolutiva que nosotros para vivir en sociedad?

En Biología, la convergencia es el fenómeno evolutivo por el que organismos diferentes alejados filogenéticamente tienden, bajo presiones ambientales equivalentes, a desarrollar características análogas. Leones, hienas, lobos, chimpancés, macacos, etc., llevan conviviendo en grupo millones de años, y no han necesitado un cerebro superior como el nuestro para ello y, al contrario, por el fenómeno de la convergencia, deberíamos vivir y tener el mismo grado de encefalización que todos estos animales sociales, ya que la presión de la competencia por el intercambio social ha sido parecida.

El maquiavélico macaco

Concretamente examinaremos el ejemplo del macaco rhesus (Macaca mulatta), frecuentemente denominado el mono rhesus, que es una de las especies más conocidas de monos del Viejo Mundo. Los trabajos del genoma de esta especie se completaron en 2007, haciendo al rhesus, el segundo primate no-humano en tener el genoma secuenciado. El estudio muestra que humanos y macacos comparten cerca del 93% de su secuencia de ADN y a un ancestro común aproximadamente 25 Ma atrás. Es un macaco típico, común desde Afganistán al norte de la India y China meridional. A pesar de que la mayoría de los estudios en rhesus son de varias localidades del norte de la India, el conocimiento de su conducta natural de especie proviene de estudios en una colonia en el "Centro Caribeño de Estudios con Primates" de la Universidad de Puerto Rico en la isla de Cayo Santiago, Puerto Rico. Se importaron 409 macacos Rhesus de la India, y en 2007 ya eran 950. No hay predadores en la isla, y el contacto humano está prohibido, excepto como parte de programas de investigación, a partir de

1938. La colonia es aprovisionada en alguna extensión, pero cerca del 50% de su dieta es de forrajeo natural. Dario Maestripieri, un experto en conducta de los primates y profesor de desarrollo humano comparativo y biología evolutiva en la Universidad de Chicago, ha estado estudiando a los monos durante más de veinte años y ha escrito extensamente sobre su comportamiento. Los macacos rhesus viven en sociedades complejas con fuertes jerarquías de dominancia y lazos sociales de larga duración entre los parientes femeninos. Los individuos compiten constantemente por estatus sociales superiores y el poder que de estos se deriva. Y en esa competición emplean agresividad despiadada, nepotismo y complejas alianzas "políticas". También el sexo puede ser empleado con estos propósitos. Las tácticas usadas por los monos para elevar o mantener su poder no son muy diferentes a aquellas que Nicolás Maquiavelo en el siglo XV aconsejaba usar a los líderes durante el Renacimiento.

Los machos alfa que gobiernan a alrededor de 50 macacos en su "tribu", emplean amenazas y violencia para apropiarse de los lugares más seguros para dormir, los mejores alimentos, y el acceso a las hembras del grupo con las que desean tener sexo. Como los humanos en situaciones comparables, los monos dominantes emplean la agresión de manera frecuente e impredecible como una forma efectiva de intimidación. Los miembros menos poderosos de estos grupos son marginados y forzados a vivir en las fronteras del área ocupada por el grupo, donde son vulnerables a los ataques de los depredadores. Deben esperar allí a que los demás coman primero, y conformarse con las sobras; y sólo pueden practicar sexo cuando los monos dominantes no están mirando. Forman alianzas con los individuos más poderosos, e incluso toman parte en acciones para convertir a monos de los escalones inferiores de la jerarquía en chivos expiatorios, una estrategia maquiavélica que un mono de rango medio puede emplear cuando está bajo el ataque de uno de mayor rango.

El altruismo es muy raro, y en la mayoría de los casos es sólo una forma de nepotismo. Las madres ayudan a sus hijas a alcanzar un estatus similar al de ellas mismas, así como a mantenerlo a través de sus vidas. Las hembras actúan de manera maquiavélica también en lo relativo a la reproducción. Ellas se aseguran de tener mucho sexo con el macho alfa para incrementar las probabilidades de que él proteja a las crías que nacerán seis meses después, y cuyo padre verdadero puede ser otro mono, ya que, aunque practiquen mucho sexo con el macho alfa y le "hagan creer" que él va ser el padre de las crías que nazcan, también lo tienen con los demás machos del grupo, a espaldas del alfa. Ellas hacen esto como precaución para el caso de que el macho alfa sea estéril, o fallezca, o pierda su poder, antes de que nazcan los bebés.

Las batallas por el poder dentro de un grupo a veces culminan en una revolución, en la cual todos los miembros de la familia más dominante son atacados de repente por familias enteras de subordinados. Estas revueltas resultan en cambios drásticos en la estructura de poder de las sociedades de los rhesus, una situación que también se produce en las revoluciones humanas.

El "patriotismo" también está presente, y no tiene nada que envidiar al humano. Hay una situación en la cual todas las diferencias jerárquicas y enemistades se dejan a un lado: cuando un grupo de macacos rhesus se enfrenta contra otro, algo que no es inusual porque les desagradan los forasteros, y comienza una guerra. Entonces, todos los monos del grupo, hasta los de menor rango, se unen codo a codo y defienden su "patria" luchando con la máxima agresividad posible contra el enemigo.

"Lo que los macacos rhesus y los humanos podemos tener en común es que muchas de nuestras predisposiciones psicológicas y conductuales han sido modeladas por una competencia intensa entre individuos durante la historia evolutiva de estas especies", señala Maestripieri. Los grupos de rhesus son capaces de funcionar como ejércitos, y esto puede explicar por qué estos monos han tenido tanto éxito al competir contra otros primates.

La presión para hallar soluciones maquiavélicas a problemas sociales pudo también haber impulsado la evolución de cerebros humanos mayores. "Nuestra inteligencia maquiavélica no es algo de lo que podamos sentirnos orgullosos, pero quizá sea el secreto de nuestro éxito como especie. Si contribuyó a la evolución de nuestros cerebros más grandes y habilidades cognitivas complejas, también contribuyó a la evolución de nuestra capacidad para realizar actividades intelectuales superiores y de nobleza espiritual, incluyendo nuestro amor y nuestra compasión por otras personas", argumenta Maestripieri.

Pero los rhesus no están capacitados para hablar entre ellos, ni tienen un nivel de comunicación interpersonal parecido siquiera al nuestro. Nuestro índice de encefalización, o relación entre el peso corporal y peso encefálico, es 2'9 veces mayor que el de ellos, y el de éstos muy parecido al resto de los antropomorfos. Si bien se puede decir que han tenido un cierto éxito como especie, es evidente que no han llegado al nivel del ser humano, ni en éxito evolutivo, ni en altruismo y cooperación, ni en comunicación, ni en ninguna de los atributos universales que caracterizan a la especie humana. Si la existencia de esta inteligencia social maquiavélica fuese el verdadero motor de la encefalización y corticalización humanas, los hombres y los macacos rhesus hubieran convergido evolutivamente al mismo nivel de inteligencia.

La excesiva cerebración y corticalización a la que el ser humano ha llegado no son procesos favorables para la adaptación del homínido al nicho ecológico propio de un animal social, o por lo menos, la necesidad de adaptarse a una vida social compleja, por si sola, no es suficiente explicación para que hayamos desarrollado el nivel mental que hoy poseemos. Hace falta una presión selectiva más fuerte que la simple situación que implica un intercambio social como la sufrida por todas las especies sociales, porque con la misma presión selectiva que ha sufrido el animal más social de la Naturaleza, por convergencia, la especie humana hubiese llegado a su mismo nivel de inteligencia social, o por lo menos, parecido.

El intercambio social no es selectivo

Ciertamente, la inteligencia social y la emocional confieren a sus portadores cierta ventaja. Como señala Goleman [69], "Los hombres que poseen una elevada inteligencia emocional suelen ser socialmente equilibrados, extrovertidos, alegres, poco predispuestos a la timidez y a rumiar sus preocupaciones. Demuestran estar dotados de una notable capacidad para comprometerse con las causas y las personas, suelen adoptar responsabilidades, mantienen una visión ética de la vida y son afables y cariñosos en sus relaciones... Las mujeres emocionalmente inteligentes tienden a ser enérgicas y a expresar sus sentimientos sin ambages, tienen una visión positiva de sí mismas y para ellas la vida siempre tiene un sentido. Al igual que ocurre con los hombres, suelen ser abiertas y sociables, expresan sus sentimientos adecuadamente... y soportan bien la tensión. Su equilibrio social les permite hacer rápidamente nuevas amistades"

La cuestión es averiguar si estas ventajas "emocionales" están o no expuestas a presiones selectivas. Si es posible que los alelos que codifican ventajas "socializantes" puedan ser seleccionados preferentemente sobre otros o, por el contrario, sean tan variables que el preestablecer genes ventajosos sea imposible. Habría que saber si el éxito social per se implica o no, directamente, éxito reproductivo o mayor adaptación al nicho ecológico.

Intentando analizar el tema, dividiremos las distintas posibilidades de selección en dos casos, planteando que la competencia social podría provocar dos tipos de selección, una a nivel de organismos y otra a nivel de grupos.

Por la primera, dentro del grupo se seleccionarían los individuos más competentes socialmente, los desfavorecidos sociocognitivamente tendrían menos oportunidades de tener descendencia y vivirían menos tiempo. Pero hay que comprender que no sería un tipo de selección a vida o muerte, es decir, los menos sociables, ni se morirían ni se extinguirían por el simple hecho de no socializar, o de ser menos inteligentes. En el peor de los casos los más huraños y solitarios podrían ser relegados o auto-excluidos socialmente, pero nunca eliminados simplemente por su carácter, teniendo en cuenta el gran altruismo que nos caracteriza como especie.

A parejas apartadas socialmente nadie podría impedir que procrearan. La endogamia y el tipo de selección sexual tan singular que nos caracteriza, por contrato de fidelidad sexual, además de inhibir la agresividad y la competencia entre los varones, es el sistema más democrático entre todos los existentes, ya que favorece las relaciones entre iguales, de tal forma que hombres y mujeres con un mismo coeficiente emocional e intelectual y con parecido nivel social, tienden a relacionarse y a elegirse como pareja. En muchos casos, parejas totalmente apartadas socialmente, e incluso, con cierto grado de discapacidad mental, llegan a parir y criar gran cantidad de hijos. Vemos que, en la mayoría de las situaciones, el éxito social es independiente de tener una larga vida o más éxito reproductivo. Y no se puede dar una explicación para decir que entre nuestros ancestros fuera diferente.

Si fuera un tipo de selección sexual como la que existe en la mayoría de los animales polígamos, los machos —o las hembras— socialmente más inteligentes tendrían más oportunidades de emparejamiento y de expandir esos genes que expresan más inteligencia social, evolucionando al dimorfismo sexual en cuanto a inteligencia. Es decir, los hombres y las mujeres expresaríamos distinto coeficiente de inteligencia emocional, y es evidente que la inteligencia no es un atributo exclusivo del género masculino o femenino, dudarlo, siquiera, puede ser un insulto para el sexo contrario.

Si existe la selección de los más inteligentes, maquiavélicos o sociales en el momento de elegir pareja, este tipo de selección sería comparable a la que se da por la preferencia del atractivo físico, por la elección del más bello o bella de nuestro grupo social. Y como sabemos, este tipo de selección no nos convierte en más bellos que nuestros ancestros, ciertamente porque los feos también tenemos nuestras oportunidades de ser elegidos como pareja, al igual que los menos sociales o los menos inteligentes. Entre los humanos, la falta de competencia sexual, surgida del instinto gregario, origina la igualdad de oportunidades en el acceso a las parejas sexuales.

Por tanto, si existiese la presión social como selectiva en nuestra evolución, únicamente podría haberse dado a nivel de grupo o de especie. Según esta hipótesis, los grupos afectados por esta presión, podrían desarrollar un cerebro superior, y tener una ventaja en la competencia interespecífica o interétnica, extinguiéndose los grupos menos inteligentes, porque los grupos con mayor complejidad social serían más inteligentes y, por tanto, acapararían todos los recursos renovables y escasos que ofrece nuestro nicho ecológico. Ello explicaría la existencia de adaptaciones deletéreas para el individuo y positivas para el grupo, como el altruismo y el parroquialismo. Pero, ¿cómo un grupo puede mutar a ser más inteligente que otro si, como hemos visto, no existe la selección individual o sexual dentro del grupo? ¿Qué fenómeno hace que los individuos de una población se hagan mayoritariamente más inteligentes socialmente que sus padres y abuelos sin que exista ninguna selección individual?

Para intentar explicar la selección por grupos, descartada la selección natural, solo nos queda la deriva genética y los fenómenos catastróficos.

La primera, la deriva genética, solo puede actuar sobre poblaciones con un pequeño número de individuos reproductores, y si, los atributos que se están seleccionando son más sociabilidad, más inteligencia social, no parece muy lógico que estas poblaciones tendieran a ser cada vez más pequeñas, si no, más bien, todo lo contrario. A mayor sociabilidad en el grupo, más gregarios sus componentes, más numeroso y grande el grupo, y por tanto, mayor dificultad para que la deriva genética pueda convertir alelos raros en mayoritarios dentro de la población.

El otro tipo de selección es aún más improbable, porque como hemos visto, la gran cerebralización y corticalización en nuestra evolución ha necesitado de una intensa presión selectiva, con muchas mutaciones sobre muchos genes. Por ello, para expresar todos los atributos humanos estos fenómenos deberían de ser muy numerosos, periódicos y selectivos, sin embargo, como sabemos, los fenómenos catastróficos son todo lo contrario, se caracterizan por ser casuales, inusuales y generales.

El grupo social no es un interactor

Como explicamos en el capitulo 6, para que un grupo social se convierta en un interactor o individuo sobre el que opere la selección natural, debe de cumplir con todas las propiedades que lo configuran como tal en su nivel jerárquico biológico.

En primer lugar, siguiendo a Hull, debe considerarse un ente individualizado y diferenciable de los demás, una entidad que se desarrolla continuamente a través de un tiempo concreto, con una cohesión interna en todo momento, y único en el espacio y en el tiempo. Pero vemos que los distintos grupos sociales nunca están perfectamente definidos en cuanto a límites, ni espaciales ni temporales. Se caracterizan por estar integrados por subgrupos o tribus, más o menos cohesionados y organizados, que se yuxtaponen, y éstos, a su vez, integrados por humanos que pueden pertenecer a uno o varios grupos o subgrupos a la vez. Existen o pueden existir elementos comunes que provocan la indefinición de sus límites.

Tampoco, intemporalmente, se puede decir que sea un ente individualizado, puesto que cada grupo posee una cultura o subcultura propia que evoluciona a través del consenso y la implantación de los usos y las costumbres, sin poseer una única unidad de mando y de control, necesaria para tener una mínima centreidad, y donde la asimilación, integración y comunicación de elementos culturales son procesos comunes en la interacción entre grupos sociales, que en muchos casos evolucionan a ser indistinguibles o, por el contrario, provocan la división de algunos de ellos.

El fenotipo de un grupo, como manifestación visible del genotipo de sus elementos en un determinado ambiente, puede identificarse con la cultura propia que emana de cada grupo, en cuanto que ésta está constituida por las costumbres, prácticas, normas, vestimenta, religión, rituales, sistemas de creencias, etc., comunes a todos los integrantes del grupo. Como los grupos sociales no están perfectamente individualizados, no pueden poseer un fenotipo diferencial, ni tampoco, una aptitud diferencial heredable, como exigía Richard Lewontin [97] para poder ser considerado nivel biológico susceptible de selección natural. Frecuentemente vemos como la transmisión cultural entre generaciones, la herencia cultural, está contaminada por elementos de otras culturas, y como, en la mayoría de los casos, los grupos no gozan de mayor aptitud o eficacia biológica porque posean distinta cultura.

Y por último, siguiendo a Salthe, para que exista selección natural a nivel de grupo social, éste, como jerárquicamente superior, tiene que determinar la evolución del ser humano, como nivel biológicamente inferior, y para ello, como vimos, el número de muertes y constricciones a los nacimientos directamente imputables a la presión selectiva a nivel de grupo (kp+1) debe de superar a las imputables a nivel de organismo (kp). Es decir:

$$(kp+1 > kp)$$

Y esta desigualdad debe de mantenerse en un intervalo temporal mínimo que permita la aparición de mutaciones genéticas y su posterior proliferación como alelos mayoritarios entre los miembros de la especie.

Bajo estos planteamientos, la presión selectiva a nivel de organismo sería la selección natural, como en el resto de las especies, y a nivel de grupos actuaría el intercambio social. Por tanto, para que la selección de grupos sea la determinante en la selección de adaptaciones positivas humanas, los grupos deben de estar más constreñidos por la presión del intercambio social que sus integrantes por la presión de la selección natural, y esto debe de haber sucedido durante todo el proceso de hominización.

Actualmente, por efecto del apalancamiento biológico comentado en el capítulo 6, hemos alcanzado el máximo nivel de socialización en nuestro proceso evolutivo, y tanto la individualización del grupo social como la presión selectiva a nivel de grupos han debido de llegar a sus máximos niveles, es decir (kp+1) muy alta, y por el contrario, por efecto de la transformación y construcción de nicho, hemos llegado al mínimo de presión selectiva natural, (kp) muy baja. Pero, si hoy en día es difícil colegir que el porcentaje de muertes y constricciones a los nacimientos debidas a la presión del intercambio social es mayor que ese porcentaje motivado por la selección natural a nivel de individuos, ¿qué no sería entre nuestros ancestros cazadores recolectores, en que la dependencia del entorno natural era casi absoluta? Y esto es así porque los grupos sociales interactúan sin apenas competencia entre ellos, más bien procuran el intercambio social y la cooperación, y si, por su interacción se pueda producir algún tipo de presión selectiva, en modo alguna ésta puede ser más intensa que la selección natural.

Actualmente muchos investigadores intentan incluir la teoría del mono social en sus estudios, al explicar sus descubrimientos como efecto de la presión social en nuestra evolución. Cualquier fenómeno puesto de manifiesto y que se puede catalogar como universal humano, inmediatamente se intenta incardinar en esta teoría, para fundamentarla y vigorizarla. Pero obvian que el proceso evolutivo humano ha sido un continuo hacia el máximo nivel de gregarismo e inteligencia, y que cuando comparan dos fenómenos que están correlacionados, no tiene porque significar que son causa y efecto, sino que pueden ser consecuencia de otro que es el origen de ambos. La inteligencia y el intercambio social podrían ser la causa de la presión selectiva ejercida por las CTAs.

Lo mismo sucede con la presión demográfica, que ha sido catalogada como el detonante del desarrollo del cerebro y de las explosiones culturales que caracteriza la conducta humana moderna, en sendos estudios de las Universidades de Missouri, en USA, y de la University College London [67], realizados en el año 2009.

Mediante sofisticados y modernos análisis multivariantes de datos estadísticos, se comprobó que la densidad demográfica presenta una correlación directa con la encefalización y con los avances culturales y tecnológicos. Pero de ahí a inferir que la competitividad social subyacente sea el origen de nuestra encefalización y culturización va un trecho, porque estos procesos han requerido de fuertes presiones selectivas, con la eliminación y extinción de los individuos y grupos menos inteligentes y menos gregarios, mientras que el proceso de masificación demográfica produce el efecto contrario. Por un lado, aumenta el número de individuos, existiendo menos presión selectiva, y por otro, hace que, al aumentar la población efectiva, los alelos sean más variables y preestablecer genes ventajosos sea mucho más difícil.

En cualquier caso, hay que descartar cualquier hipótesis de adaptación si aparece el carácter novedoso −la creciente encefalización y culturización−, antes que el pertinente régimen selectivo −la creciente densidad de población−. La encefalización comenzó hace más de 2 Ma, mientras que la verdadera presión demográfica surge a partir del Neolítico.

Otro autor, Todd M. Preuss, profesor Asociado de Investigación de la Universidad de Emory [68], encontró evidencias de reorganización cerebral en la evolución humana en las conexiones entre el tálamo y la corteza occipital, donde se recibe la información del sentido de la vista, comparándolas con otros primates. Desde el tálamo nosotros enviamos mayor cantidad de información sobre el movimiento de los objetos en el espacio que otras especies. Para Preuss, la presión selectiva fue la necesidad de analizar los rápidos movimientos de la boca que se producen durante el habla humana, junto con los movimientos de las manos que la acompañan.

Ciertamente, las dos facultades, las del habla y la de captar los movimientos de los labios y las manos, son complementarias en cuanto a sus fines comunicativos y sociabilizantes, pero también son excluyentes en su evolución filogenética. Para compensar la falta del habla, los sordomudos desarrollan el lenguaje de los signos, perfeccionando para ello la facultad de captar los movimientos y, con ello, compensar la discapacidad comunicativa. Y, precisamente por ello, a contrario sensus, la selección de los alelos que nos han facultado para desarrollar el habla, han debido disminuir la intensidad de la presión selectiva que nos hace captar mejor los movimientos de los labios y las manos. Evolutivamente, mientras mejor hablamos, menos necesidad de usar el lenguaje de los signos.

Además, podemos comprobar que personas menos capacitadas visualmente no están impedidos para procrear y tener una larga vida social, porque para compensar el déficit visual somos capaces de agudizar otros sentidos, como el oído y el tacto, y estamos más capacitados que ninguna otra especie para ayudar a los discapacitados, por el gran altruismo que nos caracteriza.

Por tanto, la presión social ejercida, no sería lo suficientemente intensa como para hacer que sólo los homínidos que captaban mejor el movimiento sobrevivieran, o tuvieran más éxito reproductivo, o por lo menos, no más que cualquier otra especie. Cualquier otro primate arbóreo, que debe saltar de rama en rama braquiando, sufre mucha más presión selectiva sobre los órganos que permiten la visión de objetos en movimiento, porque es mucho más peligroso caer de un árbol, por un mal cálculo visual, que malinterpretar una conversación, por no saber leer correctamente los labios o los movimientos de las manos.

Sin embargo, la presión ejercida por la CTA si sería lo suficientemente fuerte como para hacer que aquellos homínidos que enviaban más información desde el tálamo, tuvieran más puntería en el lanzamiento de piedras y, por tanto, derrotaran con más probabilidad a los demás grupos en una batalla. Nuestra destreza como tiradores nos distingue sobre todas las demás especies.

La teoría del mono social se acerca más al lamarckismo que a la selección natural, ya que, la única forma que nos queda para explicar la transmisión mayoritaria de genes y conductas que nos convierten en más sociables e inteligentes es la herencia de los caracteres adquiridos. Según esta hipótesis, los individuos, al incrementar las relaciones sociales, favorecen el desarrollo de determinadas conexiones neuronales y la muerte de otras neuronas que no se han usado, y todo lo que ha sido adquirido, trazado o cambiado en la organización de la mente, durante el curso de sus vidas, es conservado por la generación y transmitido a los nuevos individuos que provienen de aquellos que han sufrido estos cambios. Sin embargo, la transmisión de caracteres adquiridos no se ha podido demostrar, por lo que el lamarckismo ha recibido feroces ataques desde finales del siglo XIX. Si bien parece que el aprendizaje podría llegar a modificar el material genético de algunas células del sistema nervioso por recombinación, esto está lejos de suponer un cambio en el genoma que pueda ser transmitido a la descendencia.

Eva mitocondrial

Es el ancestro común más reciente de todos nosotros, por ascendencia matrilineal.

Eva mitocondrial habría sido una mujer africana, que según la teoría genetista, correspondería en la evolución humana al ancestro femenino que poseía las mitocondrias del cual descienden todas los mitocondrias de la población humana actual. Por ello, si seguimos la línea genealógica por vía materna de cada persona en el árbol genealógico de toda la humanidad, Eva mitocondrial correspondería a un único antepasado femenino de la que diverge toda la población actual de seres humanos. Es la "madre" de todas nuestras madres.

En genética, el reloj molecular es una técnica para datar la divergencia de dos especies. Deduce el tiempo pasado a partir del número de diferencias entre dos secuencias de ADN. Basándose en esta técnica, los investigadores creen que Eva vivió aproximadamente hace 150 ka o como máximo 200 ka, en África.

Esta teoría dio al traste con el "Modelo Multirregional", defendido por los paleontólogos antes de los noventa y basado en restos fósiles, que defendía la expansión de Homo Erectus desde África hace 1'8 Ma, la evolución local de estas poblaciones hasta generar las variaciones raciales que se observan en la actualidad y, al mismo tiempo, el intercambio genético entre dichas poblaciones.

El fundamento del linaje de la Eva mitocondrial es que, al revisar el árbol genealógico de todos los seres humanos que viven en la actualidad —a través de la genética—, si se sigue una línea de cada individuo a su madre, y si estas líneas se continúan desde cada una de esas madres a sus respectivas madres, se estará retrocediendo en el tiempo y todas las líneas convergerán en un punto en que todas las hijas comparten la misma madre. En este seguimiento, cuanto más se retroceda en el tiempo, menos linajes quedarán hasta que quede solo uno; el cual correspondería a la Eva mitocondrial. Por ello, cuanto más pequeña es una población, más rápidamente converge el ADN mitocondrial, como sucede en la especie humana. Todos nuestros contemporáneos tenemos un solo linaje común, relativamente corto en comparación con el resto de las especies, que poseen normalmente linajes más largos, es decir, todos somos muy similares, independientemente de la raza y de la situación geográfica. De hecho, un indio americano, un europeo o un japonés son más similares que, por ejemplo, los chimpancés de África occidental y oriental, que aunque son difíciles de distinguir entre sí, llevan aproximadamente 1'5 Ma de evolución separada.

Nuestro corto y común linaje solo puede tener una explicación, la existencia de un cuello de botella reciente en nuestra evolución. Se calcula que procedemos de un grupo de unos 10.000 africanos descendientes de nuestra Eva mitocondrial. Pero ¿por qué se extinguieron sin descendencia el resto de los homínidos? Se conocen fósiles de distintas especies y subespecies de homínidos en distintas partes del mundo que vivieron antes y después de nuestra Eva, y, sin duda, irán apareciendo más, pero ¿por qué no existen rastros de ellos hoy día?

La explicación actual es la existencia de catástrofes naturales y cósmicas, como la Teoría de la catástrofe de Toba, según la cual, la macro erupción del súper volcán Toba, en Indonesia, hizo disminuir la población humana mundial hasta unos pocos miles de individuos hace 75 ka, o la peste negra en la Edad Media, que redujo a un tercio la población europea de la época.

Pero fenómenos de este tipo, de magnitud mundial, producirían cuellos de botella muy parecidos en todas las especies existentes en la época, y no es así, la mayoría de los actuales animales tienen unos linajes mitocondriales mucho más largos y diversos que el nuestro. Lo lógico hubiera sido que estas catástrofes acabasen con buena parte de los miembros de todas las especies existentes, y no se seleccione un solo linaje como único superviviente. Los efectos catastróficos son iguales para todos. Para que se demuestre la Teoría de la catástrofe de Toba debería de aparecer entre los humanos actuales por lo menos un linaje diferente al de nuestra Eva mitocondrial, señal que, en algún lugar del mundo distinto de África, más de una especie o linaje se salvaron de la catástrofe.

Además, una investigación del Instituto Max Planck de Antropología Evolutiva de Leipzig, en Alemania, mostró que los neandertales tuvieron el mismo acervo genético que el nuestro, y que por tanto, partieron de una población también pequeña como la nuestra. Habría que suponer que existiera otro posible cataclismo o fenómeno natural que afectara de igual forma la evolución de ambas especies, pero esto es muy poco probable, porque los neandertales y los sapiens evolucionaron independientemente, unos en Eurasia y otros en África, y durante periodos de tiempo distintos.

La Teoría de la Selección Artificial del hombre explica la existencia de estos cuellos de botella por el surgimiento, en un grupo de homínidos, de una mutación genética ventajosa, que los convierte en más inteligentes y/o en más gregarios y/o en más guerreros, y que provocan, mediante las CTAs, el genocidio del resto de linajes. Los descendientes de Eva mitocondrial gozaron de una ventaja o atributo que los hacía vencer en todas las batallas.

La progresiva encefalización se explica por la existencia de estos cuellos de botella de forma sucesiva en el tiempo, por los que se acelera la deriva genética y la evolución del hombre. Se produce una selección intensiva de caracteres más inteligentes que pasan a ser mayoritarios en los individuos victoriosos en cada CTA, en detrimento de otros caracteres más aptos para la supervivencia en cualquier otro ambiente. Por ello el Homo sapiens parece ser una "acumulación de defectos", y, como respuesta satisfactoria a todos ellos la única solución evolutiva que ha tenido es su complejo sistema nervioso central. Y también, por ello nuestra especie es tan susceptible a afecciones en la columna vertebral, con una mandíbula en la que no caben todas las piezas dentales, un canal del parto que no es suficientemente grande para que salga la cabeza del feto y un sistema reproductivo poco eficaz —el 20% de todos los embarazos termina en aborto espontáneo en los dos primeros meses de vida del feto—.

Dos especies o estirpes podían exterminarse una a la otra, pero en este tipo de contiendas siempre hay un vencedor, el clan o tribu perteneciente al linaje superviviente, triunfador en cada batalla que, obviamente, perpetúa su genoma y el de su especie. En nuestro caso, el linaje victorioso fue el de Eva Mitocondrial. Pero por desgracia, hoy no podemos decir que estemos a salvo de nuestra propia auto exterminación, debido a la proliferación de las armas de destrucción masiva: lo que creó al hombre, la guerra, es lo que puede acabar con él y con toda la vida del planeta.

12. Guerras interespecíficas

Los otros Homos con los que coexistimos

Nuestra especie, Homo sapiens sapiens, no ha estado siempre sola en el planeta. Que sepamos, otras tres especies de homínidos, como mínimo, cohabitaron la Tierra, e incluso compartieron los mismos territorios durante algún tiempo. Son los Homo neanderthalensis, coetáneos nuestros en Eurasia, los Homo erectus, en la Isla de Java, y los Homo floresiensis, en la Isla de Flores.

El erectus vivió entre 1'8 Ma y 50 ka antes del presente, sobre todo en Asia oriental, aunque también se han encontrado restos en África y Europa. Era muy robusto y tenía una talla elevada, hasta 1,80 m de altura. El volumen craneal era muy variable, entre 800 y 1200 cc (la media fue aumentando a lo largo de su dilatada historia). Poseía un marcado toro supraorbitario y una fuerte mandíbula sin mentón, pero de dientes relativamente pequeños. Con un mayor dimorfismo sexual que en el hombre moderno. La industria lítica que producía pertenece principalmente al Achelense y probablemente conocía el uso del fuego.

Los restos de los últimos erectus antes de su extinción definitiva se hallaron en el río Solo, en Java, y pueden haber vivido hace solamente 50 ka, o incluso 27 ka según unos estudios más recientes, simultáneamente con poblaciones de Homo sapiens. Se describieron a partir de once calotas y dos tibias procedentes del yacimiento de Ngandong, que revelaban una capacidad craneal de 1225 cc, muy próxima a la nuestra.

La otra especie coetánea con la nuestra fue el Hombre de Flores, de la isla indonesia de Flores. Se trata de homínidos enanos, de un metro de altura aproximadamente. Se cree que descienden de los erectus, que por el efecto adaptativo del enanismo isleño, redujeron tamaño y capacidad craneal, aunque la tecnología que empleaban era avanzada y conocian el fuego. Los restos subfósiles más modernos encontrados se datan en unos 12 ka tan solo, lo que lo convierte en el homínido más moderno, sobreviviendo largamente la desaparición de los neandertales. Los sapiens llegamos a la isla de Flores hace entre 35 y 55 ka, conviviendo ambas especies durante un largo período.

Mención especial merecen los Homo neanderthalensis. En el Paleolítico muy Inferior, hace unos 1'7 Ma, el Homo Habilis todavía permanece en el continente africano. Con el cambio climático, se suavizan las temperaturas, comienza su expansión por Europa y Asia. A partir de entonces aparecen los Homo erectus y el Homo antecesor. Estos primeros homínidos utilizan cantos trabajados y bifaces.

En el Paleolítico Medio aparecemos nosotros, los Homo sapiens, y también los neandertales, ambas especies evolucionarán del Homo antecesor, la primera en África y la segunda en Europa.

Con los avances de las técnicas médicas y forenses, se pudo realizar el primer estudio del DNA a huesos de homínidos, y éste reveló que sapiens y neandertales pertenecían a dos linajes diferentes y que divergieron en la historia hace unos 600 ka. Entonces se llego a la conclusión de que los sapiens y los neandertales no pertenecen a la misma especie, tal como muestra Eduald Carbonell y José María Bermúdez de Castro, codirectores del yacimiento de Atapuerca.

Según el esquema evolutivo propuesto por Juan Luís Arsuaga e Ignacio Martínez, el ancestro común a neandertalenses y humanos modernos sería el Homo antecesor, especie creada a partir de los fósiles de la Gran Dolina, con más de 780 ka de antigüedad.

En un estudio científico [90] publicado en la revista Science el 7 de mayo de 2010, Svante Pääbo, director del Departamento de Genética del Instituto Max Planck de Antropología Evolutiva en Leipzig, en Alemania, junto con un equipo internacional, demostraron que nuestros ancestros, los primeros Homo sapiens que salieron de Africa, se hibridaron con los neandertales, hace unos 80 ka, en el Medio Oriente, aunque lo hizo probablemente durante poco tiempo y en pequeña medida.

Los investigadores compararon el genoma del neandertal con los de cinco humanos de los cinco continentes de la época actual. El equipo de investigadores explica que han secuenciado el genoma completo del neandertal, utilizando muestras de tres huesos de dicha especie hallados en la cueva de Vindija, Croacia. El borrador se complementó con la secuenciación parcial de otros tres neandertales procedentes de Mezmaiskaya (Rusia), de Feldhofer (Alemania) y de la cueva de El Sidrón (Asturias). Los investigadores lo compararon con los genomas de cinco seres humanos actuales de diferentes partes del mundo: el de un sudafricano del grupo San, el de un africano del grupo Yoruba, el de un chino Han, el de un francés y el de un nativo de Papua Nueva Guinea.

Los resultados revelan que 78 genes (83 según otro método), de los más de 23.000 existentes, son probablemente distintos funcionalmente en los humanos y los neandertales, y que entre un 1% y un 4% del material genético humano moderno procede de la especie extinguida, lo que indica que sí hubo mestizaje, y que este material genético neandertal no está presente en los humanos modernos africanos.

La investigación señala que los humanos modernos y los neandertales muy probablemente se entremezclaron, eso sí, en pequeña medida, tras salir de África, cuando los humanos modernos se encontraron con neandertales en el Oriente Próximo. Sobre hibridaciones posteriores a este primer encuentro entre sapiens y neandertales no han podido encontrar evidencias, aunque otros estudios hablan de que si las hubo. Según este estudio no existe una aportación importante de esta especie europea extinguida al patrimonio genético de nuestra especie y, además, constata que a partir de 80 ka fueron los especímenes del Próximo Oriente quienes colonizaron todos los territorios fuera de África.

Antonio Rosas, paleobiólogo del Museo Nacional de Ciencias Naturales (CSIC), participante en el Proyecto, aclaró que "La similitud genética entre neandertales y los humanos no-africanos es idéntica, da igual si éstos proceden de Papua-Guinea Nueva, de China o de Europa. Todo esto sugiere que hubo cruzamientos (o flujo génico) entre neandertales y los humanos modernos, probablemente cuando éstos estaban saliendo de África, hace unos 80 ka. Conviene recalcar que aquellos humanos que salieron de África en la fecha señalada representan al tronco común de todos los humanos no-africanos, el que después se diversificó en asiáticos, indonesios, europeos y demás grupos humanos no-africanos. Esta importante circunstancia pueden explicarse a través de un modelo que plantea que el cruzamiento neandertales-sapiens se dio en realidad en un intervalo temporal breve y en baja cantidad entre los primeros humanos salidos de África y las poblaciones neandertales que se encontraron a la salida...".

Por tanto, hace unos 80 ka, los miembros del linaje de los neandertales y los de nuestro propio linaje, volvieron a encontrarse en el territorio que hoy denominamos Medio Oriente. Habían transcurrido quizás más de medio millón de años desde su separación filogenética y, aunque, a partir de ese reencuentro, ambas especies siguieron caminos evolutivos diversos, parece que hubo esporádicos entrecruzamientos. ¿Qué ocurrió entonces?, ¿por qué nosotros seguimos aquí y ellos desaparecieron?

Ni la dieta, ni el clima, ni las enfermedades...

Existen muchas explicaciones distintas sobre la posible causa de la extinción de los neandertales, pero todos los autores pasan por contemplar dos hipotéticos escenarios contrapuestos: unos consideran la intervención de los sapiens como determinante, y otros la suponen como una simple casualidad, sin apenas incidencia en el proceso de extinción.

Así, para Michael Richards, investigador de la universidad Bradford en Reino Unido [75], especialista en nutrición prehistórica, tanto los neandertales como los sapiens necesitaban aumentar de peso porque, en aquel entonces, Europa era un continente mucho más frío, con glaciares que periódicamente cubrían las islas británicas y Escandinava bajo el hielo. Richards dijo que observando la composición química de los huesos de los neandertales y la de los humanos modernos que coexistieron y eventualmente los reemplazaron, se podía deducir que un problema nutricional fuera la "posible" causa que hiciera subsistir a los Homo sapiens y por otra la que acabará con los neandertales, ya que como indica Richards "los huesos están formados de los alimentos que uno ingiere".

Pero los neandertales europeos colonizaron una amplia gama de entornos geográficos, en los que desarrollaron modos de subsistencia que les permitieron sobrevivir en distintos ecosistemas, que iban desde las costas mediterráneas, en las que el clima nunca fue mucho más frío que en la actualidad, hasta el borde de las regiones esteparias septentrionales.

Los diferentes grupos se especializaban en el aprovechamiento de distintos animales: el caballo, por ejemplo, es la especie más común en yacimientos situados cerca de estepas herbáceas, como se ha documentado en muchos yacimientos peninsulares y extrapeninsulares, mientras que el bisonte es frecuente en las praderas de Europa continental, el ciervo es típico de los entornos arbolados y el reno de las regiones más frías. En ocasiones aparecen también en abundancia restos de animales grandes como mamut o rinocerontes lanudos, pero suele ser en hábitat septentrional, ya que el peligro de su captura los excluye de una caza sistemática si hay otros recursos. En cambio, en algunos yacimientos españoles como Cova Negra o Carihuela, las especies más consumidas durante algunas ocupaciones han sido tortugas y conejos, mientras que en otros parecen haber consumido más cabra montesa (Zafarraya, Los Casares).

También los científicos han podido corroborar esto tras analizar la composición atómica de los restos de los neandertales y de sus posibles presas, en que las variedades (isótopos) de los átomos de nitrógeno presente en los fósiles de homínidos encajaba con la de los animales encontrados junto a sus restos, principalmente grandes herbívoros. Lo único que se echaba de menos en la dieta neandertal era la carne de otros animales carnívoros, el pescado y otros animales marinos. Esto llevó a una parte de la comunidad científica a presentar la idea de que el mayor desarrollo cerebral del Homo sapiens podía deberse a la ingesta de ácidos grasos Omega 3 y Omega 6, procedentes del pescado. Otros pensaron que la explotación de recursos marinos por parte de los sapiens más antiguos denota la supremacía adaptativa de éstos frente a los neandertales, lo que posibilitó su expansión por Eurasia.

Sin embargo, un grupo multidisciplinar hispano-británico ha publicado en la revista PNAS [80] los resultados de una investigación, realizada desde 1995 en yacimientos del peñón de Gibraltar, y han desvelado que los neandertales cazaban mamíferos marinos, poseían conocimiento sobre la reproducción en tierra de las focas y aprovechaban este período estacional para ocupar las cuevas de Vanguard y Gorham, situadas en el peñón, en las que han aparecido restos óseos de focas (Monachus monachus) que presentan marcas producidas por la utilización de utensilios de piedra para extraer la piel y la carne y posteriormente fracturar los huesos para obtener la médula. También se han registrado restos de marisqueo de moluscos (Mytilus galloprovincialis) recolectados por los neandertales en un estuario próximo.

Según Yolanda Fernández Jalvo, del Museo Nacional de Ciencias Naturales, en Madrid, colaboradora del trabajo, la evidencia de explotación de recursos marinos en Gibraltar existe a lo largo de unos 28 ka entre los neandertales y es retomada por Homo sapiens, que presenta estrategias de caza y aprovechamiento marino similar a las observadas en los neandertales. Aparte existen otros yacimientos del Paleolítico Medio en Italia y, sobre todo, en Portugal y Sur de España, que han proporcionado moluscos y mamíferos y aves marinas, aunque la evidencia no es tan consistente, clara y reiterada como en Gibraltar pero, en cualquier caso, estos otros yacimientos refuerzan la prueba de la existencia de esta estrategia de explotación de recursos marinos observada en los neandertales de Gibraltar.

El paradigma de la "human revolution" suponía que los sapiens, hace menos de unos 100 ka, sufrieron cambios sustanciales de tipo evolutivo, en África, que les dotaron de una serie de capacidades cognitivas superiores, permitiendo su expansión desde el continente africano y colonizar el resto del mundo. En ese marco, las otras especies o poblaciones de humanos "arcaicos", como los neandertales, sólo tendrían un papel pasivo e irrelevante, y serían rápidamente barridas (extintas) del escenario, dado que carecían de una mente y unas capacidades propiamente "modernas". El artículo que dio pábulo a esta teoría apareció en Mayo de 2000 [109], y fue escrito por un equipo investigador que trabajaba en las costas del Mar Rojo. En él se evidenció el hallazgo de herramientas de piedra en un contexto costero (en bancos coralinos, que debieron estar en la orilla cuando se formó el depósito), y sirvió a esos investigadores para proponer su modelo, ya que suponían que la adaptación a los medios costeros (surgida en África, hace 125 ka, entre los humanos "modernos" o sapiens) era una novedad en el comportamiento.

Pero, aunque la industria es inequívoca, no se puede asegurar que estuviera asociada a los sapiens, y no a otros humanos "arcaicos", y además, no hay evidencia de que se explotaran los recursos marinos.

Sin embargo, si existen claras evidencias de que los neandertales estaban adaptados a la explotación de los ecosistemas costeros, como hemos visto. Y según aparece en un estudio publicado en Septiembre de 2011 [108], este comportamiento pudo surgir mucho antes entre los neandertales que entre los sapiens: los autores de este trabajo, liderados por el profesor de la Universidad de Sevilla, Miguel Cortés Sánchez, y con la participación de científicos del CSIC, demostraron que los neandertales trasladaban y procesaban para su consumo hasta ocho especies de moluscos diferentes, que obtenían en la que hoy es la playa del Bajondillo de Torremolinos, en el sur de Andalucía, hace casi 150 ka, mucho antes que los sapiens iniciaran su expansión mundial.

Otros, como los paleoecólogos Clive Finlayson, del Museo de Gibraltar, y José Carrión, de la Universidad de Murcia, en un análisis que han publicado en "Trends in Ecology and Evolution" [76], postulan que su extinción, hace unos 25 ka del sur de Europa, no se debió tanto a su incapacidad para competir con los Homos sapiens modernos, como a que no fueron capaces de adaptarse a unos cambios en el clima, cada vez más variable, que convertía sus bosques en estepas.

Pero el profesor Chronis Tzedakis, también paleoecologista, pero de la Universidad de Leeds, y director del equipo de investigación que publicó un estudio en la revista "Nature" [77], negó la influencia en los cambios drásticos del clima propuesto por Finlayson y otros, postulando que hasta la fecha de publicación de su trabajo había tres limitaciones para la comprensión del papel del clima en la extinción de los neandertales: la incertidumbre sobre el momento exacto de la extinción, la conversión de las fechas proporcionadas por el radiocarbono al calendario actual y los antiguos registros climáticos.

La mejor aportación de este estudio es que se ha aplicado un procedimiento de datación mucho más preciso que los anteriores, que sigue empleando el conocido carbono 14, pero obteniendo mejores resultados. Y según dicen, al mejorar la precisión y veracidad en la obtención de las fechas en las que se ha comprobado que existían neandertales, se ha podido comprobar que su extinción no coincidió con episodios climáticos extremos.

Las fechas más recientes que se barajan de restos neandertales son de unos 32.000 a 28.000 mil años para los últimos sobrevivientes que se arrinconaron en la Península Ibérica. A estas estimaciones hay que añadir las dataciones, no aceptadas por todos, de la gruta Gorham en Gibraltar de hace 25.000 ó 24.000 mil años. Justamente este último hallazgo era el que más abogaba por la extinción a causa de un cambio climático, ya que se ha comprobado que en esa época la península habría tenido un clima muy áspero, seco y casi desértico.

Pero el nuevo estudio confirmó una fecha de 32 ka para los artefactos neandertales encontrados en la cueva. También Isabel Cacho, la investigadora española del equipo, confirmó que consideraron los tres momentos de extinción como tres posibilidades, con tres escenarios climáticos diferentes y, según afirma, se ha comprobado que en ninguno de ellos se dieron condiciones climáticas extremas. Apenas hubo variabilidad climática hace 28 ka o 32 ka.

Otra teoría sugiere que es posible que al encontrarse ambas especies, se transmitieran enfermedades devastadoras, como ocurriera con los conquistadores de Latinoamérica. Los neandertales, al no ser inmunes a estas enfermedades, habrían muerto rápidamente.

En un estudio publicado en Medical Hypotheses, Simon Underdown [78] investigó la hipótesis de que la encefalopatía espongiforme transmisible (EST) haya jugado un papel importante en la extinción de los neandertales.

La EST o también conocida como kuru o prión, es una enfermedad transmisible, parecida a la de la vaca loca, donde un agente infeccioso, un prión, en forma de una proteína se replica uniéndose y transformando a otras proteínas. Por lo general se manifiesta en el tejido neurológico, ya que el enfermo comió tejido nervioso infectado. El nombre de la enfermedad kuru, significa "muerte de la risa", y los fore, una tribu de Papua Nueva Guinea, practicando el canibalismo ritual, esparcieron así la enfermedad por su pueblo al grado de una epidemia, acabando con casi todos ellos.

Simon establece un paralelismo entre el caso de los neandertales con el de los fore, porque ambos eran caníbales. Pero los neandertales eran cazadores bastante móviles, y los fore son horticultores. El caso de los fore, fue una epidemia que los aniquiló a lo largo de decenios, mientras que Simon plantea que esto habría ocurrido a lo largo de miles de años entre los neandertales. Los fores también pudieron contagiarse con los cortes y heridas infectadas de los cadáveres, ya que se sabe que no canibalizaban a sus parientes muertos por la enfermedad. Y sobre todo, tampoco Simon hizo una revisión del registro fósil neandertal en búsqueda de la encefalopatía espongiforme, y no existen pruebas, al menos publicadas, de que los neandertales hayan sufrido EST.

Los neandertales estaban bien adaptados

A partir del Pleistoceno Superior (hace alrededor de 127 ka) los restos de neandertales comienzan a ser abundantes en los yacimientos europeos, y se encuentran también en Asia central y Oriente Próximo, lugares a donde emigraron desde Europa, en una época que se considera la de plenitud de la especie. Por todo ello es difícil de asimilar que los neandertales, que como veremos tenían una capacidad cerebral igual o mayor que la nuestra, que eran extraordinariamente robustos y a la vez hábiles recolectores de productos vegetales, cazadores y carroñeros, que disponían de una amplia variedad de útiles de piedra muy refinados, que usaban el fuego sistemáticamente, y que se comunicaban hablando entre ellos, pudieran extinguirse por causas naturales, como pudieran ser por cambios drásticos en el clima o en la dieta, y sin que éstos cambios afectaran por igual a los sapiens que invadieron toda Eurasia.

Aparte de estos recientes estudios que señalan la adaptabilidad de los grupos neandertales al entorno de cada región, hay que decir que los neandertales en promedio, incluyendo ambos sexos, pesaban alrededor de 70 Kg, mientras que la media de nuestra especie se sitúa en los 58 kg, es decir un 24% menos, con una musculatura mucho más desarrollada que la nuestra, según John Kappelman, solo comparable a la de atletas de elite de deportes tales como el levantamiento de peso, el lanzamiento de jabalina o de disco, si observamos las inserciones de los músculos en los huesos fósiles. En el yacimiento alemán de Schöningen se han preservado varias lanzas de madera de hace unos 400 ka, de más de 2 m, que estaban, según su descubridor Hartmut Thieme, diseñadas para ser lanzadas. No eran unas criaturas indefensas.

Además, el rostro de los neandertales es único entre los homínidos porque presenta, entre otros detalles, un gran prognatismo medio facial, es decir, una gran cavidad nasal, que junto con unos muy desarrollados senos frontales y maxilares, le daban una apariencia de cara en forma de cuña. Así se contribuía a formar una cámara de aire que aislaba el cerebro de los bruscos cambios de temperatura. El aire inhalado se calentaba y se humedecía dentro de esta cámara natural antes de llegar a los pulmones, por lo que algunos autores la han identificado como una adaptación al clima frío y seco imperante.

Los sapiens veníamos de regiones más cálidas de África, y nuestra morfología se había amoldado a ello siguiendo la regla de Allen, es decir, con largos y delgados brazos y piernas que hacen máxima la relación superficie/volumen. Convergimos a más delgados y esbeltos siguiendo el biotipo de, por ejemplo, el dromedario. También dentro de nuestra especie se cumplen estas leyes, si comparamos un esquimal del Círculo Polar Ártico con un tuareg, que vive en las regiones africanas más cálidas. La constitución de los neandertales, por el contrario, obedece a la denominada regla de Bergman, que establece que las poblaciones de una especie de sangre caliente que habitan en regiones frías tienden a tener el cuerpo más voluminoso, más esférico, que las que viven en tierras cálidas, presentando una menor superficie por unidad de volumen para minimizar la pérdida de calor del cuerpo por radiación.

Con todo ¿cómo podemos creer que una especie que abarcaba toda Eurasia, perfectamente adaptada a su nicho ecológico, que hundían sus raíces profundamente en el tiempo, muy inteligentes, acostumbrado a distintos climas y dietas, se extinguiera sin dejar apenas vestigio genético, por las presiones propias de la Selección Natural, y justamente coincidiendo, por casualidad, con la ocupación y colonización de los humanos modernos?, y además ¿por qué esa presión extintiva no nos afectó para nada a nosotros, sino que por el contrario, llegamos a expandirnos por todos los territorios desocupados por los neandertales?.

Estas cuestiones también se pueden formular y son válidas para el caso de la extinción de los Homo erectus y los Homo floresiensis, que también, por supuesto, quedan en el aire.

Bermúdez de Castro se conforma con una explicación genérica: las dos especies compitieron en los mismos ecosistemas y aquella circunstancia sólo tenía una solución a corto plazo. Prevaleció la especie que mejor supo aprovechar sus recursos biológicos y tecnológicos para explotarlos y sobrevivir en las difíciles condiciones de la Europa del Pleistoceno Superior.

Pero lo cierto es que la especie mejor adaptada al clima y a la dieta que se ofrecía en la Europa de aquellos tiempos era precisamente la neandertal, ya que sus restos fósiles nos hablan de que evolucionaron en Europa durante cientos de miles de años en condiciones de aislamiento geográfico y genético. Los neandertales se pueden considerar como los auténticos europeos, "una especie humana autóctona, local, lo que en biología se denomina un endemismo", según Arsuaga [79].

Después de más de 400 ka viviendo en Eurasia, aparecen unos extranjeros, los sapiens, y tras unos 10 ka de coexistencia en el mismo medio, es decir, un periodo relativamente escaso comparado con el de su evolución total, los neandertales se extinguen. En verdad, cualquier especulación puede tener cabida, y rebuscar entre las posibles alguna presión extintiva natural que acabara con los neandertales, con los erectus y con los hombres de Flores, y a la que nosotros fuéramos inmunes, y hacer que ese fenómeno coincida justamente con el advenimiento de los sapiens a Eurasia es, cuando menos, muy improbable, aunque no deja de ser posible. Pero se han dado otras explicaciones más sencillas, como veremos.

Casi todos los investigadores coinciden en que la intervención de los sapiens fue determinante en la desaparición de cualquier vestigio evolutivo de las demás especies, ya sea de una forma activa y agresiva, con la usurpación de su hábitat natural e incluso, con su aniquilación por la guerra, o de una forma más pasiva y pacífica, compitiendo en los mismos ecosistemas, pero sin agresión o violencia entre las especies, lo que en biología se denomina una relación interespecifica de competencia por interferencia entre dos especies, por tener acceso al mismo tiempo al mismo recurso. Un ejemplo de este tipo de interacción lo tenemos con los leones y las chitas o guepardos en África, que al final, por el principio de exclusión competitiva postulado por el investigador ruso G.F. Gause, una de las dos especies, indefectiblemente, excluye o elimina a la otra, con lo cual se ve favorecida.

Pero la extinción, por el principio de exclusión competitiva, puede salvarse si ambas especies acceden a los mismos recursos escasos en diferentes momentos, como ha ocurrido, precisamente, con las chitas antes mencionadas, que se han visto obligadas a cazar en los momentos del día en que la canícula es tan intensa que los leones no pueden por menos que descansar a la sombra. O también, especializándose en algún tipo de sustento que la otra especie desprecie, no debemos olvidar que tratamos con omnívoros, y los neandertales podían amoldarse a gran cantidad de dietas y hábitats distintos, como hemos visto. O incluso, en último caso, la emigración hacia otros lugares, ya que se trataba de especies nómadas, muy móviles, y por tanto, acostumbradas a largos y prolongados desplazamientos. El instinto de supervivencia, que impera en toda la Naturaleza, les conminaría inexorablemente a buscar cualquier remedio antes que la muerte y la extinción, pero ¿por qué fracasaron? ¿Qué ocurrió para que unas especies tan inteligentes se viera abocadas a su desaparición?

Los neandertales no eran muy diferentes

Éramos muy parecidos a los neandertales: según un estudio encabezado por Edward Rubin del Department of Energy Joint Genome Institute en Walnut Creek, California, [81] se estima que los humanos modernos y los neandertales compartimos el 99.95 por ciento de nuestro ADN.

Físicamente los neandertales eran más bajos y robustos, tenían la frente huidiza, carecían de mentón y su cerebro era más voluminoso, con un promedio de 1.500 cc, mientras que, en la actualidad, la media calculada entre todas las poblaciones rondará los 1.350 cc. Sin embargo, el peso corporal era también superior en los neandertales, por su gran masa muscular y, por tanto, el índice de encefalización quizás fuera ligeramente inferior en los neandertales, por lo que algunos suponen que eran algo menos inteligentes que nosotros. Además la morfología de su cráneo demuestra que la estructura cerebral era muy diferente: con escasa frente, los neandertalenses tenían poco desarrollados los lóbulos prefrontales y, en especial, muy poco desarrollados los lóbulos frontales. El cráneo de Homo sapiens no sólo tiene una frente adelantada (sobre el rostro), sino que es también más alto en el occipucio (cráneo muy abovedado), lo que permite el desarrollo de los lóbulos prefrontales y frontales. Y es que de todos los mamíferos, Homo sapiens es el único que tiene la faz ubicada bajo los lóbulos frontales, que son los más "modernos" filogenéticamente de todas las áreas del cerebro, y concretamente, en los humanos, es donde se encuentra el área de Broca, involucrada en la producción del habla, el procesamiento del lenguaje y la comprensión, funciones exclusivas del ser humano.

También por la tecnología empleada podemos comprender las diferencias cognitivas entre ambas especies. La industria de los neandertales se llama Musteriense, y se encuadra dentro del Modo 3 o Paleolítico Medio. Se caracteriza porque mediante la talla se preparan los núcleos de la roca, dándoles una forma parecida al caparazón de una tortuga, para luego extraer a partir de ellos las lascas, dándoles el acabado final, obteniendo de cada núcleo, variados instrumentos. La industria de los humanos modernos es el Auriñaciense, la primera industria del Paleolítico Superior o Modo 4, donde los núcleos que se transformaban después en una gran variedad de instrumentos eran más alargados y de bordes paralelos, con lo que se obtenían de cada piedra más longitud de filos. El Modo 4 también se diferencia por la utilización del hueso, el marfil y el asta como materia prima de instrumentos y para confeccionar elementos de adorno personal.

Un nuevo estudio publicado en 2008 por la revista Journal of Human Evolution, realizado por parte de científicos de la Universidad de Exeter (Texas), refuta la supuesta superioridad intelectual de los primeros Homo sapiens sobre el Hombre de Neandertal, ya que, según dicen, no existe diferencia en la eficacia de las tecnologías de unos y otros.

Los investigadores pasaron tres años produciendo ellos mismos herramientas líticas. Crearon sus propias hojas de piedra, imitando tanto la técnica Musteriense como la Auriñasiense. Luego las utilizaron en diversos trabajos, como los cazadores suelen hacer, y como se cree habrán hecho nuestros antepasados y los neandertales. Compararon cuantas herramientas se podían crear a partir del material disponible, cuan rápido y sencillo era producir filos cortantes, la eficiencia de las herramientas, y cuanto duraban. En contra de lo que se creía, los investigadores vieron que, en la práctica, las herramientas neandertales eran más eficientes. Metin Eren, autor principal del estudio, pone en tela de juicio viejas presunciones de que los Homo sapiens eran superiores a los neandertales.

En cuanto al habla, es difícil saber si los homínidos extintos podían hablar debido a que los componentes implicados no se preservan en el registro fósil. Aún así, en 1989 se publicó un descubrimiento excepcional [115]: en la cueva de Kebara (Israel) aparecieron restos de un neandertal, de unos 80 ka, entre los cuales había un hueso hioides, hueso de la garganta indispensable para articular palabras, que era similar al de un humano moderno, y muy distinto al de los chimpancés. Eso sugirió a sus descubridores que los neandertales podían hablar, en contra de la opinión entonces generalizada en la Antropología.

El hioides, hueso propio de los mamíferos, se halla en la base de la lengua, justo en la cúspide de la laringe, y en él se insertan hasta once músculos que permiten múltiples funciones, como la correcta deglución de alimentos hacia el esófago, impidiéndoles que penetren por la tráquea.

En el hombre, el hioides permite además la producción del habla, una capacidad que nos pertenece en exclusiva. Por ello, el hioides humano es claramente distinto en su morfología al de los demás primates −chimpancés, orangutanes y gorilas−.

El segundo hioides fósil fue hallado en Etiopía. Perteneció a un ejemplar de Australopithecus afarensis, de hace 3'3 Ma. Su morfología se asemeja mucho a la del chimpancé, luego aquellos homínidos tan arcaicos no podían hablar.

El tercer hioides fue localizado en el yacimiento asturiano de la cueva del Sidrón. Como el israelí, pertenecía a un neandertal, en este caso de unos 40 ka, y era del tipo del humano moderno.

Apenas tres hioides fósiles no es gran cosa, pero no es extraña la carencia de más muestras, ya que el hueso en cuestión es muy frágil, muy pequeño, y en cuanto su tabla externa, finísima, si se fractura el tejido interno, que es esponjoso, se deshace.

El cuarto y el quinto hioides fósiles fueron hallados en la inagotable Sima de los Huesos, en Atapuerca. Uno de ellos pertenecía sin duda a una mujer, y del otro se puede decir que también era de un adulto. Ambos, datados en 500 ka, eran de Homo heidelbergensis, posible antecesor remoto de los neandertales. Su morfología era análoga a la del hombre de hoy.

La misma línea evolutiva en el hioides de neandertales y heidelbergensis, por una parte, y en la del Homo sapiens, por otra, lleva a la conclusión que ambas líneas no evolucionaran en la misma dirección por separado. Por convergencia evolutiva, ambas ramas del género Homo recibieron el hioides como herencia de un antepasado común: el Homo antecessor.

Por otra parte, estudiando los restos esqueléticos que componen el oído medio de los H. heidelbergensis de la Sima de los Huesos, de Atapuerca [116], se descubrió que eran análogos a los nuestros, los H. sapiens actuales, y ambos, distintos de los de otros primates vivos. Es decir, estaban adaptados a percibir, con la mayor sensibilidad posible, el abanico de frecuencias en las que se propaga el sonido de la voz humana, el habla, mientras que el oído de los primates «trabaja» en las frecuencias correspondientes a sus voces y gritos de llamada.

Si aquellos ancestros de los neandertales estaban especializados en percibir esas frecuencias, habrá que concluir que también producían ese tipo de sonidos, es decir, hablaban.

En un estudio de Louis Jean Boë, del Institut de la Communication Parlée, Grenoble, France, y Jean Louis Heim, del Laboratoire d'Anthropologie, Musée de l'Homme, Paris, y Kiyoshi Honda, Kyoto, Japan [82], se reconstruyeron las partes del aparato fonador por simulación de computadora, probando que el espacio laríngeo para los sonidos vocales de los neandertales no era más pequeño que el del hombre moderno. Y que la posición de la laringe y la dimensión de la faringe eran iguales a las de los humanos modernos. Lo que hace inferir que los neandertales tenían la capacidad para el habla.

Y abundando más sobre el tema, en 2007, un equipo de científicos ha revelado que los neandertales europeos tenían unas mutaciones en dos aminoácidos en el gen FOXP2, que son los que facilitan el habla, y que solamente se habían encontrado en nuestra especie. En concreto, el gen FOXP2 es un interruptor genético que regula la expresión de otros genes implicados en áreas cerebrales. Las dos modificaciones específicas halladas en sapiens y neandertales podrían haber posibilitado los movimientos orofaciales necesarios para articular un lenguaje, a la vez que desarrollaba áreas cerebrales específicas. La importancia de este gen, que es sólo uno de los relacionados con el lenguaje, la descubrió el experto español Carles Lalueza, de la Universidad de Barcelona, sobre todo tras la investigación sobre una familia británica que tenía alterada su capacidad de hablar desde hacia tres generaciones. Los científicos encontraron que tenía el FOXP2 inactivado.

Para este estudio, los científicos han utilizado dos pequeños trozos de fémur de dos varones neandertales, de hace 43 ka, hallados en la cueva asturiana de El Sidrón, unas excavaciones dirigidas por Javier Fortea desde el año 2.000.

Antonio Rosas, uno de los autores de este trabajo dijo que ... "lo más posible es que esas mismas mutaciones las tuviera un antepasado común a neandertales y humanos modernos." Ello supone, al menos, 400 ka de antigüedad y desmiente las estimaciones de los genetistas, que concluyeron que esta mutación tenía 200 ka.

Y más allá de la capacidad física para el habla y de las evidencias genéticas, existen pruebas arqueológicas de evidencias artísticas y de enterramientos rituales que indican un pensamiento simbólico. Sin un lenguaje que les sirviera para estar comunicados no podrían haber llegado a ese grado cultural.

Por tanto, todas las investigaciones más modernas tiran por tierra los diferentes mitos que suponían a los neandertales como más brutos, toscos e inferiores a nosotros, para concluir que eran simplemente diferentes.

Se extinguieron por la guerra contra los sapiens

Es crucial conocer qué acabó con la existencia de los neandertales para averiguar qué presión selectiva actuó, y cuál fue el factor fundamental de extinción. Si fueron las guerras de conquista de los sapiens o fue el principio de la exclusión competitiva.

Es de esperar que si fue la relación interespecífica de competencia la dominante entre las dos especies, la Selección Natural es la que debía de actuar en cada momento y, por tanto, la especie mejor adaptada a su nicho ecológico debía de ser la especie autóctona, por definición, que era la que debería excluir a la peor adaptada, en este caso, la sapiens, la especie invasora, que venía de otros territorios más cálidos, y a la que apenas 50 ka de evolución en Europa no le bastó para adaptarse filogenéticamente a un clima, una vegetación y una dieta totalmente distinta a la suya de origen; y a la que si estaban perfectamente adaptados los neandertales, después de cientos de miles de años de evolución endémica.

Pero ese no fue el caso, los supervivientes fuimos nosotros, y los excluidos fueron los neandertales, y no porque ellos dejaran de estar adaptados a su nicho ecológico por un cambio drástico de éste que coincidiera con la llegada de los humanos modernos, y no porque no fueran lo suficientemente inteligentes como para sobrevivir a la competencia con los sapiens buscando alternativas, y, en definitiva, no porque cualquier sistema de Selección Natural jamás hubiera extinguido una especie tan apta para la supervivencia y la procreación como demostró ser la neandertal. La explicación más sencilla, fue la aniquilación sistemática por parte de la especie invasora.

Para la teoría de la Selección Artificial la causa está clara: los sapiens salieron de África para conquistar nuevos territorios, como también lo hicieron todos los descendientes de aquellos, véase por ejemplo, la invasión de los Guti, la unificación de Egipto, la invasión de los semitas occidentales, Hammurabi, expansión hitita, la invasión y dominio hicso, las grandes conquistas de El Imperio Nuevo Egipcio, expansión de Babilonia, la conquista asiria y persa, las colonizaciones de Atenas y Esparta, las guerras médicas, las conquistas macedónicas, las de Alejandro Magno, el imperio romano, las invasiones de los bárbaros, la invasión de los reinos de taifas, las cruzadas cristianas, la colonización de América, la conquista del Oeste, etc. El afán de conquista es un universal en el ser humano, y no hay razones para pensar que nuestros ancestros carecían de estos instintos. Los pioneros sapiens que ocuparon Eurasia se supone que serían más bárbaros y salvajes que los conquistadores modernos citados antes, porque históricamente, los pueblos tienden a ser cada vez más civilizados, por tanto, por regresión histórica, podemos suponer que las CTAs que acabaron con las demás especies de homínidos serían más devastadoras y aniquiladoras.

Y el cruce entre las dos especies, sapiens y neandertales, se puede entender como un fenómeno de lo que en biología se llama introversión, que consiste –en esencia– en que algunos genes de una especie se "introducen" en otra especie a través de híbridos, aun pudiendo ser los híbridos muy escasos. Nosotros, en realidad, no somos "híbridos" porque no tenemos genes de una y otra especie a partes iguales. En este caso, la existencia de estos híbridos podrían quedar perfectamente justificada con los fenómenos antes descritos del Síndrome de Estocolmo, amores imposibles o "matrimonios" exogámicos obligados para mantener la paz, como actualmente existen. Si se realizara un estudio genético parecido entre, por ejemplo, el genoma de un norteamericano actual y el de los restos de un indígena que habitara en los territorios de la actual Norteamérica cuando los europeos contactaron con ellos en el siglo XVI, seguro que se apreciarían semejanzas genéticas parecidas a las encontradas entre sapiens y neandertales, salvando las distancias, porque el proceso conquistador debió de ser parecido.

Por ello planteamos que la causa más probable de la extinción de los neandertales fue la guerra contra los invasores sapiens. Los neandertales habrían podido competir con los humanos modernos por su comida, lo que habría conducido, sin duda alguna, a combates y producido hambre y una disminución de la población global neandertal, que habría sido la causa de su extinción.

Como pruebas generales de estas contiendas tenemos las evidencias fósiles sobre la existencia del canibalismo, los vestigios conductuales heredados –como el tribalismo, el fenómeno de masas, el de Estocolmo–, los datos procedentes de la biología molecular, y, en fin, todos los demás indicios ampliamente comentados más arriba.

Y además, en nuestro caso concreto, otro indicio de la existencia de estas CTAs puede ser la forma de avanzar y replegarse ambas especies por el continente. Si la extinción se hubiera producido por la competencia interespecífica o por algún otro tipo de presión natural, el resultado sería una disminución paulatina y general de toda la población neandertal en todos los territorios ocupados, de tal forma que, antes de extinguirse definitivamente la especie, coexistirían en un mismo tiempo y en distintos lugares pequeños grupos aislados geográficamente, como ha sucedido con la mayoría de las grandes extinciones de mamíferos que se han conocido. Sin embargo, este no fue el caso. Se observa que la disminución de la población neandertal coincide con la ocupación sapiens, y que este proceso va de Este a Oeste y de Norte a Sur, del Oriente Próximo a Centro Europa, y de ahí hacia el sur de la Península Ibérica, con el yacimiento de la gruta Gorham en Gibraltar como último reducto neandertal. En la mayoría de las tierras conquistadas por los sapiens ya no vuelven a aparecer nuevos yacimientos neandertales, y el repliegue neandertal esta condicionado por las condiciones orográficas del terreno. Parecido repliegue observado en todas las guerras de conquista que se han producido históricamente, como la Reconquista Cristiana de los Reinos de Taifas en la

Península Ibérica, desde el año 722 al 1492, donde se observa una retirada de la población musulmana tácticamente parecida a la neandertal, ocurrida en los mismos territorios con una diferencia de más de 24 ka.

Como indica Arsuaga, "en aquellos yacimientos europeos donde existen secuencias arqueológicas continuas se observa una sustitución brusca de la industria Musteriense (Modo 3) por el Auriñaciense...", es decir, la tecnología neandertal es súbitamente sustituida por la de los sapiens, y eso solo puede ser porque éstos desplazaron de su hábitat a los neandertales.

Si se hubiera producido una evolución tecnológica paulatina, del Modo 3 al 4, podríamos suponer que los neandertales aprendieron o avanzaron en su tecnología copiando de los sapiens, como algunos autores han supuesto, o por la simple modernización y evolución de las técnicas industriales, de tal forma que sería frecuente encontrar en los yacimientos arqueológicos del Pleistoceno europeo una tecnológica puente entre el Modo 3 en su evolución al Modo 4. Solo en algunos yacimientos de la cornisa cantábrica y del oeste y centro de Francia hay, intercalados entre los últimos niveles Musterienses y los primeros Auriñacienses, niveles intermedios con una industria que tiene características comunes a ambos modos técnicos, que se denomina industria Chatelperroniense, que es una evolución del Musteriense que incorpora elementos del Modo 4, como hojas alargadas y utensilios de hueso y marfil. Y como comentamos, los fósiles humanos hallados hasta la fecha en contexto Musteriense (Modo 3) en Europa son siempre neandertales, y los hallados con industria del Modo 4 (Auriñacience) son siempre humanos modernos. Pero asociados a la industria Chatelperroniense solo se encuentran los fósiles de la Cueva del Reno en Arcysur-Cure y Saint Césaire, en Francia, en los que hay fósiles humanos correspondientes a neandertales. Es por tanto aventurado suponer que existió un traspaso tecnológico entre una y otra especie de forma general. Si pudo existir algún tipo de lo que hoy denominaríamos espionaje industrial o cesión de tecnología, pero si existió, fue a pequeña escala.

Los sapiens formábamos ejércitos más grandes

Paul Mellars y Jennifer French, de la Universidad de Cambridge, Reino Unido, estudiaron la evidencia de presencia de sapiens y neandertales en esta región del suroeste de Francia, donde se cuenta con el mayor número de yacimientos conocidos y documentados de toda Europa. Analizaron 26 yacimientos musterienses, 37 chatelperronienses y 147 auriñacienses, centrándose sobre todo en el tamaño de cada uno y la intensidad de ocupación, que estaría indicada, según los autores, por la cantidad de herramientas líticas. Con los restos animales calcularon la cantidad de carne consumida. En su trabajo, publicado en Science en Julio de 2011 [107], llegaron a la conclusión, por inferencia estadística, que los sapiens, que eventualmente reemplazaron a los neandertales, constituían grupos más grandes, del orden de 9 ó 10 sapiens por cada neandertal, y sugirieron que la supremacía numérica por sí sola podría haber sido un factor crucial para facilitar el reemplazo.

Lo relevante de este estudio es que no se centra en cifras demográficas absolutas, sino relativas, de densidad de poblaciones, siendo procedente concluir, a partir de él, que los sapiens éramos más gregarios que los neandertales.

En este sentido, el codirector de Atapuerca Juan Luis Arsuaga, en una entrevista publicada en el semanario El País el 13 de Abril de 2008, aporta su personal teoría para explicar la extinción de los neandertales: la gran capacidad simbólica de los cromañones –Homo sapiens arcaicos– les daba ventaja. "Los neandertales no tenían bandera, y cuando llega aquí el Homo sapiens tiene bandera... Porque la bandera es la capacidad de representar a una comunidad por medio de un objeto, de reagruparse en torno a símbolos, lo que permite aumentar el tamaño del grupo sin basarse en el parentesco, un grupo que trasciende lo biológico. Así, el número de miembros de una tribu puede ser ilimitado; creo que ésa es la diferencia. Los cromañones tenían un sistema de alianzas, de solidaridad, basado en creencias, historias o mitos que les daban una unidad que sobrepasaba lo puramente biológico. Somos la única especie que forma comunidades no biológicas, unidas por lazos de tipo simbólico, lingüístico, religioso... Los neandertales se conocerían entre ellos, familias, grupos grandes, y, de pronto, eso se pone en competencia con una especie de comunidades que pueden ocupar toda la península Ibérica, con una capacidad enorme de alianza".

Desde un punto de vista estrictamente biológico, la ventaja adaptativa de las dimensiones del grupo dependen del ecosistema, del clima y de la especialidad cinegética en la que el grupo de cazadores recolectores se centre. No hay duda que el tamaño ideal más eficaz de un clan de neandertales, cazadores de mamuts, en los bordes de las regiones esteparias septentrionales, debe de ser mayor que los grupos especializados en el marisqueo, el forrajeo o la caza de pequeños mamíferos, en los climas más cálidos del sur, porque la coordinación de esfuerzos no es tan necesaria como cuando el grupo necesita especializarse en la caza mayor. Por otra parte, la mayor dimensión del grupo representa un serio handicap para su movilidad, sobre todo, en condiciones orográficas y climáticas desfavorables.

Actualmente, las grandes manadas de animales confieren a sus integrantes protección frente a posibles depredadores en los traslados y migraciones. La asociación de carnívoros en la caza concede una ventaja clara a los animales como leones, lobos o hienas. Algunas especies de primates, como los mandriles y los hamadrias, pueden llegar a formar súper tropas en el momento de aprovechar la abundancia local de un fruto o durante el descanso. Pero, en todo caso, se trata de uniones temporales sin integración entre sus miembros o, bien, de pequeños grupos más cohesivos, que en el caso más extremo no pueden estar formados por más de 100 animales. Sin embargo, nuestros ancestros del Tarantiense o Pleistoceno Superior estaban capacitados, como nosotros, para formar grupos de miles o decenas de miles de individuos, entonces, ¿qué clase de ventaja puede obtenerse de ello para unos cazadores recolectores nómadas? El superlativo gregarismo que nos caracteriza no puede significar una ventaja para el nómada o para el cazador, puesto que si fuera así, existirían más especies que, por selección natural, hubieran convergido con nosotros. Tampoco entre los recolectores, puesto que la integración de nuestras sociedades, y por ende, de nuestros ancestros, es muy superior a la de cualquier manada de herbívoros.

En cualquier caso, si hoy estamos capacitados para formar grupos de miles o de millones de personas, perfectamente integrados, ¿qué ventaja biológica obtenían al formar grupos tan numerosos los nómadas sapiens, coetáneos de los neandertales? No se puede correlacionar gregarismo con eficacia biológica si lo aplicamos a estos nómadas ancestrales, a no ser que la verdadera ventaja sea la capacidad de formar ejércitos más numerosos y, por tanto, más poderosos. El mayor gregarismo de los sapiens pudo ser el factor desequilibrante en las contiendas entre ambos bandos.

También, tratándose de especies guerreras, era de esperar que la más inteligente, en este caso quizás la Homo sapiens, acabara con la menos inteligente. También pudo suceder que los humanos modernos estuviéramos capacitados para formar una masa psicológica más valiente, más disciplinada y/o más unida que la que formaban los neandertales, o simplemente que fuéramos más tribalistas o, como hemos visto, más gregarios que ellos. A mayor distancia evolutiva en cualquiera de estos atributos humanos entre una y otra especie, menos tiempo debía de durar el proceso de exterminio. Todo era cuestión de tiempo, y más de 10 ka de coexistencia agresiva en territorio europeo parece tiempo más que suficiente para extinguir cualquier especie.

Lo ocurrido en el viejo continente no es más que un capítulo parecido a los anteriores en la historia evolutiva del ser humano, en la que especies o linajes más adaptados a su nicho por largos periodos de Selección Natural son excluidas y sustituidas por otras especies seleccionadas por la presión artificial de la CTA; donde la especie más guerrera y gregaria extermina a la más adaptada. Como pudo suceder hace 48 ka en Europa con la reemplazo de los neandertales que vivían en la actual Europa Occidental por neandertales asiáticos, como se ha puesto de manifiesto en un estudio publicado en Febrero de 2012 en la revista Molecular Biology and Evolution [119], donde tras el estudio del ADN mitocondrial de 13 neandertales se pudo comprobar que la diversidad genética de los neardentales más modernos era mucho menor que la de los más antiguos neardentales, a los que eventualmente reemplazaron en su territorio. O igual a lo ocurrido en épocas posteriores a los neandertales, durante las innumerables guerras de conquista en las que nuestros congéneres han intervenido a lo largo de la Historia que conocemos.

Nosotros debimos de poseer un índice genético de presión excluyente artificial mayor que los neandertales, o lo que es lo mismo, debimos de tener mayor proporción de genes o unidades genéticas que denominamos excluyentes, por lo que la evolución de las adaptaciones más humanizantes fue más acelerada en nuestra especie que en la de los neandertales, como antes demostramos con la aplicación de los modelos evolutivos.

Nos hicimos más humanos más rápidamente que ellos, quizás porque la presión de la Selección Artificial fue más fuerte en África que en Eurasia desde que ambas especies se separaron filogenéticamente. Probablemente, los enfrentamientos o CTAs serían mucho más frecuentes allí donde la densidad demográfica de homínidos era mayor, y esto debió de ocurrir precisamente en África, cuna del ser humano, en comparación con los territorios inexplorados y más amplios de Eurasia.

Si observamos la morfología de los neandertales podemos comprobar que desarrollaron funciones adaptativas propias de la Selección Natural, como el gran prognatismo mediofacial, que formaba una gran cámara de aire para aislar el celebro del gélido aire europeo, o la constitución más robusta y voluminosa propia de las tierras europeas, con un clima más frío y seco. Sin embargo, los humanos modernos no estamos especializados morfológicamente a ningún medio. Todas las mutaciones que hemos recibido sobre nuestros genes han preservado solo funciones guerreras, como la mayor inteligencia operativa y social, el tribalismo, el altruismo, la endogamia, etc., a pesar de que las mutaciones genéticas que se han hecho mayoritarias en una y otra especie, después de nuestra separación filogenética, han debido de ser muy parecidas en cuanto a número de ellas, si aplicamos el principio del reloj molecular.

La diferencia es que en la evolución filogenética de nuestro linaje, al haber influido más la presión de la Selección Artificial, la mayor parte de las mutaciones han recaído en los genes excluyentes y exclusivos del ser humano, mientras que en el linaje neandertal, se pudieron desarrollar otras funciones adaptativas a su hábitat natural, ya que la presión de las CTAs era más escasa en los inhóspitos y amplios territorios de Eurasia que en los africanos de origen.

Epílogo

Resumen

Hace más de 6 Ma, por efecto de un cambio climático, las selvas africanas se fueron convirtiendo progresivamente en sabana, clareándose las pluviselvas que caracterizaban el paisaje ancestral. Los primates arbóreos tuvieron que competir por unos nichos ecológicos cada vez más escasos, a la vez que se adaptaban filogenéticamente a la vida en la sabana.

Estos primates eran nuestros ancestros comunes con los chimpancés salvajes actuales (Pan troglodytes), por lo que, por el principio de actualismo, usaban parecidas estrategias evolutivamente estables de defensa del territorio, como son, lanzar piedras a los intrusos, defender el territorio en grupo (batallas entre clanes) y, además, carecían de mecanismos innatos de marcación del territorio.

Como los encuentros fatales aumentarían con la progresiva deforestación, llegó el momento en que la probabilidad de muerte violenta de un individuo, o la posibilidad de extinción de una población o linaje en una contienda, sobrepasase a la de muerte o extinción por causas naturales, y es aquí donde podemos deducir, como supuesto de partida, que estas batallas o Contiendas Territoriales Ancestrales (CTAs) pudieron convertirse, por el aumento del número de episodios violentos entre los grupos de homínidos, en un factor de presión selectiva más intenso incluso que la Selección Natural.

A partir de ese momento, y por causa de ello, los homínidos se especializaron filogenéticamente en el nicho ecológico del guerrero, evolucionando a más gregarios e inteligentes, y procurándose nuevas exaptaciones, como la postura erguida y el bipedismo, que ya no se usaba para caminar por los árboles, sino para la locomoción portando armas y para golpear con más contundencia, o como el dimorfismo sexual en cuanto a tamaño corporal, que ya no era eficaz en la competencia sexual por las hembras, sino en las CTAs. Para aumentar la eficacia en el lanzamiento de piedras y proyectiles, se evolucionó a una mano más sensible y más acortada, con el dedo pulgar oponible, y a mayor agudeza visual y estereoscópica. Para procurar la unidad del grupo, fundamental en las CTAs, se mutó de polígamo (agresiones entre machos) al régimen del contrato sexual (paz interna), y a un alto grado de endogamia, con la consiguiente pérdida del dimorfismo sexual en cuanto a tamaño de los caninos. Como adaptaciones psicológicas aparecen el fenómeno de masas, el de Estocolmo y el altruismo parroquial.

Posteriormente, las artes de la guerra y la tecnología militar se convirtieron en los factores desequilibrantes en las CTAs, en detrimento de la fuerza bruta. Los clanes más inteligentes y gregarios son los que triunfaban, por lo que el dimorfismo sexual en cuanto a tamaño corporal va desapareciendo, y se produce un acelerado proceso evolutivo de encefalización, favorecido por el canibalismo, la progresiva ingesta de carne, el estrés genético, el aumento del índice de exclusividad genética, la evolución cuántica y la construcción de nicho. La inteligencia operativa se emplea en la modernización de las armas, y la inteligencia social, la teoría de la mente y el altruismo surgen para unir e incentivar a los combatientes, para tomar decisiones rápidas en combate y para la elaboración de estrategias militares más complejas. Para que los clanes sean más cohesivos surge el concepto de lo mágico y lo divino, la volubilidad del concepto de grupo de referencia, la división del trabajo, la maximización de la cooperación endogrupal y la sustitución del concepto de territorio por el de cultura. El lenguaje surge como nudo vertebrador del grupo, indispensable para la transmisión de la formación, de las estrategias y de las órdenes militares.

Es una síntesis entre la teoría evolutiva de la lógica funcional del intercambio social y la teoría de Dart del "mono asesino", y aunque es deductiva y está expuesta a su refutación empírica, es quizás la que mejor se incardina con los nuevos descubrimientos genéticos y paleontólogos, con la psicología de masas y la psicología evolucionista.

Partiendo de dos supuestos que se dan por ciertos, coherentes con las más estrictas reglas evolutivas y etológicas, como son la hipótesis de las estrategias de defensa y la de la importancia selectiva de las CTAs entre los homínidos, se puede construir un nuevo paradigma en el que se ofrece una explicación sencilla a muchos universales humanos que hasta ahora, o bien no tienen un origen cierto, o bien éste queda fuera del marco referencial propio de las teorías más modernas sobre el origen de la humanidad, contestando a preguntas tales como:

¿Por qué entre los primates solamente nosotros evolucionamos a caminar erguidos, al acortamiento de la mano y a eliminar el dimorfismo sexual?

¿Cuál es la causa y el origen de la sugestión y de la hipnosis en los fenómenos de masas en particular, y en la Psicología en general?

¿De dónde surge el tribalismo y la guerra?

¿Por qué poseemos tan pocos genes mutados positivamente en comparación con los chimpancés?

¿Por qué Homo sapiens y neandertales tienen tan poco acervo genético?

¿Por qué tenemos tan pocos genes de origen neandertal en nuestro genoma?

¿Cuál es el origen de los yacimientos arqueológicos?

¿De dónde surge el Síndrome de Estocolmo?

¿Por qué somos tan inteligentes y gregarios?

¿Por qué se produce la aceleración de la encefalización del ser humano?

¿De dónde surge el arte?

¿Por qué somos monógamos y fuertemente endogámicos?

¿Por qué somos únicos y por qué han coexistido tan pocas especies de homínidos?

¿Cuál fue la causa de la extinción de los neandertales y demás especies de homínidos?

Etapas en la evolución de los homínidos

Así pues, dos efectos han programado la evolución del hombre a lo largo de millones de años. Por un lado, los cambios del entorno, externos por definición, que a través de la Selección Natural, al igual que en el resto de las especies, han moldeado al hombre para adaptarlo a su nicho ecológico natural, y por otro, el factor guerrero, intrínseco al ser humano, que a través de la Selección Artificial, lo ha dotado de más inteligencia y lo ha convertido en más gregario.

Por la Selección Natural, y según la clasificación jerárquica de las especies de Linneo, nosotros somos primero humanos, luego hominoideos, después catarrinos, luego simios, haplorrinos y primates. De la superfamilia de los hominoideos, que además de nosotros la integran los simios o monos antropomorfos (apes), o por orden de parentesco: chimpancés, gorila, orangután y gibones, hemos heredado la braquiación, por lo que tenemos el tórax aplanado en sentido dorsiventral (omoplatos dorsales, húmero con cabeza más globosa, clavícula más larga), la gran capacidad de movimientos del brazo por encima del nivel de los hombros, el poder extender completamente los brazos y la movilidad de la muñeca. De los haplorrinos tenemos el labio superior continuo y móvil, al contrario que los estrepsirrinos que tienen muy limitada la gestualidad facial, porque tienen hocico de perro, con el labio superior partido y soldado a las encías. Y en fin, innumerables adaptaciones psicológicas que hemos hecho nuestras por herencia de nuestros ancestros comunes con el resto de los animales o que hemos modificado en algún sentido para adaptarlas a nuestro nicho ecológico natural.

El ser humano, por medio de la Selección Artificial, ha perfeccionado el bipedismo heredado de sus ancestros como único sistema de locomoción, ha aguzado y aumentado la visión estereoscópica, ha acortado los dedos de la mano, ha opuesto la movilidad del dedo pulgar de la mano, ha desarrollado la sensibilidad palmar, y todo ello para poder golpear con mayor contundencia y lanzar más lejos y con más puntería. Aparte se ha reducido el dimorfismo sexual en cuanto a caninos y tamaño corporal. Como adaptaciones psicológicas a las CTAs se ha desarrollado el altruismo parroquial, el fenómeno de masas y el de Estocolmo, la volubilidad del concepto de grupo de referencia y la necesidad de lo mágico o lo divino como elemento cohesivo. Como sistema social se ha adoptado la endogamia y la monogamia del contrato de fidelidad sexual, la división del trabajo entre la crianza por un lado (mujeres) y la defensa del grupo por otro (hombres). Como estrategia evolutiva estable se ha desarrollado la guerra o la CTA intergrupal, y el máximo nivel de cooperación endogrupal y el altruismo. Y como soporte de todo, la inteligencia superior y el lenguaje.

Pero, a lo largo del tiempo, la fuerza o presión selectiva con la que han actuado ambos factores sobre nuestra adaptación filogenética ha sido variable. Y es que, como la Selección Artificial ha actuado a nivel de grupos, casi todas las adaptaciones artificiales que se han impuesto como mayoritarias han sido deletéreas para los organismos o seres humanos individuales, por lo que algunos las han considerado como "antidarwinianas" o contrarias a la Selección Natural. Podemos decir que ambas presiones selectivas han actuado compensando sus efectos y, a veces, incluso, anulándose una a otra. Como principio general diremos que mientras más presión selectiva ha ejercido sobre nuestra adaptación la Selección Artificial, menos ha actuado la Selección Natural.

A su vez, los efectos de la Selección Artificial sobre la evolución humana también ha sido fluctuante. En una primera etapa, el belicismo se iría imponiendo muy lentamente, y después de que la mayoría de los grupos fueran guerreros, es cuando comienzan a surgir los primeros indicios de inteligencia –cantos rodados y guijarros–. Para aniquilar grupos pacíficos solo era necesario ser más violento y fuerte que los enemigos. Más tarde, cuando solo van quedando guerreros, a los supervivientes se les exige además que sean más inteligentes y gregarios que los vencidos. Es la etapa en que la inteligencia, como atributo humano, está expuesta a la mayor presión selectiva, y en la que el protohumano se va convirtiendo en humano más rápidamente.

La hominización no ha sido un proceso homogéneo en el mundo. Todos los homínidos no evolucionaron por igual. De hecho, restos fósiles datados en fechas más recientes han sido catalogados por los paleontólogos como filogenéticamente menos evolucionados que otros que pertenecen a homínidos más antiguos, o al contrario, fósiles más viejos son más "hominizados" que otros más modernos. Esta aparente paradoja ha desconcertado a los seguidores de la Teoría clásica del origen multirregional del hombre a partir del Homo erectus, e incluso, ha provocado que surjan nuevas teorías basadas en la involución o regresión de nuestra especie, cuando la mayor parte de los evolucionistas niegan la existencia de la evolución inversa. La explicación está en que linajes de homínidos evolutivamente muy separados han coexistido aislados geográficamente; hasta que han entrado en contacto físico, no se han exterminado unos a otros, prevaleciendo el más adaptado a la CTA.

En una tercera época, la agregación humana ha llegado al extremo. Con la agricultura y la ganadería nacen las primeras ciudades y civilizaciones: la CTA o la guerra ancestral se desvirtúa, ya no son aniquiladoras de linajes como antes, ya que se comienzan a utilizar como esclavos los prisioneros de guerra, superviviendo también los menos inteligentes y/o gregarios. Comienza a sustituirse la guerra por la política, el concepto de territorio se amplía por el de cultura, y se llega a los momentos actuales, donde los violentos son reeducados, las víctimas de las guerras son indiscriminadas y proporcionalmente poco numerosas, y se tiende a la globalización, la lucha contra el racismo y contra la xenofobia.

Si componemos un paisaje adaptativo de los de Wright, colocando en el eje de abscisas una escala cronológica logarítmica, partiendo del inicio del Plioceno, hace unos 5 Ma, y en el de ordenadas una escala proporcional de la presión selectiva ejercida por la Selección Natural y la Selección Artificial sobre nuestra adaptación genética, que nos indique el número de mutaciones genéticas ventajosas para la hominización, podemos distinguir las tres épocas diferenciadas a las que nos referimos:

— Selección Natural   — Selección Artificial
EFECTOS SOBRE LA EVOLUCIÓN DE LOS HOMINIDOS

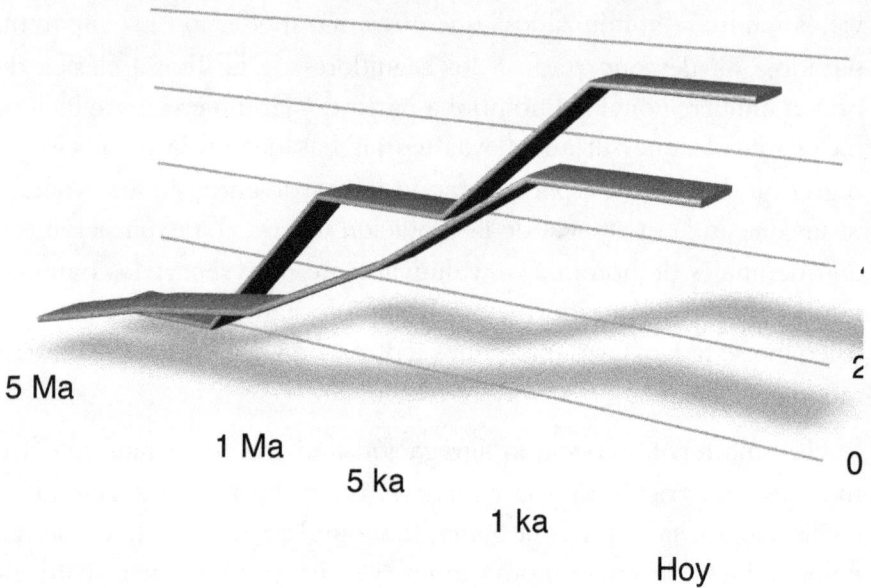

5 Ma

1 Ma

5 ka

1 ka

Hoy

2

0

En una primera etapa, que iría del período en el que los homínidos se han separado ya filogenéticamente del linaje de los chimpancés hasta la aparición de los primeros indicios de inteligencia, la Selección Artificial ejerce cada vez más presión selectiva. El primate se hace cada vez más guerrero al principio y, después, más inteligente. A la vez, la Selección Natural sigue actuando, al igual que en el resto de las especies, pero cada vez de una forma menos determinante. La curva de la Selección Artificial sería ascendente por impulsos, como en dientes de sierra, dependiendo de los cuellos de botella que se van dando: al aparecer una mutación genética que incremente el atributo de la inteligencia o de la belicosidad, la población mutante desplaza por exterminio al resto, incrementando la presión selectiva y por tanto la inclinación ascendente de nuestra curva. Cuando la mutación se generaliza, la presión selectiva disminuye, al igual que la inclinación de la curva, hasta otro nuevo cuello de botella, en que se repite el proceso.

En la segunda etapa, estaría prácticamente protagonizada por el género Homo, pero todavía son nómadas, cazadores y recolectores, e iría desde la aparición de los primeros Homos hasta unos 10 ka, con la generalización de la agricultura y la ganadería. Aquí la Selección Natural sigue su marcha descendente, por el efecto de la construcción de nicho, mientras que el efecto de la Selección Artificial se va incrementando enormemente por el aumento de las CTAs, del canibalismo, de la ingesta de carne, el estrés genético y el aumento del parámetro de la presión excluyente artificial, llegando a su clímax, y comenzando su declive por la desvirtuación de la guerra ancestral, coincidiendo con la aparición del sedentarismo.

La Era Común: el efecto de la Selección Natural es nulo, o casi nulo, al igual que la Artificial. Los cambios en nuestro entorno apenas nos afectan y la falta de presión selectiva sobre los órganos y conductas que intensifican la inteligencia produce que los alelos sean tan variables que preestablecer genes ventajosos sea imposible. Ya en 1903 el estadounidense William E. Castle demostró que, sin selección, las frecuencias genotípicas permanecen estables. Sin la presión de los cambios del entorno y sin la presión de la aniquilación por la guerra de los menos inteligentes, no hay cambios en la evolución del hombre. En genética de poblaciones, el principio de Hardy-Weinberg, establece que la composición genética de una población permanece en equilibrio mientras no actúe la Selección Natural ni ningún otro factor y no se produzca ninguna mutación, bajo determinadas premisas.

Otras consideraciones

Muchos creacionistas y algunos evolucionistas verán estas ideas (y casi todas las innatistas) como precursoras de políticas belicistas y racistas, ya que piensan que éstas pueden encontrar una base teórica para justificar la eliminación de razas o grupos "inferiores", aduciendo que algo así ocurrió con el nazismo y el darwinismo social, pero nada más lejos de la realidad.

Antes de que ni siquiera Darwin hubiera nacido, ya se habían producido innumerables genocidios que no se pueden atribuir a ninguna teoría, porque ni siquiera existían. Incluso en el Antiguo Testamento se presenta el genocidio de pueblos enemigos como algo ideal e incluso obligatorio en Deuteronomio, 20, 16-18. También tenemos, por ejemplo, el genocidio de Moisés contra los madianitas, el de Canaán realizado por Josue, el de los amalecitas ordenado por el profeta Samuel y realizado por el rey Saúl, el genocidio contra los ammonitas realizado por David, e incluso la tribu de Benjamín fue casi totalmente exterminada por las demás tribus judías. De holocaustos está la historia llena y los contemporáneos fechados posteriormente a las teorías de Darwin, como el genocidio armenio, el de Stalin, el nazi, el de Pol Pot, el de Bosnia, entre otros, son solo la confirmación de una tendencia, que se hubieran producido de igual forma aunque no tuvieran base teórica, porque los motivos esgrimidos para ordenar semejantes atrocidades son siempre tan peregrinos como absurdos, y siempre se basan en aversiones creadas artificialmente sin la más mínima base real o científica.

Cuando Richard E. Leakey en "La formación de la Humanidad" [5], dice que quienes creen que el hombre posee una agresividad innata están proporcionando una excusa conveniente para la violencia y la guerra organizada, no deja de ser pretencioso el creer que las discusiones científicas puedan tener tanta repercusión sobre el comportamiento de millones de personas. Y cuando pone como ejemplo el trato brutal que antiguamente se le daba a los enfermos mentales, porque se creía erróneamente que todos eran violentos, fomentando precisamente la agresividad con ese trato vejatorio, hay que tener en cuenta que el cambio de terapia hacia los dementes ha venido propiciado por los avances científicos que han profundizado en las causas y el origen de la enfermedad mental, procurando sobre todo una farmacopea mucho más eficaz contra la demencia. Y es que nunca se puede temer a la verdad, porque sin el conocimiento es imposible resolver los problemas. No podemos caer en la falacia naturalista de creer que nuestro origen es el que queremos que sea. El belicismo es uno de los instintos más básicos y antiguos en el hombre, y conociendo su origen, quizás podamos comprender mejor la inutilidad y lo absurdo de la guerra en la actualidad, contribuyendo a erradicarla para siempre.

Ya no somos cazadores recolectores, desde hace más de 10 ka estamos integrados en sociedades productoras. Nuestro nicho ecológico ya no es la guerra. Nuestro campo de batalla actual se sitúa en la lucha contra el cambio climático, contra los problemas demográficos, contra la crisis energética y económica-financiera mundial, contra la vulneración de los Derechos Humanos, etc., fenómenos de alcance global, que requieren, a su vez, soluciones globales, acciones conjuntas y coordinadas de todos y cada uno de los pueblos que habitamos en la Tierra, y en una carrera contra el tiempo, porque las consecuencias pueden ser terribles a medio plazo, si no actuamos a tiempo.

Nuestra evolución nos ha dotado de poderosas armas en esta singular batalla global, como son la inteligencia y el gregarismo, pero también rémoras muy pesadas, como nuestro belicismo. La adaptación requerida ya no es genética, sino cultural, y el camino hace tiempo que se emprendió con la unidad de los pueblos y la integración (que no asimilación) de culturas. Con 7.000 millones de personas sobre la Tierra, el único camino posible es la paz y el entendimiento porque, con el poder que han alcanzado los ejércitos modernos, un paso atrás, como otra guerra mundial, quizás sea definitivo... Debemos aprovechar nuestra plasticidad cultural, fruto del gregarismo, para educar a nuestros hijos en la "BiCulturalidad": por un lado, impulsar las sinergias que nos llevan a la estandarización de una cultura global, a la "globalización", para poder crear una respuesta única y una solución integral contra los males globales que nos acechan pero, a su vez, potenciar y proteger el multiculturalismo y la evolución de las culturas autóctonas, para preservar la higiene mental y la felicidad de los grupos y de las personas.

Con todo, tenemos que congratularnos porque, a pesar de que somos biológicamente muy parecidos a nuestros ancestros, hemos logrado una civilización mucho más pacífica e igualitaria que las anteriores, donde las guerras ya no son tan devastadoras y se ha logrado extinguir el canibalismo. Desde este punto de vista, somos mucho mejores que nuestros antepasados, aunque el camino que queda aún es largo.

Terminaremos igual que lo hizo Steven Pinker en La Tabla Rasa: "Muchos intelectuales han apartado la vista de la lógica evolutiva de la violencia, temerosos de que reconocerla equivalga a aceptarla o, incluso, aprobarla. En su lugar, han seguido la cómoda ficción del Buen Salvaje, donde la violencia es un producto arbitrario del aprendizaje o un agente patógeno que nos invade desde el exterior. Pero negar la lógica de la violencia propicia que se olviden las partes que la pueden sofocar. Con la violencia, como con otras muchas preocupaciones, el problema es la naturaleza humana, pero, al mismo tiempo, la naturaleza humana es la solución".

Reconocer nuestro origen es dar el primer paso para que las máquinas de supervivencia, a las que representamos según Dawkins, se subleven contra el poder de los genes o memes egoístas, y podamos delegar en nuestros hijos un mundo en paz. Si la guerra es el infierno, sería volver al jardín del Edén del que fuimos expulsados, pero esta vez, disfrutando de los maravillosos frutos del árbol de la sabiduría, del Bien y del Mal.

Siglario

AC: Autómata Celular, ACs en plural.

CTA: Contienda Territorial Ancestral, CTAs en plural.

EEE: Estrategia Evolutivamente Estable, EEEs en plural.

GE: Grupo Evolutivo GEs en plural.

GMA: Grupo Mejor Adaptado, GMAs en plural.

M+: Mutación positiva.

PDP: Pollical Distal Phalange, falange distal humana.

PE: Paso Evolutivo, PEs en plural.

UG: Unidad Genética, UGs en plural.

SNP: Nucleótido polimórfico simple, SNPs en plural.

Ka: Miles de años.

Ma: Millones de años.

Bibliografía

(1) Freud, S, 1928, "Totem and Taboo: Resemblances Between the Psychic Lives of Savages and Neurotics" Newyork, Dodd.

(2) Howard Gardner, 1987, "La teoría de las inteligencias múltiples", Fondo de Cultura, México.

(3) Juan Manuel Burgos, 2005, "Antropología: una guía para la existencia". Ediciones Palabra.

(4) Sun Tzu, 2006, "El arte de la guerra" Versión de Samuel Griffith. Colección Evergreen. Köln: Editorial Taschen Benedikt.

(5) Richard E. Leakey, 1981, "La formación de la humanidad", Ediciones del Serbal, Barcelona.

(6) Mitani, J.C. , D. Watts. 2005, "Correlates of territorial boundary patrol behavior in wild chimpanzees" Animal Behaviour 70: 10791086.

(7) Richard Wrangham y Dale Peterson, 1997, "Demonic Males, Apes and the Origins of Human Violence" Mariner Books, Nueva York.

(8) Robert Andrew Foley, Roger Lewin, 2003, "Principles of Human Evolution", Wiley, John & Sons, Incorporated.

(9) Arsuaga, J. L. & Martínez, I., 1998, "La especie elegida", Ediciones Temas de Hoy, Madrid

(10) Manuel DomínguezRodrigo, 1997, "El primate excepcional, el origen de la conducta humana", Ed.Ariel, Barcelona

(11) S. Kropelin, D. Verschuren, and A.M. Lezine, 2008, "ClimateDriven Ecosystem Succession in the Sahara: The Past 6000 Years", Science 322, 1326c

(12) Michael P. Ghiglieri, 2003, "Ecología social de los chimpancés", Temas 32, Rev. Investigación y Ciencia, Barcelona

(13) Stanislav Andreski, 1972, "Social Sciences as Sorcery", London: Andre Deutsch.

(14) Michael P. Ghiglieri, 2005,"El Lado oscuro del hombre. Los orígenes de la violencia masculina", Tusquet Editores, Barcelona

(15) John Maynard Smith, 1982, Evolution and the Theory of Games.

(16) John Maynard Smith and Richard Dawkins, 1993, "The Theory of Evolution"

(17) Cermignani, E., 1991, "Bases neurobiológicas de la agresión", En Lolas, F. (compilador) Agresividad y violencia. Buenos Aires: Losada.

(18) Fisher, J.,1966, "Agresión interespecífica", En J.D. y Ebling, F.J, (compiladores) Historia natural de la agresión. México: Siglo XXI.

(19) Miranda M. Lim, Zuoxin Wang, Daniel E. Olazábal, Xianghui Ren, Ernest F. Terwilliger, Larry J. Young, 2004, "Enhanced partner preference in a promiscuous species by manipulating the expression of a single gene" Nature, ISSN: 00280836

(20) Arsuaga, J.L., Lorenzo, C., Martínez, I., Gracia, A. y Carretero, J.M., 2000, "Sociobiología de homínidos", Mundo Científico.

(21) Fleagle, JG, 1988, "Primate Adaptation and Evolution" Academic Press: Nueva York. Academic Press: New York.

(22) Roger Lewin, 1968, "Evolución Humana. La más amplia perspectiva acerca de los orígenes de la humanidad", Salvat Ciencia, Barcelona.

(23)Peter M. Kappeler and Carel P. van Schaik, 2004,"Sexual Selection in Primates: New and Comparative Perspectives" Cambridge University Press.

(24) Konrad Lorenz, 1949, "Hablaba con las bestias, los peces y los pájaros", Ed. Labor; Barcelona, 1975

(25) Helen E.Fisher, 1990, "Anatomy of Love: The Natural History of Monogamy", Adultery, and Divorce

(26) Lovejoy, C. Owen, 1988,"Evolution of Human Walking." Scientific American 259, no. 5, 118, 122–123, 125.

(27) Glenn Hausfater,Sarah Hrdy, 2008, "Infanticide: Comparative and Evolutionary Perspectives"

(28) Helen E. Fisher, 1982, "El contrato sexual", Biblioteca Científica Salvat

(29) EiblEibesfeldt, 1972, Human Ethology. Concepts and Implications for the Sciences of Man, en "The Behavioral and Brain Sciences"

(30) Donald Symons, 1981, "The Evolution of Human Sexuality", Oxford

(31) Carsten K. W. De Dreu, Lindred L. Greer, Michel J. J. Handgraaf, Shaul Shalvi, Gerben A. Van Kleef, Matthijs Baas, Femke S. Ten Velden, Eric Van Dijk, and Sander W. W. Feith, 2010, "The Neuropeptide Oxytocin Regulates Parochial Altruism in Intergroup Conflict Among Humans", Science 11 June 2010 328: 1408-1411 [DOI: 10.1126/science.1189047]

(32) Birdsell, Joseph, B. ,1986, Some predictions for the Pleistocene based on equilibrium systems among recent hunter gatherers, en Lee, Richard & Irven DeVore, Man the Hunter, Aldine Publishing Co

(33) Williamson, Laila ,1978, Infanticide: an anthropological analysis, en Kohl, Marvin, Infanticide and the Value of Life, NY: Prometheus Books

(34) Ramachandran, V.S. y Hirstein, W. 1999: "The science of art. A neurological theory of aesthetic experience". Sciencia

(35) Margaret A. Bakewell, Peng Shi, and Jianzhi Zhang, 2007,"More genes underwent positive selection in chimpanzee evolution than in human evolution". PNAS 2007 104:74897494

(36) Wondu R. Trevathan, 1987, Human Birth: an evolutionary perspective, Aldine de Gruyter.

(37) Science 2 October 2009:Vol. 326.

(38) Jill D. Pruetz, Paco Bertolani, 2007, Savanna Chimpanzees, Pan troglodytes verus, Hunt with Tools, Current Biology

(39)http://www.20minutos.es/noticia/267500/0/canibalismo/europa/neolitica

(40) Antonio Rosas, Cayetana MartínezMaza, Markus Bastir, 2006, Paleobiology and comparative morphology of a late Neandertal sample from El Sidrón, Asturias, Spain, PNAS 2006 103:1926619271

(41) Lawrence H. Keeley , 1997, "War before Civilization" Oxford University Press, Nueva York-Oxford

(42) Ray Jackendoff, 2002, "Foundations of language", Oxford University Press

(43) Lieberman P. , 2006, "Toward an Evolutionary Biology of Language", Cambridge, MA: Harvard University Press

(44) Richard Dawkins, 1989, "El Gen Egoísta: las bases biológicas de nuestra conducta"

(45) Michael Shermer, 2004, "The Science of Good and Evil": Why People Cheat, Gossip, Care, Share, and Follow the Golden Rule

(46) Fromm Erich, 1976, "Psicoanalisis y Religión" , EDITORIAL PSIQUE

(47) Ivanka Savic y Per Lindström, 2008, "PET and MRI show differences in cerebral asymmetry and functional connectivity between homo- and heterosexual subjects", PNAS July 8, 2008 vol. 105 no. 27 9403-9408

(48) José Luís Bozal , 2005, "Respetando a Teilhard de Chardin. Evolución Del Átomo al Hombre". Ed. Actas. Madrid

(49) Henri Tajfel, 1984, "Grupos humanos y categorías sociales: estudios de psicología social", Editorial Herder, S.A

(50) William McDougall, 1919, "An Introduction to Social Psychology", Methuen & Co. Ltd. London

(51) Pollard KS, Salama SR, Lambert N, Lambot MA, Coppens S, Pedersen JS, Katzman S, King B, Onodera C, Siepel A, Kern AD, Dehay C, Igel H, Ares M Jr, Vanderhaeghen P, Haussler D , 2006, "An RNA gene expressed during cortical development evolved rapidly in humans". Nature 443 (7108): 167–172

(52) Jan M. Lucht, Brigitte MauchMani, HenryYork Steiner, JeanPierre Metraux, John Ryals & Barbara Hohn, 2002, "Pathogen stress increases somatic recombination frequency in Arabidopsis", Nature Genetics 30, 311–314

(53) Aiello LC, Wheeler P , 1995, "The expensive tissue hypothesis: the brain and the digestive system in human and primate evolution." Current Anthropology, vol. 36

(54) Sewall Wright , 1932, "The roles of mutation, inbreeding, crossbreeding, and selection in evolution". Proceedings of the Sixth International Congress on Genetics

(55) Green, R.E., et al.2008, "A complete Neandertal mitochondrial genome sequence determined by highthroughput sequencing". Cell 134.

(56) Bruce T. Lahn y otros, 2004, "Adaptive evolution of ASPM, a major determinant of cerebral cortical size in humans" Hum. Mol. Genet.; 13: 489

(57) Christopher A. Walsh & C. Geoffrey Woods , 2002, "ASPM is a major determinant of cerebral cortical size" Nature Genetics 32, 316–320

(58) Jianzhi Zhang, 2003, "Evolution of the Human ASPM Gene, a Major Determinant of Brain Size" Genetics; 165: 2063 – 2070

(59) S. Dorus, E. Vallender, P. Evans, J. Anderson, S. Gilbert, M. Mahowald, G. Wyckoff, C. Malcom, B. Lahn, 2004, "Accelerated evolution of nervous system genes in the origin of Homo sapiens", Howard Hughes Medical Institute, Department of Human Genetics, University of Chicago, Chicago, IL 60637, USA

(60) Flinn MV, Quinlan RL, Ward CV, y Coe, MK , 2007, "Evolution of the human family: Cooperative males, long social childhoods, smart mothers, and extended kin networks" Oxford University Press

(61) Xiaojing Xu, Xiangyu Zuo, Xiaoying Wang, and Shihui Han, 2009, "Do You Feel My Pain? Racial Group Membership Modulates Empathic Neural Responses" The Journal of Neuroscience, Jul 2009; 29: 8525 – 8529

(62) Ana Gracia, Juan Luis Arsuaga, Ignacio Martínez, Carlos Lorenzo, José Miguel Carretero, José María Bermúdez de Castro, and Eudald Carbonell, 2009, "Craniosynostosis in the Middle Pleistocene human Cranium 14 from the Sima de los Huesos, Atapuerca, Spain", PNAS 2009 106:65736578

(63) Sherif, M. , 1956, "Experiments in group conflict". Scientific American, 195, 5458.

(64) Dunbar, R. I. M. ,1993, "Coevolution of neocortical size, group size and language in humans". Behavioral and Brain Sciences 16 (4): 681735.

(65) Dean Falk, 1992, "Braindance: New Discoveries About Human Origins and Brain Evolution", Univ Pr of Florida

(66) Whiten A. & Byrne R. W. (1997). Maquivellian Intelligence II: Extensions and evaluations. Cambridge University Press.

(67) Drew H. Bailey & David C. Geary, 2009, "Hominid Brain Evolution Testing Climatic, Ecological, and Social Competition Models", Hum Nat (2009) 20:67–79 DOI 10.1007/s1211000890540

(68) Preuss TM, 2007, "Primate brain evolution in phylogenetic context". In: Kaas JH, Preuss TM, editors. Evolution of Nervous Systems.

(69) Goleman, D. , 1995, "Emotional intelligence". New York: Bantam Books

(70) Manuel MartínLoeches, 2008, "La mente del Homo sapiens", Ed.Aguilar,

(71) Oatley, K y JohnsonLaird, P.N., 1987, "Towards a Cognitive Theory of Emotions. Cognition and Emotion"

(72) Glynn Isaac, 1978, "The foodsharing behavior of protohuman hominids." Scientific American 238:90108.

(73) Lewis Roberts Binford, 1983, "In Pursuit of the Past: Decoding the Archaeological Record"

(74) Corona E, Dudley JT, Butte AJ, 2010, "Extreme Evolutionary Disparities Seen in Positive Selection across Seven Complex Diseases."PLoS ONE 5(8): e12236. doi:10.1371/journal.pone.0012236

(75) Michael P. Richards and Erik Trinkaus, 2009, "Out of Africa: Modern Human Origins Special Feature: Isotopic evidence for the diets of European Neanderthals and early modern humans" PNAS 2009 106:16034-16039

(76) Clive Finlayson, José S. Carrión, 2007, "Rapid ecological turnover and its impact on Neanderthal and other human populations" Trends in Ecology & Evolution 22(4) pp. 213 -222

(77) Chronis Tzedakis, 2007, Nature 449, xiii (13 September 2007)

(78) Simon Underdown, 2008, "A potential role for Transmissible Spongiform Encephalopathies in Neanderthal extinction"Medical Hypotheses (Vol. 71, Issue 1, Pages 47)

(79) Arsuaga JL, Martínez I y Trueba J., 2004, Atapuerca y la evolución humana.Fundació Caixa Catalunya

(80) C. B. Stringer, J. C. Finlayson, R. N. E. Barton, Y. FernándezJalvo, I. Cáceres, R. C. Sabin, E. J. Rhodes, A. P. Currant, J. RodríguezVidal, F. GilesPacheco, and J. A. RiquelmeCantal, 2008, "From the Cover: Neanderthal exploitation of marine mammals in Gibraltar" PNAS 2008 105:1431914324

(81) James P. Noonan, Graham Coop, Sridhar Kudaravalli, Doug Smith, Johannes Krause, Joe Alessi, Feng Chen, Darren Platt, Svante Pääbo Jonathan K. Pritchard, Edward M. Rubin, 2006, "Sequencing and Analysis of Neanderthal Genomic DNA", Science 17 November 2006, Vol. 314. no. 5802, pp. 1113 – 1118

(82) LouisJean Boëa, JeanLouis Heimb, Kiyoshi Hondac and Shinji Maedad, 2002, "The potential Neandertal vowel space was as large as that of modern humans " ScienceDirect,Volume 30, Issue 3, July 2002, Pages 465484

(83) S. K. S. Thorpe, R. L. Holder, and R. H. Crompton, 2007, "Origin of Human Bipedalism As an Adaptation for Locomotion on Flexible Branches" Science 1 June 2007 316: 13281331

(84) Camilo J. CelaConde,Francisco J. Ayala,Enric Munar,Fernando Maestú, 2009, "Sexrelated similarities and differences in the neural correlates of beauty", PNAS 2009 106:38473852

(85) Mathias Osvath, 2009, "Spontaneous planning for future stone throwing by a male chimpanzee", Current Biology, Volume 19, Issue 5, R190R191

(86) David M. Alba, Salvador MoyàSolà, Meike Köhler, 2003, 2Morphological affinities of the Australopithecus afarensis hand on the basis of manual proportions and relative thumb length", Journal of Human Evolution, Volume 44, Issue 2, February 2003, Pages 225254

(87) Guilaine y Zammit, 2002 "El camino de la guerra. La violencia en la prehistoria", Ariel Prehistoria.

(88) Wendorf, F (ed), 1968, "The Prehistrory of Nubia", Southern Methodist University Press, Dallas

(89) Balakin, S. y Nuzhnyi, D., 1995, "The Origin of Graveyards: The Influence of Landscape Elements on Social and Ideological Changes in Prehistoric Communities", Préhistoire européenne, Lieja

(90) Svante Pääbo y otros, 2010, "A Draft Sequence of the Neandertal Genome", Science 7 May 2010: Vol. 328. no. 5979, pp. 710 - 72

(91) John C. Mitani, David P. Watts y Sylvia J. Amsler, 2010, "Lethal intergroup aggression leads to territorial expansion in wild chimpanzees", Current Biology, Volume 20, Issue 12, R507-R508, 22 June 2010

(92) Agustí, J. y Lordkipanidze D., 2005, "Del Turkana al Cáucaso. La evolución de los primeros europeos". Adventure Press, National Geographic - RBA Libros, S.A.

(93) Samuel Bowles, 2009, "Did Warfare Among Ancestral Hunter-Gatherers Affect the Evolution of Human Social Behaviors?", Science, 5 Junio 2009, Vol. 324. no. 5932, pp. 1293 - 1298, DOI: 10.1126/science.1168112

(94) Eudald Carbonell, Isabel Cáceres, José María Bermúdez de Castro y otros, 2010, "Cultural Cannibalism as a Paleoeconomic System in the European Lower Pleistocene" Current Anthropology, August 2010, Vol. 51, No. 4: pp. 539-549

(95) Hull, D., 1984, "Units of evolution: A metaphysical Essay" en Brandon, R. y Burian, R. (eds.) Genes, Organisms, Populations, Massachusetts, The MIT Press.

(96) Salthe, S., 1993, "Development and Evolution. Complexity and Change in Biology", A Bradford Book, Cambridge, Massachusetts, Londres, Inglaterra, The MIT Press.

(97) Lewontin, R., 1970, "The Units of Selection", Annual Review of Ecology and Systematics.

(98) Marzke, M., 1996, "Evolution of the hand and bipedality", en A. Lock y C. R. Peters, eds. Hanbbook of Human Symbolic Evolution. Oxford.

(99) Alejandro Bonmatí, Asier Gómez-Olivencia, Juan-Luis Arsuaga, José Miguel Carretero, Ana Gracia, Ignacio Martínez, Carlos Lorenzo, José María Bérmudez de Castro, and Eudald Carbonell, 2010, "Middle Pleistocene lower back and pelvis from an aged human individual from the Sima de los Huesos site, Spain", PNAS 2010 107: 18386-18391.

(100) Martin Reuter, Clemens Frenzel, Nora T. Walter, Sebastian Markett, and Christian Montag, 2010, "Investigating the genetic basis of altruism: the role of the COMT Val158Met polymorphism" Soc Cogn Affect Neurosci 2010 : nsq083v1-nsq083.

(101) Ara Norenzayan and Azim F. Shariff, 2008, "The Origin and Evolution of Religious Prosociality", Science 3 October 2008: 322 (5898), 58-62

(102) Jung-Kyoo Choi and Samuel Bowles, 2007, "The Coevolution of Parochial Altruism and War", Science 26 October 2007:Vol. 318 no. 5850 pp.

(103) Finlay, Darlington y Nicastro, 2001, "Developmental structure in brain evolution". Behavioral and Brain Sciences, 24 (2): 263-308

(104) Ian Tatersall, 1998, "The Origin of the Human Capacity", New York: American Museum of Natural History.

(105) Eco, U., 2002, "Historia de la belleza", (trad. de María Pons Irazábal). Barcelona: Lumen, 2005, pp. 9-13

(106) Almécija S, Moyà-Solà S, Alba DM, 2010, "Early Origin for Human-Like Precision Grasping: A Comparative Study of Pollical Distal Phalanges in Fossil Hominins." PLoS ONE 5(7): e11727. doi: 10.1371/ journal.pone.0011727

(107) Paul Mellars y Jennifer C. French, 2011, "Tenfold population increase in Western Europe at the Neandertal-to-modern human transition", Science, ISSN 0036-8075

(108) Cortés-Sánchez M, Morales-Muñiz A, Simón-Vallejo MD, Lozano-Francisco MC, Vera-Peláez JL, et al.,2011, "Earliest Known Use of Marine Resources by Neanderthals" Earliest Known Use of Marine Resources by Neanderthals.PLoS ONE 6(9): e2402. doi:10.1371/journal.pone.0024026.

(109) Robert C. Walter, Richard T. Buffler, J. Henrich Bruggemann, Mireille M. M. Guillaume, Seife M. Berhe et al., "Early human occupation of the Red Sea coast of Eritrea during the last interglacial", 2000, Nature 405, 65-69 (4 May 2000), doi:10.1038/35011048

(110) Asfaw, B., White, T., Lovejoy, O. et al, 1999, Autralopithecus garhi: "A New Species of Early Hominid from Ethiopia". Science 284: 629-635.

(111) Mercader, J., Panger, M. & Boesch, C., 2002, "Excavation of a Chimpanzee stone tool site in the African rainforest". Journal of Human Evolution. 38: A21-A22.

(112) Eudald Carbonell (coord.), 2011, "Homínidos Las primeras ocupaciones de los continentes" Ariel Historia. Editorial Planeta

(113) Bunn, H.T.& Ezzo, J.A., 1993, "Hunting and scavenging by Plio-Pleistocene hominids: nutritional constraints, archaeological patterns, and behavioural implications". Journal of Archaeological Science.

(114) Domínguez-Rodrigo, M., De la Torre Sáinz, I., 1999, "Estado actual del debate de la caza y el carroñeo en el origen del ser humano: un estudio bioestratinómico de los yacimientos arqueológicos de Olduvai (Tanzania)" MUNIBE, nº 51

(115) Arensburg, B. et al, 1989, "A Middle Palaeolithic human hyoid bone" Nature 338. 758-60

(116) Martínez, I., Rosa, M., Arsuaga, J.L., et al, 2004, "Auditory capacities in Middle Pleistocene humans from the Sierra de Atapuerca in Spain" PNAS, 101:9976-9981

(117) Carbonell, E., Mosquera, M., Rodríguez, X. P., Sala, R., van der Made, J., 1999, "Out of Africa: The Dispersal of the Earliest Technical Systems Reconsidered" Journal of Anthropological Archaeology.

(118) Xiu-Jie Wu, Lynne A. Schepartz, Wu Liu, and Erik Trinkaus, 2011, "Antemortem trauma and survival in the late Middle Pleistocene human cranium from Maba, South China" PNAS 2011 : 1117113108v1-201117113.

(119) Love Dalén et at, 2012, "Partial genetic turnover in neandertals: continuity in the east and population replacement in the west", Mol Biol Evol first published online February 23, 2012 doi:10.1093/molbev/mss074

(120) Alonso de Medina, E., 1991, "El animal humano", Barcanova, Barcelona.

(121) García Leal, Ambrosio, 2005, "La conjura de los machos", Metatemas, Barcelona.

www.ingramcontent.com/pod-product-compliance
Lightning Source LLC
Chambersburg PA
CBHW031806190326
41518CB00006B/210